U0337973

高等教育"十四五"规划教材

高等学校安全科学与工程类系列教材

危险化学品安全管理

魏引尚　主编

中国矿业大学出版社

·徐州·

内 容 提 要

本教材系统介绍了危险化学品安全管理概要,结合综合监管和技术管理的实际需求,分别阐述了危险化学品类别及其危险特性、危险化学品生产基础性技术体系和安全技术管理基本要求,以及在储存和运输等环节的安全控制技术与管理措施,并介绍了危险化学品监管的法律法规体系、不同领域的危险化学品安全管理方法、主要的隐患排查措施和风险管控方法,以及危险化学品应急救援技术。

本书可作为高等学校安全工程专业、化工专业的教材,也可以作为化工相关企业安全管理人员、评价人员等培训教材或参考资料。

图书在版编目(CIP)数据

危险化学品安全管理/魏引尚主编. —徐州:中
国矿业大学出版社,2022.5
ISBN 978 - 7 - 5646 - 5106 - 0

Ⅰ. ①危… Ⅱ. ①魏… Ⅲ. ①化工产品一危险物品管
理一教材 Ⅳ. ①TQ086.5

中国版本图书馆 CIP 数据核字(2021)第 167502 号

书　　名	危险化学品安全管理
主　　编	魏引尚
责任编辑	黄本斌
出版发行	中国矿业大学出版社有限责任公司
	(江苏省徐州市解放南路　邮编 221008)
营销热线	(0516)83885105　83884103
出版服务	(0516)83995789　83884920
网　　址	http://www.cumtp.com　**E-mail**:cumtpvip@cumtp.com
印　　刷	徐州中矿大印发科技有限公司
开　　本	787 mm×1092 mm　1/16　**印张** 14.5　**字数** 362 千字
版次印次	2022 年 5 月第 1 版　2022 年 5 月第 1 次印刷
定　　价	38.00 元

(图书出现印装质量问题,本社负责调换)

前　言

　　近十年来,我国安全生产中特别重大事故主要发生在化工行业,特别是危险化学品储存与运输环节,事故发生频次和严重程度呈现增加趋势,对社会公共安全影响巨大。本教材主要围绕生产经营活动中存在的危险化学品安全问题,吸收相关优秀教材与科研成果、法律法规、标准规范相关内容,以提高学生的专业素养和工程实践能力为目标,理论与实践并重,法律法规、技术规范与工程应用并重,既适应普通高等学校安全工程专业本科教学需要,又适应生产经营单位安全工程技术与管理的需要,为提升安全专业技术与工程管理人员危险化学品管理综合技能做出应有的贡献。

　　本教材共分为七章,内容涵盖了危险化学品的概念与分类、危险化学品生产安全技术、危险化学品包装与储存安全、危险化学品的安全运输、危险化学品危险源辨识与评价、危险化学品安全管理和危险化学品事故应急救援。教材内容力求深入浅出,以阐述基础理论和基本知识为主,并适当增加了应用技术、法律法规、标准规范,以求"理论与实践相结合"在普通高等学校教学中应用。

　　本教材由西安科技大学魏引尚教授担任主编,董丁稳、李莉、刘博老师参与编写。具体编写分工为:第一章、第五章由魏引尚编写;第二章、第六章第一节和第二节由刘博编写;第三章、第四章由李莉编写;第六章第三节和第四节、第七章以及附录由董丁稳编写。此外,董丁稳还负责了本教材的统稿与校对工作。

　　本教材编写过程中,参阅了国内外相关文献及部分优秀研究成果,特向文献的作者表示感谢!

　　由于编者水平所限,加之时间紧迫,教材中难免存在疏漏之处,恳请专家和读者批评指正。

作　者

2021 年 5 月

目　录

第一章 绪 论

第一节 危险化学品定义及分类

化学品在我们生活中无处不在,为人们生产和生活带来了极大便利。然而,并不是所有化学品都有益于我们生活,其中存在一类化学品,对我们的生产和生活产生危害,我们将其称为危险化学品。人们采取各种对策,竭力消除危险化学品的影响。

一、危险化学品的概念

危险化学品,一般是指对人有毒害作用的化学品。按照《危险化学品重大危险源辨识》(GB 18218—2018)的规定,危险化学品是具有毒害、腐蚀、爆炸、燃烧、助燃等性质,对人体、设施、环境具有危害的剧毒化学品和其他化学品。

危险化学品具有爆炸、易燃、毒害、感染、腐蚀、放射性等危险特性,在生产、储存、运输、使用和处置过程中,容易造成人员伤亡、财产损失和环境污染,因此,对于危险化学品需要特别防护。

二、危险化学品分类

危险化学品分类就是根据化学品本身的危险特性,依据有关国家标准或行业规范,划分出可能的危险性类别和项别。危险化学品分类是对化学品进行安全管理的前提,分类的正确与否直接关系安全标签的内容、危险标志以及安全技术说明书的编制,因此,危险化学品的分类也是化学品管理的基础。目前,危险化学品的分类方法主要有以下几种:

① 对于现有化学品,可以依据《化学品分类和标签规范》系列标准(GB 30000.2~30000.29—2013)和《危险货物分类和品名编号》(GB 6944—2012)两个国家标准来确定其危险性类别。

② 对于新化学品,首先应检索文献,利用文献数据对其危险性进行初步评价,然后进行针对性试验;对于没有文献资料的化学品,需要进行全面的物化性质、毒性、燃烧、爆炸、环境方面的试验,然后依据《化学品分类和标签规范》系列标准(GB 30000.2~30000.29—2013)和《危险货物分类和品名编号》(GB 6944—2012)两个国家标准进行分类。

③ 对于混合物,其燃烧、爆炸危险性数据可以通过试验获得,但毒性数据的获取需要较长时间,而且试验费用相对较高,进行全面试验并不现实。为此,可采用推算法对混合物的毒性进行推算。

考虑到本教材用于工业性生产活动安全管理的目的,选用《危险货物分类和品名编号》(GB 6944—2012)为主要依据,按理化性质把危险化学品分为 9 类,下面对其概念及主要特征进行说明。

1. 爆炸品

爆炸品是呈现爆炸性的物质或物品的总称,包括3类物质或物品:① 爆炸性物质;② 爆炸性物品;③ 为产生爆炸或烟火实际效果而制造的、又不包含在上述①和②范围内的物质或物品。

① 爆炸性物质,是指固体或液体物质(或物质混合物)自身能够通过化学反应产生气体,其温度、压力和速度高到能对周围造成破坏。这类物质虽然具有爆炸特性,但不包括那些太危险以致不能运输或者危险性符合其他类别的物质。烟火物质即使不放出气体,也包括在内。常见的爆炸性物质有硝酸铵、黑色炸药等。

② 爆炸性物品,是指含有一种或几种爆炸性物质的物品,但不包括下述装置:其中所含爆炸性物质的数量或特性,不会使其在运输过程中偶然或意外被点燃或引发后因进射、发火、冒烟或巨响而在装置外部产生任何影响。常见的爆炸性物品有鞭炮、雷管等。

2. 气体

《危险货物分类和品名编号》(GB 6944—2012)中规定气体是指满足下列条件之一的物质:

(1) 在 50 ℃时,蒸气压力大于 300 kPa 的物质;

(2) 20 ℃时在 101.3 kPa 标准压力下完全是气态的物质。

从危险有害角度对气体进行分类,可以分为以下 3 项:

(1) 易燃气体。在 20 ℃、101.3 kPa 条件下,爆炸下限小于或等于 13% 的气体,或无论其爆炸下限如何,爆炸极限(燃烧范围)大于或等于 12% 的气体。例如,氢气、甲烷等。

(2) 毒性气体。其毒性或腐蚀性对人类健康造成危害的气体,或者急性半数致死浓度 LC_{50} 值小于或等于 5 000 mL/m³ 的毒性或腐蚀性气体。例如,一氧化氮、氯气、氨气等。

(3) 非易燃无毒气体。包括窒息性气体、氧化性气体以及不属于第(1)项或第(2)项的气体,但不包括在温度 20 ℃时的压力低于 200 kPa 且未经液化或冷冻液化的气体。例如,压缩空气、氮气等。

3. 易燃液体

本类物品包括易燃液体和液态退敏爆炸品。

(1) 易燃液体,是指易燃的液体或液体混合物,或是在溶液或悬浮液中有固体的液体,其闭杯试验闪点不高于 60 ℃,或开杯试验闪点不高于 65.6 ℃。易燃液体还包括满足下列条件之一的液体:

① 在温度等于或高于其闪点的条件下提交运输的液体;

② 以液态在高温条件下运输或提交运输、并在温度等于或低于最高运输温度下放出易燃蒸气的物质。

(2) 液态退敏爆炸品,是指为抑制爆炸性物质的爆炸性能,将爆炸性物质溶解或悬浮在水中或其他液态物质后,退敏处理形成的均匀液态混合物。

4. 易燃固体、易于自燃的物质、遇水放出易燃气体的物质

本类物品易于引起和促成火灾,按其燃烧特性分为以下 3 项:

(1) 易燃固体、自反应物质和固态退敏爆炸品

① 易燃固体,是指易于燃烧的固体和摩擦可能起火的固体。

② 自反应物质,是指即使没有氧气(空气)存在,也容易发生激烈放热分解的热不稳定物质。

③ 固态退敏爆炸品,是指为抑制爆炸性物质的爆炸性能,用水或酒精湿润爆炸性物质或用其他物质稀释爆炸性物质后,形成的均匀固态混合物。

(2) 易于自燃的物质

本项包括发火物质和自热物质。

① 发火物质,是指即使只有少量与空气接触,不到 5 min 便燃烧的物质,包括混合物和溶液(液体或固体)。

② 自热物质,是指发火物质以外的与空气接触便能自己发热的物质。

(3) 遇水放出易燃气体的物质

本项物质是指遇水放出易燃气体,且该气体与空气混合能够形成爆炸性混合物的物质。例如,钾、钠等。

5. 氧化性物质和有机过氧化物

本类物品具有强氧化性,易引起燃烧、爆炸,按其组成分为以下两项:

(1) 氧化性物质,是指本身未必燃烧,但通常因释放氧可能引起或促使其他物质燃烧的物质。例如,过氧化钠、高氯酸钾等。

(2) 有机过氧化物,是指含有二价过氧基(—O—O—)结构的有机物,其本身易燃、易爆、极易分解,对热、振动和摩擦极为敏感。例如,过氧化苯甲酰、过氧化甲乙酮等。

6. 毒性物质和感染性物质

(1) 毒性物质,是指经吞食、吸入或与皮肤接触后可能造成死亡或严重损害人类健康的物质。本项包括满足下列条件之一的毒性物质(固体或液体):

① 急性口服毒性:$LD_{50} \leqslant 300$ mg/kg。

② 急性皮肤接触毒性:$LD_{50} \leqslant 1\,000$ mg/kg。

③ 急性吸入粉尘和烟雾毒性:$LC_{50} \leqslant 4$ mg/L。

④ 急性吸入蒸气毒性:$LC_{50} \leqslant 5\,000$ mL/m³,且在 20 ℃和标准大气压力下的饱和蒸气浓度大于或等于 $1/5LC_{50}$。

(2) 感染性物质,是指已知或有理由认为含有病原体的物质。感染性物质分为 A 类和 B 类。

① A 类:以某种形式运输的感染性物质,在与之发生接触(发生接触是在感染性物质泄漏到保护性包装之外,造成与人或动物的实际接触)时,可造成健康的人或动物永久性失残、生命危险或致命疾病。

② B 类:A 类以外的感染性物质。

7. 放射性物质

放射性物质,是指任何含有放射性核素并且其活度浓度和放射性总活度都超过《放射性物品安全运输规程》(GB 11806—2019)规定限值的物质。例如,金属铀、六氟化铀、金属钍等。

8. 腐蚀性物质

腐蚀性物质,是指通过化学作用使生物组织接触时造成严重损伤或在渗漏时会严重损害甚至毁坏其他货物或运载工具的物质。本类包括满足下列条件之一的物质：

（1）使完好皮肤组织在暴露超过 60 min、但不超过 4 h 之后开始的最多 14 d 观察期内全厚度毁损的物质。

（2）被判定不引起完好皮肤全厚度毁损，但在 55 ℃试验温度下，对钢或铝的表面腐蚀率超过 6.25 mm/a 的物质。例如，硫酸、硝酸、盐酸、氢氧化钾、氢氧化钠、次氯酸钠溶液、氯化铜、氯化锌等。

9. 杂项危险物质和物品（含危害环境物质）

本类是指存在危险但不能满足其他类别定义的物质和物品，包括：① 以微细粉尘吸入可危害健康的物质，如 UN 2212、UN 2590（联合国危险货物运输编号）；② 会放出易燃气体的物质，如 UN 2211、UN 3314；③ 锂电池组，如 UN 3090、UN 3091、UN 3480、UN 3481；④ 救生设备，如 UN 2990、UN 3072、UN 3268；⑤ 一旦发生火灾可形成二噁英的物质和物品，如 UN 2315、UN 3432、UN 3151、UN 3152；⑥ 在高温下运输或提交运输的物质（在液态温度达到或超过 100 ℃，或固态温度达到或超过 240 ℃条件下运输的物质），如 UN 3257、UN 3258；⑦ 危害环境物质，包括污染水环境的液体或固体物质，以及这类物质的混合物（如制剂和废物），如 UN 3077、UN 3082；⑧ 不符合上述毒性物质或感染性物质定义的经基因修改的微生物和生物体，如 UN 3245；⑨ 其他，如 UN 1841、UN 1845、UN 1941、UN 2071 等。

三、危险化学品安全说明及标识

危险化学品安全标识是通过图案、文字说明、颜色等信息，鲜明、简洁地表征危险化学品的危险特性和类别，向作业人员传递安全信息的警示性资料。

1. 国家通识性标识

依据《化学品分类和危险性公示 通则》（GB 13690—2009），我国将危险化学品，按照其危险性划分为理化危险、健康危险和环境危险 3 大类。其中，危险化学品按理化危险细分为 16 类、健康危险细分为 10 类、环境危险细分为 4 类。

该标准中的危险性公示主要以标签为特征，定义了标签涉及的范围、标签要素、印制符号、印制象形图和危险象形图等。此外，该标准还说明了分配标签要素，包括信号词、危险性说明、象形图、产品标识符等。

结合《全球化学品统一分类和标签制度》（GHS）的指导，在一种物质或混合物的危险不只是 GHS 所列危险时，该标准也指出了多种危险和危险信息的先后顺序。

最后，对于一些特殊标签安排，结合工作场所不同，在该标准的附录中分别给出不同说明。

2. 工作场所职业病危害警示标识

2003 年，原卫生部制定了《工作场所职业病危害警示标识》（GBZ 158—2003），规定了在产生职业病危害的工作场所设置的警示标识。标准中包含以下几项标识：图形标识、警示线、警示语句、有毒物品作业岗位职业病危害告知卡。

（1）图形标识

图形标识分为禁止标识、警告标识、指令标识和提示标识。

① 禁止标识——禁止不安全行为的图形，如"禁止入内"等标识。

② 警告标识——提醒对周围环境需要注意,以避免可能发生危险的图形,如"当心中毒"等标识。

③ 指令标识——强制做出某种动作或采用防范措施的图形,如"戴防毒面具"等标识。

④ 提示标识——提供相关安全信息的图形,如"救援电话"等标识。

图形标识可与相应的警示语句配合使用。图形、警示语句和文字设置在作业场所入口处或作业场所的显著位置。

在使用有毒物品作业场所的入口或作业场所的显著位置、使用高毒物品作业岗位的醒目位置,应根据需要设置职业病危害警示标识。

（2）警示线

警示线是界定和分隔危险区域的标识线,分为红色、黄色和绿色三种。按照需要,警示线可喷涂在地面或制成色带。

（3）警示语句

警示语句是一组表示禁止、警告、指令、提示或描述工作场所职业病危害的词语。警示语句可单独使用,也可与图形标识组合使用。

（4）有毒物品作业岗位职业病危害告知卡

根据实际需要,由各类图形标识和文字组合成"有毒物品作业岗位职业病危害告知卡"（以下简称"告知卡"）。"告知卡"是针对某一职业病危害因素,告知劳动者危害后果及其防护设施的提示卡。"告知卡"设置在使用有毒物品作业岗位的醒目位置。

第二节　危险化学品性质及危害

一、理化危险

1. 爆炸品

爆炸品的主要危险特性有如下几种。

（1）爆炸性。爆炸品都具有化学不稳定性,在一定外因的作用下,能以极快的速度发生猛烈的化学反应,产生大量气体和热量,在短时间内无法逸散开去,致使周围的温度迅速升高并产生巨大的压力而引起爆炸。例如,黑火药的爆炸反应:

$$2KNO_3 + S + 3C == K_2S + N_2 \uparrow + 3CO_2 \uparrow + 热量$$

（2）敏感性。任何一种爆炸品的爆炸都需要外界供给它一定的能量——起爆能。不同的爆炸品所需的起爆能不同,某一爆炸品所需的最小起爆能,即为该爆炸品的敏感度（简称感度）。起爆能与感度成反比,起爆能越小,感度越高。

（3）不稳定性。爆炸性物质除具有爆炸性和对撞击、摩擦、温度的敏感之外,还有遇酸分解,受光线照射分解,与某些金属接触产生不稳定的盐类等特性,这些特性都体现了不稳定性。

2. 压缩气体和液化气体

对于压缩气体和液化气体,其主要危险特性有如下几种。

（1）可压缩性。一定量的气体在温度不变时,所加的压力越大其体积就会变得越小,若继续加压气体将会压缩成液态,这就是气体的可压缩性。气体通常以压缩或液化状态储于容器中,而且在管道内进行输送的过程中,大多数也是处于一定的压力之下。

(2)膨胀性。气体在光照或受热后,温度升高,分子间的热运动加剧,体积增大,若在一定密闭容器内,气体受热的温度越高,其膨胀后形成的压力越大,这就是气体受热的膨胀性。

此外,不同的气体类型,还具有燃烧性、爆炸性、毒害性、氧化性和窒息性等危险特性。

3. 易燃液体

(1)高度易燃性。易燃液体的主要特性是具有高度易燃性,其主要原因是闪点低。

(2)易爆性。易燃液体挥发性大,当盛放易燃液体的容器有某种破损或不密封时,挥发出来的易燃蒸气扩散到存放或运载该物品的库房或车厢的整个空间,与空气混合,当浓度达到爆炸极限时,遇明火或火花即能引起爆炸。

(3)高度流动扩散性。易燃液体的黏度一般都很小,本身极易流动,即使容器只有极细微裂纹,易燃液体也会渗出容器壁外,并源源不断地挥发,使空气中的易燃液体蒸气浓度增高,从而增加了燃烧、爆炸的危险性。

(4)受热膨胀性。易燃液体的膨胀系数比较大,受热后体积容易膨胀,同时蒸气压亦随之升高,从而使密封容器中内部压力增大,造成"鼓桶",甚至爆裂,在容器爆裂时遇硝酸可能引起燃烧、爆炸。

(5)忌氧化剂和酸。易燃液体与氧化剂或有氧化性的酸类(特别是硝酸)接触,能发生剧烈反应而引起燃烧、爆炸。因此,易燃液体不得与氧化剂和有氧化性的酸类接触。

(6)毒性。大多数易燃液体及其蒸气均有不同程度的毒性,例如,丙酮、甲醇、苯、二硫化碳等。人类不但经呼吸道吸入其蒸气会中毒,有的经皮肤吸收也会中毒。

4. 易燃固体、易于自燃的物质、遇水放出易燃气体的物质

(1)易燃固体的主要特性

① 易燃固体容易被氧化,受热易分解或升华,遇火种、热源会引起强烈、连续的燃烧。

② 易燃固体与氧化剂接触反应剧烈,因而易发生燃烧、爆炸。例如,红磷与氯酸钾接触,硫黄粉与氯酸钾或过氧化钠接触,均会立即发生燃烧、爆炸。

③ 易燃固体对摩擦、撞击、振动也很敏感。例如,红磷、闪光粉等受摩擦、振动、撞击等能起火燃烧甚至爆炸。

④ 有些易燃固体与酸类(特别是氧化性酸)反应剧烈,会发生燃烧、爆炸。例如,萘遇浓硝酸(特别是发烟硝酸)反应剧烈会发生爆炸。

⑤ 许多易燃固体有毒,或其燃烧产物有毒或有腐蚀性。例如,红磷、五硫化二磷(P_2S_5)等。

(2)易于自燃的物质的主要特性

易于自燃的物质大多数具有容易氧化、分解的性质,且燃点较低。在未发生自燃前,一般都经过缓慢的氧化过程,同时产生一定热量,当产生的热量越来越多,积热使温度达到该物质的自燃点时便会自发地着火燃烧。

(3)遇水放出易燃气体的物质的主要特性

① 与水或潮湿空气中的水分能发生剧烈化学反应,放出易燃气体和热量。例如:

$$2K + 2H_2O \Longrightarrow 2KOH + H_2 \uparrow + 热量$$

即使当时不发生燃烧、爆炸,但放出的易燃气体积聚在容器或室内与空气亦会形成爆炸性混合物而存在爆炸隐患。

② 与酸反应比与水反应更加剧烈,极易引起燃烧、爆炸。例如:

$$NaH + HCl == NaCl + H_2 \uparrow + 热量$$

③ 有些遇湿易燃物品本身易燃或放置在易燃的液体中(如金属钾、钠等均浸没在煤油中保存以隔绝空气),遇火种、热源也有很大的危险。

此外,一些遇湿易燃物品还具有腐蚀性或毒性,如硼氢类化合物有剧毒等。

5. 氧化性物质和有机过氧化物

(1) 氧化剂中的无机过氧化物均含有过氧基,很不稳定,易分解放出原子氧,其余的氧化剂则分别含有高价态的氯、溴、碘、氮、硫、锰、铬等元素,这些高价态的元素都有较强的获得电子能力。因此,氧化剂最突出的性质是遇易燃物品、可燃物品、有机物、还原剂等会发生剧烈化学反应引起燃烧、爆炸。

(2) 氧化剂遇高温易分解放出氧和热量,极易引起燃烧、爆炸。特别是有机过氧化物分子组成中的过氧基很不稳定,易分解放出氧原子,而且有机过氧化物本身就是可燃物,易着火燃烧,受热分解的生成物又均为气体,更易引起爆炸。所以,有机过氧化物比无机氧化剂有更大的火灾、爆炸危险。

(3) 许多氧化剂,如氯酸盐类、硝酸盐类、有机过氧化物等对摩擦、撞击、振动极为敏感。

(4) 大多数氧化剂,特别是碱性氧化剂,遇酸反应剧烈,甚至发生爆炸。例如,过氧化钠(钾)、氯酸钾、高锰酸钾、过氧化二苯甲酰等,遇硫酸立即发生爆炸。所以,这些氧化剂不得与酸类接触。

(5) 有些氧化剂特别是活泼金属的过氧化物,如过氧化钠(钾)等,遇水分解放出氧气和热量,有助燃作用,使可燃物燃烧,甚至爆炸。这些氧化剂应防止受潮,灭火时严禁用水、泡沫、二氧化碳灭火器扑救。

(6) 有些氧化剂具有不同程度的毒性和腐蚀性。例如,铬酸酐、重铬酸盐等既有毒性,又会灼伤皮肤;活泼金属的过氧化物有较强的腐蚀性。

(7) 有些氧化剂与其他氧化剂接触后能发生复分解反应,放出大量热而引起燃烧、爆炸。例如,亚硝酸盐、次亚氯酸盐等遇到比它强的氧化剂时显还原性,发生剧烈反应而导致危险。所以,各种氧化剂亦不可任意混储、混运。

6. 毒性物质和感染性物质

(1) 毒性。毒性物质的主要特性就是毒害性,少量进入人体即能引起中毒。而且其侵入人体的途径很多,经皮肤、口服和吸入其蒸气都会引起中毒。

(2) 溶解性。毒性物质的溶解性可表现为水溶性和脂溶性。大部分有毒品都易溶于水,在水中溶解度越大的有毒品对人的危险性越大。有些有毒品不溶于水,但能溶于有机类液体中,表现出脂溶性。具有脂溶性的有毒品可经表皮的脂肪层侵入人体而引起中毒。

(3) 挥发性。液体有毒品都具有挥发性。挥发性越大,空气中的气体含毒浓度越高,就越容易引起中毒。

7. 放射性物质

(1) 放射性。放射性物质能自发、不断地放出人们感觉器官不能觉察到的射线。放射性物质放出的射线分为四种：α射线、β射线、γ射线（也叫丙种射线）和中子流。这些射线在人体达到一定的剂量时，容易使人患放射性病，甚至死亡。

（2）毒性。许多放射性物品毒性很大。例如，钋-210、镭-226、镭-228、钍-230 等都是剧毒的放射性物品；钠-22、钴-60、锶-90、碘-131、铅-210 等为高毒的放射性物品。放射性物质警示标识如图1-1所示。

图1-1　放射性物质警示标识

8. 腐蚀性物质

（1）强烈的腐蚀性。它与人体，设备，建筑物、构筑物，车辆、船舶的金属结构都易发生化学反应，而使之腐蚀并遭受破坏。

（2）氧化性。腐蚀性物质如浓硫酸、硝酸、氯磺酸、高氯酸、漂白粉等都是氧化性很强的物质，遇有机化合物、还原剂等接触易发生强烈的氧化还原反应，放出大量的热，容易引起燃烧。

（3）稀释放热性。多种腐蚀品遇水会放出大量的热，易燃液体四处飞溅造成人体灼伤。

（4）毒性。多数腐蚀品有不同程度的毒性，有的还是剧毒品。例如，氢氟酸、溴素、五溴化磷等。

（5）易燃性。部分有机腐蚀品遇明火易燃烧。例如，冰醋酸、醋酸酐、苯酚等。

二、健康危险

（1）急性毒性。急性毒性是指在单剂量或在24 h内多剂量口服或皮肤接触一种物质，或吸入接触4 h之后出现的有害效应。

（2）皮肤腐蚀/刺激。皮肤腐蚀是对皮肤造成不可逆损伤，其特征是溃疡、出血、有血的结痂；皮肤刺激是施用试验物质达到4 h对皮肤造成可逆损伤。

（3）严重眼损伤/眼刺激。严重眼损伤是在眼前部表面施加试验物质之后，对眼部造成在施用21 d内并不完全可逆的组织损伤，或严重的视觉物理衰退；眼刺激是在眼前部表面施加试验物质之后，眼部产生在施用21 d内完全可逆的变化。

（4）呼吸或皮肤过敏。呼吸过敏物是吸入后会导致气管过敏反应的物质；皮肤过敏物是皮肤接触后会导致过敏反应的物质。

（5）生殖细胞致突变性。本类危险物质涉及的主要是可能导致人类生殖细胞发生可传播给后代的突变的化学品。

（6）致癌性。致癌物是指可导致癌症或增加癌症发生率的化学物质或化学物质混合物。

（7）生殖毒性。生殖毒性包括对成年雄性和雌性性功能和生育能力的有害影响，以及在后代中的发育毒性。

（8）特异性靶器官系统毒性（一次接触）。特异性靶器官系统毒物（一次接触）是指由于单次接触而产生特异性、非致命性靶器官/毒性的物质。

（9）特异性靶器官系统毒性（反复接触）。特异性靶器官系统毒物（反复接触）是指由于反复接触而产生特定靶器官/毒性的物质。

（10）吸入危险/吸入毒性。"吸入"指液态或固态化学品通过口腔或鼻腔直接进入或者因呕吐间接进入气管和下呼吸系统。吸入毒性包括化学性肺炎、不同程度的肺损伤或吸入后死亡等严重急性反应。

毒物进入人体途径如图 1-2 所示。

吸入
食入
吸收

图 1-2 毒物进入人体途径

三、环境危险

环境危险指的是危害水生环境,其基本要素是急性水生毒性、慢性水生毒性、潜在或实际的生物积累和有机化学品的降解(生物或非生物)。

(1)急性水生毒性是指物质对短期接触它的生物体造成伤害的固有性质。

(2)慢性水生毒性是指物质在与生物体生命周期相关的接触期间对水生生物产生有害影响的潜在性质或实际性质。

(3)生物积累是指物质以所有接触途径(即空气、水、沉积物/土壤和食物)在生物体内吸收、转化和排出的净结果。

(4)降解是指有机分子分解为更小的分子,并最后分解为二氧化碳、水和盐。

第三节 危险化学品安全管理现状

一、我国化工安全生产形势

化工生产因为其原料及产品的化学特性、设备运行的封闭性、储存运输的特殊性等,其生产安全备受关注。近 20 年来,我国工业经济的快速发展,使危险化学品生产和使用的数量都呈现出逐渐增加的态势,同时,危险化学品生产事故对社会的影响也逐步增大。

危险化学品事故具有突发性、扩散性、经济损失严重、发生环节较多、社会影响大等特点。例如,2017 年上半年国内化工生产安全事故数明显上升,事故统计结果发现,化工企业在技术管理方面存在动火、进入受限空间等特殊作业安全管理缺失或不到位,以及自动化控制系统和安全仪表系统不完善、不投用等问题。在现场安全管理方面,部分精细化工企业风险缺少辨识、管控措施不落实等问题仍然突出,安全风险排查管控有明显短板,违章指挥、违章操作、违反劳动纪律等"三违"问题仍然十分突出,危险化学品生产安全事故和非危险化学品生产安全事故均多发、频发。

化工生产安全事故数上升反映出部分地方政府安全发展理念不牢固,监管部门源头准入和执法不严格。由于中国的化工企业众多、产能巨大,加上不完善的化学品管理体系,大大小小的化学品生产安全事故总是屡禁不止。例如,2021 年 6 月 13 日,湖北省十堰市张湾区的一个小区发生燃气爆炸事故,习近平总书记作出重要指示:要求全面排查各类安全隐患,切实保障人民群众生命和财产安全,维护社会大局稳定。

二、国外危险化学品安全管理现状

1. 美国危险化学品行业安全管理现状

美国对危险化学品的各环节安全管理和监管都十分严格,设有专门负责化学品安全管理和事故调查统计的美国化学品安全与危害调查委员会。为防止事故发生,美国化学品安全与危害调查委员会规定了对危险化学品的设施和装置,必须执行《风险管理计划条例》,即需要对盛装危险化学品的容器进行识别,并分析这些化学物质对周围环境、社区的风险程度大小,以及对紧急情况的反应计划。同时,该调查委员会将危险化学品设施设备管理分为3 个安全状态层次,并依据危险化学品的危害范围和设施设备造成的事故历史记录,将安全状态层次与安全措施相对应,对于极具危害的化学品,严格分析工艺过程、设备,预判该化学品容易发生泄漏的环节,做到防患于未然。此外,美国还制定了严格的规章制度和相应的突发事故预防机制,要求企业确保接触危险化学品的每一个员工知道其毒性、最大允许暴露值、稳定性等属性,一旦发生事故应知道如何处置。以美国的一个实验室为例,凡进入实验室的人员都必须接受基本的安全培训,包括水电、液化气、危险化学品的处理等,还要经过考试,合格后才能进入实验室。美国的化工企业配备完善的消防设施,报警装置和当地警方的网络连接在一起,只要有异常情况,警方会在最短时间内赶到现场,很多生产经营单位也都配有自己的专业维护队伍,会定期检测所有管道,并出具评估报告,发现安全隐患及时提出处理意见。

2. 加拿大危险化学品行业安全管理现状

根据加拿大政府统计,每 4 个加拿大人中就有 1 人接触过危险化学品,每年因工作环境接触危险化学品造成的经济损失达 6 亿加元之多。严重的安全卫生问题引起了加拿大政府的高度重视,如何预防和监控危险化学品对人类产生的危害已成为加拿大政府十分关注的问题。

加拿大政府在监管方面建立了完善的法律体系,化学品安全管理法令体系由联邦和省的法令组成。联邦法律主要有以下 5 部:《危害物品法令》《危害物品管理条例》《危害物品成分报告条例》《危害物品资料审核法令》《危害物品资料审核条例》。

《危害物品法令》和《危害物品管理条例》规定,化学品销售单位或进口危险化学品单位,必须为使用化学品者提供符合标准的化学品安全标签和安全技术说明书。

《危害物品成分报告条例》列出了 1 736 种有害化学品。只要 1 种化学品物质的有害成分是 1 736 种有害化学品之一,并且超过所列规定的浓度,销售单位或进口化学品单位就必须将该种化学品视为有害化学品,并提供符合标准的化学品安全标签和安全技术说明书。

3. 英国危险化学品行业安全管理现状

英国化学品的管理部门主要由英国环境食品和乡村事务部、健康与安全执行局、环境署等十几个机构组成,在化学品的不同生命阶段扮演着不同的管理角色。英国政府对危险化学品管理的主要特色是加强危险化学品的规划管理。

对危险化学品规划管理的目的有4个方面:① 尽可能地界定那些对人类健康和环境可以造成不可承受风险的化学品;② 尽可能减少那些在日常生活必须使用的危险化学品所造成的风险,从而保护人类健康与环境,取得社会与经济的协调发展;③ 使得大家都可以获得有关于危险化学品造成环境和健康风险的全面信息;④ 维持和提高化工企业的竞争能力。

危险化学品规划的范围包括市场上可获得的危险化学品对环境和人类健康所造成的风险,危险化学品的商业生产和使用,与危险化学品生产和使用相关的控制措施,加快对危险化学品所造成的环境风险进行评估的措施。其中,危险化学品规划不考虑下面的情况:暴露于工作场所的危险化学品;危险化学品的运输和重大危险源;食品在加工过程中增加的化学品;化学品释放到环境中的控制措施。一个国家的危险化学品规划,常受到许多国际协议的影响,如英国的危险化学品政策受到许多国际协议的影响。

联合国推动了全球范围内许多事情的合作,包括在危险化学品领域。在危险化学品管理方面,英国的规划涉及好几个联合国协议。在制定危险化学品规划时应遵循的指导原则:充分利用现有法律;充分利用可以获得的可靠信息;生成相关信息,采用均衡原则;使当局可以获得信息;避免复杂问题;尽量减少对动物进行实验;与协调当局紧密合作。

以上不同国家对危险化学品安全管理的相关举措大致可以概括为4个主要方面:① 科学的选址与布局是保障安全的基础;② 严格的管理与监管是预防事故的重要手段;③ 危险化学品信息透明为社会监督和救援提供支撑;④ 安全与应急培训有利于减少事故和降低事故伤亡。危险化学品的安全管理,具有其特殊的复杂性。化学品的生产、经营、储存、运输、使用以及废弃处置等各个环节,都存在着不容疏忽的安全隐患。这一现实情况,使得对危险化学品的安全管理,既需要纵向的层层监管,也需要横向的跨部门、跨领域、跨学科的广泛协作;既需要政府的重视与管理,也需要企业与大众的关注。健全法律法规体系、强化安全管理、制定行业政策、加强技术支持等都是形成科学完善的危险化学品安全管理体系的重要手段和方法。

三、我国危险化学品行业安全管理现状

纵观近40年来我国化学工业的发展形势,随着工业现代化生产的不断进步,危险化学品生产也呈现出工程技术由低到高的态势。早期的危险化学品行业安全生产基础比较薄弱,尤其是小企业多,设施设备简陋,技术跟不上时代的发展,自动化控制水平低,安全投入不到位,人员培训不到位,安全管理差,安全保障能力不足。因此,危险化学品生产、运输、储存、使用等环节的安全事故频繁发生,有的甚至造成人员伤亡,给当地人民群众的生活秩序造成严重的影响。

在危险化学品安全管理方面,我国经历了由粗放管理到精准管理的发展过程。在2001年我国加入WTO(世界贸易组织)之前,我国化学品在生产、运输、储存、使用等环节的安全管理十分薄弱,与国际同行业的工业生产水平以及相应的安全管理和监督相比十分滞后,普遍存在以下不容忽视的问题:违章指挥、违章作业、违反劳动纪律的"三违"现象;从业人员缺乏专业知识,安全操作技能比较差;主要生产工艺落后,设备带"病"运行;非法经营危险化学品;违章行车、疲劳驾驶等引起危险化学品运输事故。

自 2004 年以来,国内危险化学品从业单位开始对标 ISO(国际标准化组织)在化工生产领域的安全管理做法,危险化学品生产经营企业的安全生产标准化经历了从无到有、由浅入深的发展阶段,企业安全管理水平得到较为显著的提升。2010 年,原国家安全生产监督管理总局、工业和信息化部联合下发了《关于危险化学品企业贯彻落实〈国务院关于进一步加强企业安全生产工作的通知〉的实施意见》,要求企业全面贯彻落实《企业安全生产标准化基本规范》,开展安全生产标准化工作,推进企业的安全生产标准化工作,不断提高企业安全管理水平。近年来,随着计算机网络工程和信息技术的发展,有关部门要求化工企业在隐患排查治理环节发现重大危险源后,需要严格按照相关的规范条例,在第一时间将危险源的具体状况上报给管理部门,并在企业内部进行登记处理。同时,化工企业需要根据生产经营规模,在企业内部积极创建有效的应急救援体系,确保发现安全隐患后可以立刻进行救援处理,尽量减小事故的损失,降低事故负面影响。

此外,我国在危险化学品生产安全事故应急救援方面,存在应急救援人员培训时间较短、缺乏应急演练经验,以及针对危险化学品生产灾害的应急训练内容较少等问题。当危险化学品生产安全事故发生后,多数情况下救援人员能够迅速到达现场,但由于救援技术、装备落后,不了解发生事故化学品的种类、特性等信息,极易造成盲目救援而引发二次事故。

目前,我国已成为世界上危险化学品生产和供应大国,但重特大事故频发且危害严重,危险化学品安全管理形势依然严峻,危险化学品安全监管机制薄弱,监管网络尚待整合,有关法律法规还不够健全。因此,我国亟待健全危险化学品安全管理体系,强化规范管理。

思 考 题

1. 危险化学品按照理化危险分为哪几类?
2. 压缩气体和液化气体具有哪些危险特性,可能会引发哪几类事故?
3. 易燃液体具有哪些危险特性,可能导致哪几类事故?
4. 氧化性物质和有机过氧化物具有哪些危险特性,可能导致哪几类事故?
5. 毒性物质和感染性物质具有哪些危险特性,对人体的危害主要有哪几方面?
6. 腐蚀性物质具有哪些危险特性?

第二章　危险化学品生产安全技术

第一节　化工生产安全技术概述

一、化工生产的特点

化工生产具有易燃、易爆、易中毒、高温、高压、深冷、有腐蚀性、事故多发等特点,与其他行业相比危险性更大。其主要特点有以下几点:

(1)生产涉及的危险化学品多。化工生产过程中所用到的原料、中间体和成品种类复杂,且绝大部分为易燃、易爆、有毒性、有腐蚀性的危险化学品,因而生产中对原料、燃料、半成品和成品的运输与储存提出了比较特殊的要求。

(2)生产过程中工艺条件要求苛刻。部分化学反应需要在高温或高压下进行,部分则需要在低温或低压(高真空度)下进行。

(3)化工生产装置规模日趋大型化。化工生产中使用大型装置可以降低生产单位的建设投资与生产成本,提高劳动生产率,减少能耗。因此,化工产业中生产装置的规模越来越大。当然,也不是化工装置越大越好,这里涉及技术经济的综合效益问题。

(4)化工生产的自动化和连续化。化工生产由以前落后的手动操作、间断或半自动生产渐渐地发展为高度连续化和自动化生产,生产装置由室内变为露天,生产设备由敞开式渐渐转变成密闭式,生产操作从分散操作转变成集中操作,与此同时,也从人工手动操作转变为仪表自动操作,而后又发展成了计算机操作。

(5)污染物的释放量比较大,资源消耗量高,给环境带来的危害比较严重。化工行业一般都是原料产业,把能源作为其基本原材料,在行业迅速发展的同时,损耗了大量的能源,对生态和环境造成沉重的负担。

(6)化工产业链长、产品关联度高。化工行业是典型的链式生产行业,由于科技的进步与工艺的不断完善,化工行业产业链可以不断地延伸,并迅速增长。同时,因化工产品的原料路线、生产方式多种多样,许多的原料、辅料和中间体都可以在各式各样的工艺与产品的生产过程中重复循环利用,所以产品的关联度高。

(7)化工行业经济范围显明。化工行业生产过程中各个环节互补性强,因此生产总成本低于各自独立生产所需的成本,各种化学反应之间互相关联,具备明显的范围经济特征。化工行业生产链条越长,它的产品越丰富,产业连接的可能性就越大,范围经济的程度也就越高。

(8)生产安全管理特别重要。化工生产过程中因管理不当、检修不及时或操作水平较低,将会出现"跑、冒、滴、漏"等不安全现象,损失的原料、成品或半成品不仅会造成经济上的浪费,同时也会污染周围的环境,甚至带来更严重的后果。

二、危险化学品生产存在的常见安全隐患

美国保险服务协会(AAIS)对化学工业的 317 起火灾、爆炸事故进行调查,分析了主要和次要原因,把化学工业危险因素分为工厂选址、工厂布局、结构、对加工物质的危险性认识不足、化工工艺、物料运输、误操作、设备缺陷和防灾计划不充分等 9 大类型。由危险因素风险管控失效引发的安全隐患主要包括以下几个方面:

(1)工艺设备落后,生产状况差。危险化学品生产程序紧、线路密、设备多,在运行中长期遭受烈性化学试剂腐蚀、机械振动、压力波动和高低温冲击等影响,且在生产过程中技术人员忽视对设备的安全管理,缺乏定期保养维护,更严重的是部分设备老化未能及时更新,很难满足多样化的生产需求,长此以往将导致设备失效,对安全生产构成潜在威胁。

(2)员工操作程序不规范,职业素养低。部分小微化工企业,从事生产活动的操作人员学历较低,没有进行系统的岗前培训,无证上岗的现象极其严重。一些员工缺乏基本的化工常识和安全意识,未能熟练掌握安全手册提示的正确操作流程,在操作环节偷工减料,交接班工作落实不到位,工作期间违章违纪现象时有发生,导致生产事故的发生概率提高。

(3)企业管理较为紊乱,安全生产无保障。化工生产的特点决定了岗位、车间、部门之间必须密切配合,听从统一领导,因而对企业管理层提出较高的要求。部分企业内部管理化工生产的规章制度不够完善,缺少合理的奖惩机制,且领导者管理能力低下,存在"重生产,轻安全"的错误观念,不能正确处理安全与生产的关系,从而导致安全生产没有保障。

(4)政府部门落实安全生产不到位,造成监管脱节。国家明确指出"管行业必须管安全、管业务必须管安全、管生产经营必须管安全",但相关部门对各自的安全监管职责还存在认识不统一的问题。应急管理、生态环境、交通运输等部门之间未能协调管理,缺少积极主动、认真负责的意识形态,存在监管漏洞,且执法信息未能及时有效共享,联合打击企业违法行为机制不健全,没有形成政府监管合力,从而导致生产存在安全隐患。

第二节 化工生产工艺过程安全技术

一、化学反应过程安全技术

化学反应过程,尤其是有危险化学品参与或者产生的化学反应,往往伴随着大量反应热的生成,反应条件涉及高温、高压和气液两相平衡状态,因而具有较高的危险性。本节以危险化学品常见的化学反应过程的危险性分析为依据,介绍化学反应过程事故类型、事故发生的原因、反应失控的条件、反应失控的后果以及预防反应失控的措施。

危险化学品常见的化学反应过程有氧化、还原、硝化、磺化、氯化、裂解、聚合等。

1. 氧化反应

氧化反应通常是指反应物质失去电子(或者电子偏离)的化学反应,在化工生产中有着广泛的应用,如氨氧化制二氧化氮,进而制造硝酸。

氧化反应涉及的物料、中间体多具有较高的火灾危险性。原料中的被氧化物多为易燃

易爆物质,在氧气、空气环境下反应系统随时可能形成爆炸性混合物,如氨在空气(氧气)中的氧化,物料配比接近于混合气爆炸下限,在生产过程中若是物料比例波动,极易引起系统爆炸;原料中的氧化物多为空气、氧气,有时会采用助燃性很强的强氧化剂,如高锰酸钾、氯酸钾、铬酸酐等,当受到撞击、摩擦及与有机物接触时,均能引发火灾或爆炸;氧化过程还可能生成性质极不稳定的过氧化物中间体,如乙醛氧化生成乙酸的过程中生成过氧乙酸,该类过氧化物在高温、摩擦或者撞击时便会分解或者燃烧,进而引发火灾。

氧化过程需要加热,但多数反应为放热过程,若反应系统的温度控制不当,极易引起系统爆炸。特别是气相催化氧化反应的反应温度多在 $250\sim600\ ℃$ 的高温下进行,若反应温度失控就会发生爆炸事故。

氧化过程的安全措施如下:

(1)严格控制反应投料配比与进料速度。一定要严格控制氧化剂的投料量(即适当的配料比),氧化剂的加料速度不宜过快,以防止氧化剂过剩造成的反应失控事故。当以空气和氧气为氧化剂时,反应物料配比应该严格控制在爆炸范围之外。

(2)严格控制反应温度变化。应对反应釜等关键设备进行实时温度监控,要有良好的搅拌和冷却装置,防止升温过快、温度过高而造成热失控事故。

(3)净化物料,防止设备、物料中杂质与氧化剂发生副反应。氧化剂遇见金属杂质会发生分解副反应,造成目标产物的产率下降等不良后果。另外,以空气为氧化剂时,一定要对其净化、干燥以除去灰尘、水分和油污。

(4)为提高系统安全性,采用惰性气体(氮气、二氧化碳或者甲烷)调节反应系统中混合气体的爆炸极限。这些惰性气体通常具有较高的比热容,因而可以有效带走部分反应热,增加系统的热稳定性。

(5)应在反应装置中合理设置安全附件。例如,在反应器前和管道中应该安装防火器,以防止火焰蔓延,使火焰不至于影响到其他系统。为了防止接触器发生爆炸,应设置防爆膜、防爆片等泄压装置,并尽可能采用自动控制系统进行调节并配备报警联锁装置。

2. 还原反应

还原反应种类很多,虽然多数还原反应条件比较温和,但是大多数还原反应都会使用氢气或者产生氢气,具有较高的火灾、爆炸危险性。氢气的爆炸极限为 $4\%\sim75\%$,如果操作失误或者设备泄漏,都极易引起爆炸。在加氢还原反应过程中使用过量氢气,氢气泄漏到厂房内会与空气形成爆炸性混合物,如果氢气压缩机输出的氢气量低于工艺指标,会造成局部反应温度过高,轻者造成催化剂"烧结",重者引起火灾和爆炸。循环氢中如果含有杂质,会在循环中不断积累,增加反应的危险性。

加氢还原反应过程的防火防爆措施主要包括以下几个方面:

(1)应严格按照工艺指标控制物料的投入数量和速度、氢油比、温度及压力等,防止温度升高造成压力骤增而引起设备爆裂;防止反应温度达到反应物料或其产物的自燃点。

(2)严格操作控制汽化系统,及时清理汽化系统内的沉积物,防止在高温加热情况下分解、结焦,进而引起火灾爆炸事故。

(3)严格控制反应用氢气浓度(低于 90%),根据氢气浓度可以将部分氢气尾气排空。氢气机和加氢反应厂房内应该保持良好通风,并设置天窗或者风帽,以便将厂房内的可燃气体排出。

（4）严格控制引火源。生产厂房严禁带入一切火种，对于可能产生静电的导体应采取有效的接地保护措施，设备、管道、阀门连接处应采用跨线接地。生产厂房内电气设备应该达到相应的防爆等级，不得在厂房上方敷设电线及安装电线接电箱，防止由于短路、接触不良引起积存在厂房上方的氢气爆炸。

（5）采用先进的控制系统。生产单位应该具有完善的温度、压力、流量显示仪表和控制装置。有条件的单位，应采用计算机集散控制系统（DCS），采用工艺报警联锁系统（PLC），对涉及安全的重要工艺参数进行报警和控制，确保工艺参数不超过规定值，以保证安全。

（6）设置设备安全装置。有压设备和机械应安装安全阀，必要时还要加装防爆板。系统应设置紧急放料安全装置，在处理事故时能保证迅速安全地放掉反应器内的物料，防止发生火灾、爆炸事故。系统的排气放空管应伸到厂房外，并在放空管上安装阻火器。

3. 硝化反应

向有机化合物分子中引入硝基，取代氢原子而生成硝基化合物的反应，称为硝化反应。硝化反应是生产染料、药物、农药及某些炸药的重要反应，是有机化工生产中的一种重要化学反应。常用的硝化剂是浓硝酸或浓硝酸与浓硫酸的混合物（俗称混酸）。

硝化反应的火灾爆炸危险性主要表现为以下几个方面：

（1）硝化反应为放热过程，反应温度不易控制。硝化过程是强烈的放热过程，引入一个硝基可放出 $152.4 \sim 153.2$ kJ/mol 的热量，在生产过程中，如果投料速度过快，冷却水供应减少或者中断、搅拌停止都会造成反应温度过高，进而导致爆炸事故。

（2）大多数硝化反应是非均相反应，易引起局部过热。在非均相系统中进行硝化反应时，反应组分的分布与接触不容易均匀，会引起局部过热。为了消除这种现象，在硝化反应中采取连续搅拌措施，以保证各组分物料混合良好。如果发生电器和机械故障使搅拌停止，会造成两相分离，硝化剂在酸相中积累。一旦再次启动搅拌，就会发生激烈的反应，使温度失去控制，从而引发事故。

（3）混酸中的硫酸被反应生成的水稀释时，将产生相当于反应热 $7.5\% \sim 10\%$ 的稀释热。如果不能将热量及时移出，会导致反应温度迅速上升，引起多硝化、氧化等副反应，同时还会造成硝酸大量分解，产生大量红棕色二氧化氮气体和水。若有部分硝基物生成，高温下可引起爆炸。

（4）反应物料具有强烈的氧化性和腐蚀性。硝化反应物料中混酸具有强烈的氧化性和腐蚀性，硝酸盐也是氧化剂，它们与有机物接触，均会发生氧化反应。有机物的氧化是硝化过程中最危险的反应，会造成反应温度迅速升高，硝化混合物从设备中喷出而造成爆炸事故。

（5）硝化锅存在爆炸隐患。硝化锅的冷却水因夹套焊缝腐蚀等原因漏进硝化物中，会引起温度急剧上升，促使硝酸大量分解，这样不仅腐蚀设备，还会引发爆炸。

（6）硝化产品存在火灾危险性。例如，脂肪族硝基化合物的闪点较低，二硝基和多硝基化合物性质极不稳定，受热、强烈撞击或者摩擦会发生分解爆炸。

硝化反应的安全技术有以下几个方面：

（1）严格控制硝化反应温度。控制好加料速度和加料配比，硝化剂的加料应该采用双重阀门加料。反应中应该连续搅拌，保证物料混合良好。硝化锅应具有足够的冷却面积。硝化过程中发现红棕色二氧化氮气体时，应停止加料，以控制可能发生的危险。

（2）防止冷却水漏进硝化锅。应在硝化锅进水管、排水管上分别安装温度计,通过监测进水口和排水口的温度变化,判断夹套焊缝是否因腐蚀而泄漏,避免硝化物遇水温度急剧上升。在排水管上安装电导自动报警器,当酸混入硝化锅时,会因水的电导率发生变化而报警。

（3）防止油与硝化物料接触。油与硝化物料接触会引起爆炸,应该防止机油或者甘油被硝化形成爆炸性物质,防止齿轮上的油、填料的油落入硝化器中。

（4）设置安全装置。硝化锅应该设置一定容积的紧急放料槽、自动温度调节器、自动酸度记录仪等安全装置,确保硝化反应过程中温度、酸度处于正常范围。硝化锅的加料口关闭时,为了排出设备中的气体,应安装可移动的排气罩,采用抽气法和利用带有铝制透平的防爆型通风机通风。

（5）设置防爆构筑物。硝化锅与其他相关生产设备应设置在防爆构筑物内,并与行政、生活和其他生产性建筑保持一定的安全距离,以防止被可能发生的硝化物爆炸事故波及。与硝化过程无关的设备不能和与硝化过程有关的设备设置于同一构筑物内。

4. 磺化反应

向有机分子中导入磺酸基或其衍生物的化学反应称为磺化反应。磺化反应使用的磺化剂主要是浓硫酸、发烟硫酸和硫酸酐,这些都是强烈的吸水剂,在吸水时放热,会引起温度升高,甚至发生爆炸。

磺化反应的火灾、爆炸危险性主要表现为以下几个方面:

（1）反应物料具有较高的火灾危险性,物料泄漏或者物料配比不当容易引发火灾、爆炸事故。磺化反应的原料一般为芳烃及其衍生物,都是易燃、易爆化学品,而磺化剂本身具有强氧化性,因此一旦泄漏,遇明火或者静电火花,均可引发燃烧、爆炸事故。

（2）磺化反应物料配置与计量不当,容易引发热失控事故,进而发生火灾及爆炸事故。在磺化反应过程中,使用计量罐和配置罐等设备将不同浓度的硫酸输送、混合、计量,混合过程中会产生大量溶解热,若不能及时移出,将导致硫酸或者发烟硫酸分解生成大量三氧化硫气体。

（3）磺化反应多是液液非均相反应,如果酸、油两相分布不均、接触不充分,可能产生局部过热。若搅拌中断,磺化反应质点将在酸相中积聚。一旦重新启动搅拌系统,局部磺化反应剧烈,瞬间释放热能,极易引起冲料,在切断时危险性更大。

（4）磺化反应是强放热反应,如果不能及时移除反应热,磺化温度上升,导致多磺化、氧化、异构化、分解、水解等副反应,磺化反应进一步恶化,甚至失控。

（5）磺化系统温度升高或有杂质时,不仅发生副反应,还造成发烟硫酸、硫酸分解产生三氧化硫气体,系统温度、压力迅速升高,极易造成喷料,引发火灾、爆炸和化学灼伤事故。

磺化反应的防火防爆安全技术主要包括以下几个方面:

（1）控制火灾、爆炸危险物。以较小或者无火灾、爆炸危险性物料代替危险性大的物料,如以难燃或者不燃溶剂代替可燃溶剂;根据物质燃烧特性采取相应防火防爆措施,如遇到空气或遇水燃烧的物质,应该隔绝空气或者进行防水、防潮处理;采用密闭及通风措施控制火灾、爆炸危险物质发生事故;采用惰性气体(如氮气、二氧化碳等)保护物料的输送、混合等过程。

（2）控制点火源。采取严格控制明火、避免摩擦与撞击、避免光照和热辐射、隔绝高温物体表面、防止电气火花、消除静电荷和防止静电放电等措施控制点火源。

（3）控制工艺参数。包括控制温度、压力、投料速度、投料配比和投料次序、原料纯度，并防止物料溢冒、泄漏。

（4）限制火灾、爆炸蔓延扩散。设置机械传动、液压传动和电动操纵等分区隔离、露天布置和远距离操纵防止事故蔓延；设置阻火器、安全液封等防火措施，防止外部火焰蹿入有燃烧、爆炸危险的设备、容器和管道；设置安全阀、爆破片、防爆门等防爆泄压装置。

5. 氯化反应

以氯原子取代有机化合物中的氢原子的反应称为氯化反应。常用的氯化剂有液态或气态的氯、气态的氯化氢以及各种浓度的盐酸、磷酰氯（三氯氧化磷）、三氯化磷、硫酰氯（二氯硫酰）、次氯酸钙（漂白粉）等。最常用的氯化剂是氯气。氯气由氯化钠电解得到，通过液化存储和运输。常用的容器有储罐、气瓶和槽车，它们都是压力容器。氯气的毒性很大，要防止设备泄漏。气瓶和储罐中的氯气呈液态，冬天汽化较慢，有时需加热，以促使氯气的汽化。加热一般用温水而切忌用蒸汽或明火，以免温度过高，液氯剧烈汽化，造成内压过高而发生爆炸。停止通氯时，应在氯气瓶尚未冷却的情况下关闭出口阀，以免温度骤降，瓶内氯气体积缩小，造成物料倒灌，形成爆炸性气体。三氯化磷、三氯氧化磷等遇水猛烈分解，会引起冲料或爆炸，所以要防水，冷却剂最好不用水。

在化工生产中用以氯化反应的原料一般是甲烷、乙烷、乙烯、丙烷、丙烯、戊烷、苯、甲苯及萘等，它们都是易燃、易爆物质。

氯化反应的危险性主要取决于被氯化物质的性质及反应过程的控制条件。由于氯气本身的毒性较大，储存压力较高，一旦泄漏非常危险。反应过程中所用的原料大多数是易燃、易爆的有机物，所以生产过程中同样有燃烧、爆炸危险，应严格控制各种点火源，且电气设备应符合防火防爆的要求。

氯化反应是一个放热过程，尤其在较高温度下进行氯化，反应更为激烈。例如，环氧氯丙烷生产过程中，丙烯预热至 300 ℃左右进行氯化，反应温度可升至 500 ℃，在这样高的温度下，如果物料泄漏就会造成燃烧或者引起爆炸。因此，一定要控制好反应温度、配料比和进料速度，氯化反应设备要有良好的冷却系统，并严格控制氯气的流量，以避免因氯流量过快、温度剧升而引起事故。此外，氯化设备和管道要耐腐蚀，因为氯气和氯化产物（氯化氢）的腐蚀性极强。

氯化反应的产物中一般都有氯化氢气体，因此所用的设备必须防腐蚀，设备应该严密不漏。氯化氢气体可回收，这是较为经济的。氯化氢气体极易溶于水中，通过增设吸收和冷却装置就可以回收其中大部分氯化氢气体。除用水洗涤吸收之外，也可以用活性炭吸附和化学处理的方法。采用冷凝方法较为合理，但要消耗一定的冷量。采用吸收法时，通常先采用蒸馏方法将氯化反应原料分离出来，再处理有害物质。在与大气相通的管道上，应安装自动信号分析器，借以检查吸收处理过程进行得是否完全。

6. 裂解反应

裂解反应是在热作用或者催化剂作用下，烃类分子发生碳链断裂，生成较小分子烃类，使重质燃料油加工成辛烷值较高的汽油等轻质燃料油的化学过程。裂解过程可以分为热裂解、催化裂化等。

裂解过程具有以下特点：

（1）裂解反应均为吸热反应。反应原料进入反应器之前要经过加热炉加热，以提供所需要的热量，因此该类装置均使用明火。

（2）裂解反应温度很高。热裂解温度高达 750 ℃ 以上，催化裂化的反应温度为 460～520 ℃，催化裂化的催化剂再生温度为 690～710 ℃。反应温度已高于原料和产品的自燃点，一旦装置出现泄漏，原料、产品与空气接触会发生燃烧。在如此高温下，产品会进一步发生二次反应形成固态焦炭。

（3）裂解加工原料和产品多为易燃、易爆物质。裂解加工原料范围很广，主要为轻柴油，包括馏分油和渣油两大类。裂解产物包括氢气、硫化氢和 C_1、C_2 烃类气体产物，汽油和柴油液体产品。

（4）热裂解在高温高压下进行，装置内的油品温度一般超过其自燃点，若涌出油品就会起火。热裂解过程中产生大量的裂化气，且有大量气体分馏设备，若漏出气体，会形成爆炸性混合物，遇加热炉等明火，有发生爆炸的危险。

（5）催化裂化一般在较高温度（460～520 ℃）和 0.1～0.2 MPa 压力下进行，火灾危险性较大。若操作不当，再生器内的空气和火焰进入反应器中会引起恶性爆炸。在催化裂化过程中还会产生易燃的裂化气，以及在温度过高致使活化催化剂不正常时，还可能出现可燃物一氧化碳气体。

裂解反应防火防爆安全技术主要包括以下内容：

（1）控制火灾爆炸危险物。裂解反应防火防爆的根本途径是防止反应的有机原料、产品与空气（氧气）形成爆炸性混合物，并与点火源同时存在。应该加强可燃物的管理和控制，防止可燃物泄漏与空气混合，或防止空气进入设备内，在系统内形成爆炸性混合物。例如，采用通风排气降低场所内可燃物的浓度，防止其形成爆炸性混合物。

（2）控制点火源。裂解反应场所点火源主要有明火、高温表面、摩擦与撞击产生的火花、化学反应热、电气及静电火花等。对这些点火源要高度重视，并采取严格的控制措施，如在裂解反应场所避免使用铁器工具，禁止穿带铁钉子的鞋，以防相互撞击或与混凝土地面撞击产生火花。

（3）控制工艺参数。裂解过程需要对裂解炉的温度、压力、进料流量、加热系统等工艺参数进行严格控制。裂解炉内反应温度主要依靠反应器加热系统温度调节，如通过改变加热炉燃料油或者燃料气流量加以调节。裂解炉内压力与反应送料温度、送料压力及反应器内温度密切相关，一般反应器内压力主要通过出口压力调节，如通过控制反应器进料量、加热炉温度等手段进行调节。

（4）采取一定措施限制火灾爆炸蔓延扩散。包括安装阻火装置（阻火器、防回火装置、单向阀）阻火设施、防爆泄压装置（安全阀、爆破片和泄爆门）等。

7. 聚合反应

由低分子单体合成聚合物的反应称为聚合反应。聚合反应的类型很多，按聚合物和单体元素组成及结构的不同，可分成加聚反应和缩聚反应两大类。

聚合反应过程中的不安全因素主要有以下几个方面：

（1）聚合单体、部分助剂具有较高的火灾危险性，在压缩过程中或在高压系统中泄漏，发生火灾、爆炸。

（2）聚合物产物多为粉状或者粒状的固体，热稳定性差，易分解析出有害气体；具有燃烧性，粉尘与空气混合可以形成爆炸性混合物（粉尘云）；电阻率较高，导热及导电性差，易产生静电。

（3）聚合反应中加入的引发剂都是化学活泼性很强的过氧化物，一旦配料比控制不当，容易引起积聚，使反应器压力骤增，引起爆炸。

（4）聚合反应产物未能及时导出，造成温度升高，引发安全事故。例如，搅拌系统发生故障、停电、停水，反应釜内聚合物出现黏壁作用，使反应热不能导出，造成局部过热或反应釜急剧升温，引起容器破裂，可燃气外泄，发生爆炸。

（5）聚合物后处理工序开放性操作较多，涉及动力设备有离心机、螺杆挤压机、气流输送及料仓储存设备，涉及物料多为易燃、易爆的单体或溶剂，后处理过程中的机械、电气故障，以及操作中的物料沉积、堵塞、泄漏等极易引发火灾、爆炸事故。

聚合反应过程的防火防爆安全技术如下：

（1）定期维护聚合生产中的主要设备。设备的正常运行是安全生产的保障。聚合反应过程中使用的设备，如聚合釜、各种压力容器、压力管道都属于特种设备，涉及生命安全，危险性大，这些设备的采购、安装、检验以及使用需要严格执行《特种设备安全监察条例》。

（2）严格按照规定对生产设备进行维护、保养和使用，分为日常保养、一级保养和二级保养。例如，定期检查油压单元、减速机冷却水压力流量是否正常，温度不高于 30 ℃。

（3）合理配置消防设施、防护用具。为减少火灾损失、扑灭初期火灾、防止事故扩大，必须配置相应的消防设施。例如，配置火灾自动报警系统，高、低压消防水系统，灭火器材和安全防护用具等。

（4）重点监控工艺参数及安全控制。监控反应釜内温度、压力、搅拌速率、引发剂流量、冷却水用量、仓库防静电、可燃气体监控等重点工艺参数；反应釜内温度、压力的报警与联锁等要严密控制。建立安全协防系统和安全泄放系统，当反应超温、搅拌超速、搅拌失效或者冷却失效时，及时加入聚合物反应终止剂。

二、化工单元操作安全技术

单元操作是化工生产中共有的操作，包括流体输送、搅拌、过滤、沉降、传热（加热或冷却）、蒸发、吸收、蒸馏、萃取、干燥、离子交换、膜分离等，这些单元操作遍及各化工行业。

单元操作在化工生产中占主要地位，在化工生产中单元操作的设备费和操作费一般可占到总生产成本的 80%～90%，决定整个生产的经济效益。化工单元操作既是能量聚集、传输的过程，也是两类危险源相互作用的过程，因此，控制化工单元操作的危险性是化工安全生产的重点。

化工单元操作的危险性主要取决于物料的危险性，特别是易燃、易爆或含有不稳定物质物料的单元操作的危险性最大。因此在进行危险单元操作时，应该根据物料的物理化学性质采取安全技术措施，还要防止易燃气体物料形成爆炸性混合体系、易燃固体或者可燃固体形成爆炸性粉尘混合体系、不稳定物质的积聚或浓缩等。刘郁等所编的《化工单元操作（上）》（2018 年化学工业出版社出版）已对常见单元操作的原理及设备进行了详细的介绍，本节主要从安全的角度，简要说明主要单元操作中应注意的安全问题。

（一）物料输送

1．概述

在化工生产中,经常涉及将物料从一个设备输送到另一个设备或从一工段输送到另一工段。物料输送是化工生产过程中最普遍的单元操作之一,通常借助于各种输送机械设备来实现。基于物料的形态不同(块状、粉状、液体、气体),所采用的输送方式和设备也各异。无论采用何种输送方式,保证输送的安全运行是至关重要的,若物料输送受阻,不仅会影响整条生产线的正常运行,还可能导致各种二次事故的发生。

物料输送方式主要有液体物料输送、气体物料输送和固体物料输送。由于物料的形态显著不同,各种输送过程具有各自的危险性特点,安全技术要求也不相同。

2．危险性分析

主要对液体物料输送和固体物料输送进行危险性分析。

（1）液体物料输送

化工生产中的液体物料种类繁多,性质各异,常选用合适的操作泵如离心泵、往复泵、旋转泵等进行输送,其中离心泵在化工生产中应用最为普遍。液体物料输送过程通常存在以下危险：

① 腐蚀

化工生产中的液体物料常具有腐蚀性,液体输送设备、输送管道以及各种管件、阀门常因液体物料的腐蚀性而受到损害。

② 泄漏

液体物料输送中液体往往与外界存在较高的压力差,因此在液体物料输送设备(如轴封等处)、输送管道、阀门以及各种其他管件的连接处都有发生泄漏的可能,特别是与外界存在高压差的场所发生的概率更高,危险性更大。一旦发生泄漏,直接造成物料损失且危害环境,并易引发中毒、火灾等事故。当外界空气漏入负压设备,将可能造成生产异常,甚至引发爆炸。

③ 中毒

输送具有毒性的液体时,存在工作人员中毒的风险。

④ 火灾、爆炸

输送易燃、易爆性液体时,易在点火源存在条件下发生火灾、爆炸事故。

⑤ 人身安全

液体输送设备一般有运动部件,如转动轴,存在造成人身伤害的可能。此外,有些流体输送设备有高温区域,存在烫伤的危险。

⑥ 静电

液体与管壁或器壁的摩擦可能会产生静电,进而有引燃物料发生火灾、爆炸的危险。

⑦ 其他

如果输送液体过程骤然中断或大幅度波动,可能会导致设备运行故障,甚至造成严重事故。

（2）固体物料输送

化工生产中的固体物料通常为块状物料和粉状物料,在实际生产中常采用不同形式的输送机(带式输送机、螺旋式输送机、气力输送机)、提升机来进行输送。固体物料输送过程通常存在以下危险：

① 粉尘爆炸

固体物料输送中需要特别注意粉尘浓度在物料粉尘爆炸极限范围内引发的粉尘爆炸。

② 人身伤害

许多固体物料输送设备往返运转，还可能有连续加料、卸载等，较易造成对人体的打击伤害。

③ 堵塞

固体物料较易在供料处、转弯处或有错偏、焊渣突起等障碍处黏附管壁，最终造成管路堵塞；输料管径突然扩大，或物料在输送状态中突然停车，易造成堵塞。

④ 静电

固体物料会与管壁或胶带发生摩擦产生静电，进而引燃物料发生火灾、爆炸。

3. 物料输送安全技术

物料输送过程通常存在很多危险，安全技术的作用就在于消除生产过程中的各种不安全因素，保护劳动者的安全和健康，预防伤亡事故和灾害性事故的发生。安全技术的相关要求要与输送方式、输送设备的类型等因素相匹配。

(1) 输送管道的安全要求

物料输送的主要过程通常是在输送管道中完成，无论输送何种形式的物料，输送管道都面临着较高的危险，若一处受阻就会影响整条生产线的正常运行，导致大规模火灾、爆炸事故的发生。通常对输送管道做如下安全要求：

① 化工生产中输送管道的材质与选型必须与所输送物料的种类、性质（如黏度、密度、腐蚀性、状态等）以及温度、压强等操作条件相匹配。例如，普通铸铁一般用于输送压强不超过 1.6 MPa、温度不高于 120 ℃的水、酸性、碱性溶液，不能用于输送蒸汽，更不能输送有爆炸性或有毒性的介质，否则容易因泄漏或爆裂引发安全事故。

② 在管道与管道、管道与阀门及管道与设备的连接处要采取措施保证管道的密封性。例如，在管道相对薄弱处，通常容易发生泄漏或爆裂，应加强日常巡检和维护，并在法兰连接处采用垫片保证密封性；输送酸、碱等强腐蚀性液体管道的法兰连接处必须设置防止泄漏的防护装置。

③ 管道排布时应注意冷、热管道之间有安全距离，在分层排布时，一般遵循"热管在上、冷管在下、有腐蚀性介质的管道在最下"的原则。易燃气体、液体管道不允许同电缆一起敷设；可燃气体管道同氧气管道一起敷设时，氧气管道应设在旁边，两者保持 0.25 m 以上的净距，并根据实际需要安装逆止阀、水封和阻火器等安全装置。

④ 采取合理的防腐措施，如涂层防腐（应用最广）、电化学防腐、衬里防腐、使用缓蚀剂防腐等。这样可以降低发生泄漏的概率，延长管道的使用寿命。

⑤ 新投用的管道，在投用前应检验管道系统强度及严密性，并进行吹扫和清洗。在用管道要注意定期检查和正常维护，以确保安全。

(2) 液体物料输送设备的安全要求

以离心泵为例，通常从 5 个方面对液体物料输送设备提出安全控制要求。

① 避免物料泄漏导致事故

在安装离心泵时，应确保基础稳固，避免因运转时产生机械振动造成法兰连接处松动和管道焊接处破裂,从而导致泄漏。

②　避免气蚀、气缚现象引发腐蚀、爆炸事故

气蚀、气缚现象是真空泵常见的安全隐患。当泵发生气蚀时,在冲击力的反复作用以及液体中微量溶解氧对金属的化学腐蚀作用下,真空泵叶轮的局部表面会出现斑痕和裂纹,甚至呈海绵状损坏。泵内的气泡导致泵性能急剧下降,破坏正常操作。因此,为了提高允许安装高度,即提高泵的抗气蚀性能,应选用直径稍大的吸入管,且应尽可能地缩短吸入管的管长、减少弯头等,以减小进口阻力。此外,为了避免气蚀现象发生,应防止被输送液体的温度明显升高(特别是操作温度提高时更应注意),以保证其安全运行。

液体吸入口的位置应当适当,避免吸入口产生负压,空气进入系统导致爆炸,或者抽瘪设备。开动离心泵之前,必须向泵壳内充满被输送的液体,保证泵壳和吸入管内无空气积存,同时也要避免气缚现象引发的泵输送失效。

③　防止静电等点火源引发火灾、爆炸

在输送可燃液体时,注意管内流速不应超过安全流速,且管道应有可靠的接地措施以防止静电危害。

④　避免局部高温引发火灾、爆炸

填料函的松紧应该适度,不能过紧,以免轴承过热;保证运行系统具有良好的润滑,避免存在局部高温区域;并避免设备超负荷运行。注意观察泵入口真空泵和出口压力表是否正常,声音是否正常,泵轴的润滑与发热、泄漏情况,发现问题及时处理。

⑤　防止人身伤害事故

由于电机的高速运转,泵和电机的联轴节处容易发生绞伤事故,因此对于联轴节处应该安装安全防护罩。

(3)　气体物料输送设备的安全要求

气体物料输送设备主要用于输送气体、产生高压气体或使设备产生真空,由于各种过程对气体压力的变化要求很不一致,因此,可按照出口压力大小将气体物料输送设备分为:①　通风机,出口表压强不大于15 kPa,压缩比大于1且不大于1.15;②　鼓风机,出口表压强大于15 kPa且不大于300 kPa,压缩比大于1.15且不大于4;③　压缩机,出口表压强大于300 kPa,压缩比大于4;④　真空泵,出口压强为大气压或略高于大气压,压缩比由真空度决定。

气体物料输送设备与液体物料输送设备的工作原理大致相同,但与液体物料输送设备相比,气体物料输送设备具有体积流量大、流速高、管径粗、阻力压头损失大的特点,而且气体具有可压缩性,在高压下,气体压缩的同时温度升高,因此高压气体输送设备往往带有换热器,如压缩机等。因此,相对液体物料输送设备,各种气体物料输送设备有不同的安全要求,下面以通风机和鼓风机为例。

①　通风机和鼓风机

在风机出口处设置稳压罐,并安装安全阀;在风机转动部分安装完好的安全防护罩,避免发生人身伤害事故;尽量安装隔音装置,减小噪声污染。

②　压缩机

a. 应防止超温。压缩机工作时温度过高,易造成润滑剂分解,摩擦系数增大,功耗增加,甚至因润滑剂分解、燃烧而发生爆炸事故。因此,压缩机使用过程中不能中断润滑剂和

冷却水,确保散热良好。

b. 应防止超压。在压缩机气缸、储气罐以及输送管道等处安装经校验的压力表和安全阀(或爆破片),避免其因压力过高而引起爆炸,还可安装超压报警器、自动调节装置或超压自动停车装置。经常检查压缩机调节系统的仪表,避免因仪表失灵发生错误判断、操作失误而引起压力过高,发生燃烧、爆炸事故。

c. 严防泄漏。气体在高压状态下,极易发生泄漏,应该经常检查阀门、设备和管道的法兰、焊接处和密封等部位,发现问题应及时修理更换。

d. 防止爆炸性混合物的产生。压缩机系统中空气须彻底置换干净后才能启动压缩机;在输送易燃气体时,进气口应保持一定的余压,以免造成负压吸入空气;对于易燃、易爆气体或蒸气压缩设备的电机部分,应全部采用防爆型;避免雾化的润滑剂或其分解产物与压缩空气混合。若压强不高,输送可燃气体宜采用液环泵。

e. 防止静电。易燃气体流速不能过高,管道应良好接地,以防止产生静电引发火灾、爆炸。

此外,在压缩机启动前,务必检查电机转向是否正常,压缩机各部分有无松动,安全阀工作、润滑系统及冷却系统是否正常,确定一切正常后方可启动。压缩机运行中,注意观察各运转部件的声音,辨别其工作是否正常;检查排气温度、润滑剂温度和液位、吸气压强、排气压强是否在正常范围;注意电机温升、轴承温度、电流表和电压表是否正常,同时用手感触压缩机各部分温度是否正常。如果发现不正常现象,应立即停车检查、处理。

(4) 固体物料输送设备的安全要求

采用机械输送方式时,固体物料输送设备有以下 4 个方面的安全要求:

① 避免发生人身伤害事故。提倡安装自动注油和清扫装置,并定期进行维护操作;在输送设备的高危部位必须安装防护罩,严禁随意拆卸这些部位的防护装置,因检修拆卸下的防护罩,事后应立即恢复。

② 防止传动机构发生故障。对于胶带输送机,胶带的规格和形式应根据输送物料的性质、负荷情况进行合理选择。要防止在运行过程中,发生因高温物料烧坏胶带或因斜偏刮挡撕裂胶带的事故。

对于靠齿轮传动的输送设备,其齿轮、齿条和链条应相互啮合良好。同时,应严格注意负荷是否均匀、物料粒度是否过大以及是否混入杂物,并防止因卡料而拉断链条、链板,甚至拉毁整个输送设备机架。

③ 规范开、停车操作。为保证输送设备的安全,在生产中应用自动开停和手动开停两种系统,还应安装超负荷、超行程停车保护装置和设在操作者经常停留部位的紧急事故按钮停车开关。对长距离输送系统,应安装开、停车联系信号,以及给料、输送、中转系统的自动联锁装置或程序控制系统。操作者应熟悉物料输送设备的开、停车操作规程。停车检修时,开关应上锁或撤掉电源。

④ 防止产生静电。为了防止产生静电,可采取如下措施:

a. 根据物料性质,选取产生静电小而导电性较好的输送管道(可以通过试验进行筛选),且直径要尽量大些,管内壁应平滑、不许装设网格之类的部件,管道弯曲和变径处要少且应尽可能平缓。

b. 确保输送管道接地良好,特别是绝缘材料的管道,管外应采取可靠的接地措施。

c. 控制好管道内风速,保持稳定的固气比。

d. 要定期清扫管壁,防止粉料在管内堆积。

(二)传热

1. 概述

传热即热量的传递,是由系统内或物体温度不同而引起的。根据传热机理不同将传热分为热传导、热对流和热辐射三种基本传热方式。遵循热量传递基本规律的化工单元操作通常包括加热、冷却、冷凝、蒸发等,一般应用于提高热能的综合利用率、回收废热以及化工设备和管道的保温。

在传热过程中,通常采用不同的载热体供给或取走热量。起加热作用的载热体称为加热剂,而起冷却作用的载热体称为冷却剂。常用的加热剂有热水(40~100 ℃)、饱和蒸汽(100~180 ℃)、矿物油(180~250 ℃)、道生油(255~380 ℃)、熔盐(142~530 ℃)、烟道气(500~1 000 ℃)或电加热(温度范围宽,易控,但成本高)。水的传热效果好,成本低,应用最普遍;在缺水地区采用空气,但给热系数低,需要的传热面积大。常用的冷却剂有冷冻盐水(可低至零下十几摄氏度到零下几十摄氏度)、液氨蒸发(−33.4 ℃)、液氮(−196 ℃)等。

化工生产中主要采用换热器作为传热设备,常见的是间壁式换热器。间壁式换热器种类很多,其中列管式(管壳式)换热器具有单位体积设备所能提供的传热面积大,传热效果好,设备结构紧凑、坚固,且能选用多种材料来制造,适用性较强等特点,因此在高温、高压和大型装置上多采用列管式换热器。

2. 危险性分析

传热过程通常具有较高的危险性,传热不均匀容易造成局部高温,进而对设备造成损毁或者引发火灾、爆炸等事故。传热过程主要存在以下危险:

(1)腐蚀与结垢

传热过程中所使用的载热体如冷冻盐水常具有腐蚀性,且易在传热表面结垢,显著增大传热热阻,降低传热效率,同时壁温可明显升高。而且污垢的存在往往还会加速传热面的腐蚀,严重时可造成换热器的损坏。

(2)泄漏与堵塞

在高温高压条件下的化工生产中,换热设备的连接处有发生泄漏的可能。一旦发生泄漏,不仅直接造成物料的损失,而且危害环境,并易引发中毒、火灾甚至爆炸等事故。严重的结垢以及不洁净的介质易造成换热设备的堵塞。堵塞不仅造成换热器传热效率降低,还可引起流体压力增加,如硫化物等堵塞热管部分空间,致使阻力增加,加剧硫化物的沉积;某些腐蚀性物料的堵塞还能加重换热管和相关部位的腐蚀,最终造成泄漏。

(3)气体的集聚

当传热介质是液体或蒸气时,不凝性气体大量集聚可造成换热器压力增加,尤其是不凝性可燃气体的集聚,会形成着火、爆炸的隐患。

3. 传热过程安全技术

对于不同的传热单元操作,由于其传热方式、传热目的不同,对其安全运行要求也不同。

(1)加热

① 合理选择传热方式及介质。根据任务需要,合理选取加热方式及介质,在满足温度及

热负荷要求的前提下,应尽可能选择安全性高、来源广泛、性价比高的加热介质,如在化工生产中能采用蒸汽作为加热介质的应优先采用。但在处理忌水物料时,不宜用蒸汽或热水加热。

② 严格控制传热升温速率。在间隙过程或连续过程的开车阶段的加热过程中,应严格控制升温速度;在正常生产过程中要严格按照操作条件控制温度。例如,对于吸热反应,一般随着温度升高,反应速率加快,有时可能导致反应过于剧烈,容易发生冲料,易燃物料大量气化,可能会聚集在车间内与空气形成爆炸性混合物,引起燃烧、爆炸等事故。

③ 定期检修并合理设置安全附件。用蒸汽或热水加热时,应定期检查蒸汽夹套和管道的耐压强度,并安装压力表和安全阀,以免设备或管道炸裂造成事故。

④ 防止物料自燃。加热温度如果接近或超过物料的自燃点,应采用氮气保护。

⑤ 避免结焦现象。加热过程中,部分载热体在运行过程中会发生结焦现象,如果不及时处理甚至会发生爆管。为了尽量减少结焦现象,需要把传热膜的温度控制在一定的界限之内。因此,管道连接最好采用焊接或加金属垫片法兰连接,防止发生泄漏引发事故。

⑥ 慎用明火加热。直接用明火加热时温度不易控制,易造成局部过热,引起易燃液体的燃烧和爆炸,危险性大,化工生产中尽量不使用。

(2)冷却与冷凝

冷却与冷凝都是从热物料中移走热量,而载热体本身温度升高。其主要区别在于被冷却的物料是否发生相的改变,若无相变而只是温度降低则称为冷却,若发生相变(一般由气相变为液相)则称为冷凝。

① 合理选用冷却(凝)设备和冷却剂。应根据热物料的性质、温度、压强以及所要求冷却的工艺条件,合理选用设备和冷却剂,降低事故发生的概率。

② 冷却(凝)过程不能减弱或者中断冷却剂的供给。冷却介质中断或其流量显著减小,蒸气因来不及冷凝而造成生产异常,如果有机蒸气发生外逸,可能导致燃烧或爆炸。冷却剂中断会造成热量不能及时导出,系统温度和压力增高,甚至发生爆炸。

③ 对于腐蚀性物料的冷却,应选用耐腐蚀材料的冷却(凝)设备。例如,化工生产中采用石墨冷却器冷却氯化氢气体。

④ 确保冷却(凝)设备的密闭性良好。应防止物料窜入冷却剂或冷却剂窜入被冷却的物料中而影响传热效率。

⑤ 防止堵塞。对于凝固点较低或遇冷易变得黏稠甚至凝固的物料,在冷却时要注意控制温度,防止物料堵塞设备及管道。

⑥ 定期检修维护。检修冷却(凝)器时,应彻底清洗、置换,切勿带料焊接,以防发生火灾、爆炸事故。如果有不凝性可燃气体需排空,为保证安全,应充氮保护。

(三)非均相混合物分离

1. 概述

化工生产中涉及许多混合物,它们一般可分为两大类,即均相混合物和非均相混合物。非均相混合物或非均相物系,如悬浮液、含尘气体、含雾气体等,是指物系内部存在两相界面且界面两侧的物料性质不同的混合物。为了获得纯度较高的产品,需要对混合物进行分离。非均相混合物的分离方法有过滤和沉降。

(1)过滤

在外力的作用下使含有固体颗粒的非均相物系(气-固或液-固物系)通过多孔性物质时,混合物中固体颗粒被截留,流体则穿过介质流出,从而实现固体与流体分离的操作称为过滤。虽然过滤包括含尘气体的过滤和悬浮溶液的过滤,但通常所说的"过滤"往往是指悬浮液的过滤。

(2)沉降

依据连续相(流体)和分散相(颗粒)的密度差异,在重力场或离心场中在场力作用下实现两相分离的操作称为沉降。它可用于回收分散相,净化连续相或保护环境。根据沉降原理不同,可分为重力沉降和离心沉降。重力沉降多用于大颗粒的分离,而离心沉降则多用于小颗粒的分离。

2.危险性分析

(1)中毒、火灾和爆炸

非均相混合物中的溶剂都有一定的挥发性,特别是有机溶剂还具有毒性、易燃性、易爆性。因此,在分离操作过程中应注意做好个人防护,避免发生中毒。同时,应加强通风,防止形成爆炸性混合物引发火灾或爆炸事故。

(2)粉尘危害

含尘气体的过滤过程中会产生少量细小颗粒,尾气的排放一定要符合规定,同时操作场所应加强通风除尘,严格控制粉尘浓度,避免粉尘集聚,引发粉尘爆炸或对操作人员带来健康危害。

(3)机械损伤

过滤设备通常具有较高转速,易发生机械损伤和人身伤害事故。对于过滤设备,当负荷不均匀时运转会发生剧烈振动,不仅磨损轴承,且能使转鼓撞击外壳而发生事故。转鼓高速运转时也可能从外壳中飞出而造成重大事故。

3.非均相混合物分离安全技术

非均相混合物分离主要有以下安全要求:

(1)根据非均相混合物的性质及分离要求,合理选择分离方式。根据推动力不同,过滤可分为重力过滤(过滤速度慢,如滤纸过滤)、离心过滤(过滤速度快,设备投资和动力消耗较大,多用于颗粒大、浓度高的悬浮液的过滤)和压差过滤(应用最广,可分为加压过滤和真空过滤)。有爆炸危险的生产,最好采用真空过滤机。根据工艺不同,过滤可分为间歇过滤和连续过滤。其中,间歇过滤操作过程复杂、操作周期长,且需人工操作、人员劳动强度大并直接接触物料,所以安全性低。而连续过滤操作过程自动化程度高、过滤速度快,且操作人员与有毒物料接触机会少,所以安全性高。

(2)根据非均相混合物溶剂的性质,合理选择设备类型和惰性气体保护。当悬浮液的溶剂有毒或易燃,且挥发性较强时,其分离操作应采用密闭式设备,不能采用敞开式设备。对于加压过滤,应以惰性气体保持压力,在取滤渣时,应先泄压,否则会发生事故。

(3)注意防尘。对于气-固非均相混合物,应重视防尘。第一,应使流体在设备内分布均匀,停留时间满足工艺要求以保证分离效率,同时尽可能减少对沉降过程的干扰,以提高沉降速度。第二,应避免已沉降颗粒的再度扬起,如降尘室内气体应处于层流流动,旋风分离器的灰斗应密闭良好(防止空气漏入)。第三,加强尾气中粉尘的捕集,确保达标排放。第四,控制气速避免颗粒和设备的过度磨损。此外,还应加强操作场所的通风除尘,防止粉尘污染。

（4）离心过滤或沉降机的转速一般较高,应特别注意以下几点:

① 合理选择离心机型号及材质。应注意离心机的选材和焊接质量,转鼓、盖子、外壳及底座用韧性金属制造,并限制其转鼓直径与转速,以防止转鼓承受高压而引起爆炸。在有爆炸危险的生产中,最好不使用离心机。

② 根据物料性质选择离心机的材质。处理腐蚀性物料时,离心机转鼓内与物料接触的部分应有防腐措施,如安装耐腐蚀衬里。

③ 确保离心机安装稳固。应充分考虑设备自重、振动和装料量等因素,确保离心机稳固,同时,应防止离心机与建筑物产生谐振。

④ 严格按照离心机使用规范进行操作。在开、停机时,不要用手帮助启动或停止,以防发生事故。不停车或未停稳时严禁清理器壁,以防使人致伤。

⑤ 离心机应安装限速装置。但在有爆炸危险厂房中,其限速装置不得因摩擦、撞击而发热或产生火花。

⑥ 应对设备内部定期进行检查。检查内容包括转鼓各部件材料的壁厚和硬度,转鼓上连接焊缝的完好性(可采用无损探伤)以及转鼓的动平衡和转速控制机构。

（四）均相混合物分离

1. 概述

均相混合物是化工生产中涉及最多的一类混合物,其分离方法主要有吸收、蒸馏、萃取等。

（1）吸收

利用液体溶剂把气体混合物中的一个或几个组分部分或全部溶于其中而分离气体混合物的单元操作称为吸收。它是气体混合物分离的主要单元操作,其分离的依据是气体混合物中各组分在溶剂中溶解度的差异。

（2）蒸馏

借助液体混合物中各组分挥发能力的差异而实现均相混合物分离的单元操作称为蒸馏。它是分离液体混合物或能液化的气体混合物(如空气)的一种重要方法,通过汽化、冷凝达到提浓的目的。蒸馏操作简单,技术成熟,可获得高纯度的产品,是工业应用最广的传质分离操作。通常按照操作压强将蒸馏分为常压蒸馏和减压蒸馏。

（3）萃取

利用液体混合物中各组分在某溶剂中溶解度的差异而实现分离的单元操作称为萃取。它适用于常规蒸馏难以处理的物系,如液体混合物中组分的沸点非常接近,混合液在蒸馏时易形成恒沸物、热敏物系,以及从稀溶液中提取有价值的组分或分离极难分离的金属,如锆与铪、钽与铌等。

（4）分离设备

吸收、精馏和萃取同属气(汽)液或液液相均相混合物传质过程,所用设备有着很大的共同性。应用最广的传质设备主要有:逐级接触式传质设备[如板式塔,气(液)、液两相在塔内进行逐级接触,两相的组成沿塔高呈阶梯式变化]和连续接触式传质设备[如填料塔,气(液)、液两相在填料的润湿表面上进行接触,两相的组成沿塔高连续变化]。

2. 危险性分析

（1）中毒、火灾和爆炸

在均相混合物分离过程中,无论是吸收剂、萃取剂,还是精馏过程中产生的物料蒸气,大多是易燃、易爆、有毒的危险化学品,这些溶剂或物料的挥发或泄漏必将加大中毒、火灾和爆炸事故发生的概率。

（2）设备运行故障

腐蚀性物料容易造成设备故障,且流体的湍流可能造成设备内构件(如塔板、分布器、填料、溢流装置等)移位、变形等故障,引发气(汽)液或液液分布不均、流动不畅,影响分离效果。

（3）设备的爆裂

真空(减压)操作时空气的漏入与物料形成爆炸性混合物,或者加压操作使系统压力异常升高,都有可能造成传质分离设备的爆裂。

3. 安全技术

（1）吸收

① 根据气体混合物的性质及分离要求,合理选择吸收剂。应该优先选用挥发度较小、选择性高、毒性低、燃烧性和爆炸性小的溶剂作为吸收剂。

② 合理选取温度、压强等操作条件。应根据吸收效率选择合适的温度和压力,但同时应兼顾经济性,并注意吸收剂物性(如黏度、熔点等)会随之改变,可能会引起塔内流动情况恶化,甚至出现堵塞,进而引发安全事故。

③ 严格按照要求进行开、停车操作。吸收塔开车时应先进吸收剂,待其流量稳定后,再将混合气体送入塔中;停车时应先停混合气体,再停吸收剂,长期不操作时应将塔内液体卸空。

④ 严格控制气流速度、吸收剂流量等操作条件。气速太小,对传质不利;气速太大,易造成过量雾沫夹带甚至液泛。同样应注意使吸收剂流量稳定,吸收剂流量减小或中断,或喷淋不良,都将使尾气中溶质含量升高,如果不及时处理,容易引发中毒、火灾或爆炸事故。

⑤ 注意监控排放尾气中溶质和吸收剂的含量。避免因易燃、易爆、有毒物质的过量排放,造成环境污染和物料损失,并引发中毒、火灾或爆炸等安全事故。一旦出现排放尾气中溶质或吸收剂的含量异常增高,应有联锁等事故应急处治措施。

⑥ 定期进行清洗、检修吸收塔。避免气液通道的减小或堵塞,甚至出现泄漏等问题。

（2）蒸馏

① 根据被分离混合物的性质,包括沸点、黏度、腐蚀性等,合理选择蒸馏方法、设备及工艺参数。例如,对于沸点较高(常压下沸点在 150 ℃以上)、而在高温下蒸馏时又能引起分解、爆炸或聚合的物质(如硝基甲苯、苯乙烯等),采用真空蒸馏较为合适。

② 严格按照要求进行开、停车操作。开车时,注意控制进料速度和升温速度,防止过快。停车时应首先关闭加热介质,待塔身温度降至接近环境温度后再停止抽真空(只进行减压操作)和冷却介质。

③ 合理选择加热方式。采用蒸汽加热较为安全,易燃液体的蒸馏不能采用明火作为热源。

④ 防止液泛、堵塞和泄漏。避免出现液泛等非正常现象,否则会有未冷凝蒸气逸出,使系统温度增高,分离效果下降,逸出的蒸气更可能引发中毒、燃烧甚至爆炸事故。对于凝固点较高的物料应当注意防止其凝结堵塞管道(冷凝温度不能偏低),否则会使塔内压强增高或蒸气逸出而引起爆炸事故。还应防止蒸馏塔壁、塔盘、接管、焊缝等处的腐蚀泄漏,否则会导致易燃液体或蒸气逸出,遇明火或灼热的炉壁而发生燃烧、爆炸事故。

⑤ 对于高温蒸馏系统,应防止冷却水突然窜入塔内。冷却水窜入塔内会迅速汽化,致

使塔内压力突然增高,而将物料冲出或发生爆炸。同时注意定期或及时清理塔釜的结焦等残渣,防止引发爆炸事故。

⑥ 确保减压蒸馏系统的密闭性良好。系统一旦漏入空气,与塔内易燃气体混合形成爆炸性混合物,就有引起着火或爆炸的危险。因此,减压蒸馏所用的真空泵应安装单向阀,以防止突然停泵而使空气倒流入设备。减压蒸馏易燃物质的排气管应通至厂房外,管道上应安装阻火器。

⑦ 蒸馏设备应经常检查、维修,认真搞好开车前、停车后的系统清洗、置换,避免发生事故。

（3）萃取

① 选取合适的萃取剂。萃取剂应有较好的选择性,较低的毒性、燃烧性和爆炸性以及较高的化学稳定性和热稳定性。这是萃取操作的关键,萃取剂的性质决定了萃取过程的安全性和经济性。

② 选取合适的萃取设备。综合考虑被萃取物料的腐蚀性、反射性、处理量、稳定性与停留时间等影响因素,合理选取萃取设备。如果原料的处理量较小时,可用填料塔、脉冲塔;处理量较大时,可选用筛板塔、转盘塔以及混合澄清器。若要求有足够的停留时间(如有化学反应或两相分离较慢),选用混合澄清器较为合适。

③ 防止静电引发的火灾、爆炸。萃取过程的相混合、相分离以及泵输送等操作容易产生静电,若是搪瓷反应釜,液体表层积累的静电很难被消除,甚至会在物料放出时产生静电火花。因此,应采取有效的静电消除措施。

④ 防止有毒萃取剂泄漏。对于有毒、易燃、易爆的萃取剂、稀释剂和有些溶质,操作中要控制其挥发,防止其泄漏,并加强通风,避免发生中毒、火灾或爆炸事故。同时,加强对设备的巡检,发现问题按操作规程及时处理。

（五）干燥

1. 概述

通过加热的方法使水分或其他溶剂汽化,借此来除去固体物料中水分(或其他溶剂)的操作称为干燥。按操作压强可将干燥分为常压干燥和真空干燥;按操作方式可分为连续干燥和间歇干燥;按热量供给的方式可分为传导干燥、辐射干燥、介电加热干燥和对流干燥。目前在化工生产中应用最广泛的是对流干燥,通常使用的干燥介质是空气。

在化工生产中,用于干燥的设备主要是干燥器。理想的干燥器应该同时具有对被干燥物料的适应性强、设备的生产能力要高、热效率高、设备系统的流动阻力小以及操作控制方便等优点。

干燥在生产中的作用主要表现为 2 个方面:第一,对原料或者中间产品进行干燥,以满足工艺要求;第二,对产品进行干燥,以提高产品中有效成分,同时满足运输、储藏和使用的需要。

2. 危险性分析

（1）火灾、爆炸

干燥过程中的干燥温度、干燥时间如果控制不当,易造成物料分解引发爆炸;此外,操作过程中散发出来的易燃蒸气或粉尘,同空气混合形成爆炸性混合物,遇点火源易发生燃烧或爆炸。

（2）静电

一般干燥介质与气流,物料与干燥器器壁等之间容易产生静电,如果没有良好的防静电措施,容易引发火灾或爆炸事故。

（3）人身伤害

干燥操作处于高温、粉尘或有害气体的环境中,可造成操作人员发生中暑、烫伤、粉尘吸入过量以及中毒等。此外,许多转动的设备还可能对人员造成机械损伤。

3. 干燥安全技术

① 合理选择干燥方式与干燥设备。间歇式干燥,操作人员劳动强度大,加热温度较难控制,易造成局部过热物料分解甚至引起火灾或爆炸事故。而连续式干燥采用自动化操作,物料过热的危险性较小,且操作人员脱离了有害环境,所以连续式干燥较间歇式干燥更安全,可优先选用。

② 严格控制干燥过程中物料的温度及时间。对于易燃、易爆及热敏性物料的干燥,要严格控制干燥温度及时间,且应安装温度自动调节装置、自动报警装置以及防爆泄压装置,并保证其灵敏运转。在真空条件下易燃液体蒸发速度快,干燥温度可适当控制低一些,防止高温引起物料的局部过热和分解,从而降低发生火灾、爆炸的可能性。

③ 正压操作的干燥器应密闭良好,防止可燃气体及粉尘泄漏至作业环境中。此外,干燥室内不得存放易燃物,干燥器与生产车间应有防火墙隔绝,并安装良好的通风设备,以免引起燃烧或爆炸。

④ 干燥物料中若含有自燃点很低的物质和其他有害杂质,必须在干燥前彻底清除。

⑤ 在气流干燥中,应严格控制干燥气速,并确保设备接地良好,避免物料迅速运动而相互激烈碰撞、摩擦产生静电。

⑥ 采用洞道式、滚筒式干燥器干燥时,应有各种防护装置及联系信号,以防止产生机械伤害。

（六）蒸发

1. 概述

将含非挥发性物质的稀溶液加热沸腾使部分溶剂汽化,并使溶液得到浓缩的过程称为蒸发。蒸发过程的实质就是一个传热过程,其主要目的是提高溶液中溶质的浓度或者使溶质析出。按操作压强可将蒸发分为常压蒸发和真空蒸发;按蒸发器的效数可分为单效蒸发和多效蒸发。

由于被蒸发溶液的种类和性质不同,蒸发过程所需的设备和操作方式也有很大的差异。常用的蒸发器主要有循环型蒸发器和旋转刮片式蒸发器。蒸发的辅助设备主要包括除沫器、冷凝器和疏水器等。

2. 危险性分析

蒸发的危险性包括以下几个方面:

（1）结晶、沉淀与结垢

被蒸发的溶液在浓缩过程中可能出现结晶、沉淀或结垢现象,而这些现象的发生将导致传热效率的降低,并产生局部过热,促使物料分解,引发燃烧或爆炸。

（2）材料变质

对于热敏性物料,干燥过程存在材料变质的隐患。

（3）火灾、爆炸

溶液在沸腾汽化、浓缩过程中加热表面上会析出溶质(沉淀)而形成污垢层,使传热过程恶化,并可能造成局部过热,促使物料分解引发燃烧或爆炸。

3. 安全技术

① 根据所需蒸发溶液的性质(如溶液的黏度、发泡性、腐蚀性、热敏性等),以及是否容易结垢、结晶等情况,选取合适的蒸发设备。应设法防止或减少污垢的生成,尽量采用传热面易于清理的结构形式,并经常清洗传热面。

② 对热敏性物料的蒸发,须注意严格控制蒸发温度不能过高,物料受热时间不宜过长。为防止热敏性物料的分解,可采用真空蒸发,以降低蒸发温度;尽量缩短溶液在蒸发器内的停留时间和与加热面的接触时间,可采用膜式蒸发等。

③ 对腐蚀性较强溶液的蒸发,应考虑设备的腐蚀问题,为此有些设备或部件需采用耐腐蚀材料制造。

第三节　化工装置检修安全技术

一、化工装置安全检修特点及分类

(一) 化工装置检修的分类

化工装置和设备检修可分为计划检修和非计划检修。

计划检修是指企业根据设备管理、使用的经验以及设备状况,制订设备检修计划,对设备进行有组织、有准备、有安排的检修。计划检修又可分为大修、中修和小修。由于化工装置为设备、机器、公用工程的综合体,因此化工装置检修比单台设备(或机器)检修要复杂得多。

非计划检修是指因突发性的故障或事故而造成设备或装置临时性停车进行的抢修。计划外检修事先无法预料,无法安排计划,而且要求检修时间短、检修质量高,并且检修的环境及工况复杂,故难度较大。

(二) 化工装置检修的特点

化工生产装置检修与其他行业的检修相比,具有复杂、危险性大的特点。

化工生产装置中使用的设备(如炉、塔、釜、器、机、泵及罐槽、池等)大多是非定型设备,其种类繁多、规格不一,要求从事检修作业的人员具有丰富的知识和技术,熟悉掌握不同设备的结构、性能和特点;装置检修因检修内容多、工期紧、工种多、上下作业、设备内外同时并进、多数设备处于露天或半露天布置,检修作业受到环境和气候等条件的制约,加之外来工、农民工等临时人员进入检修现场机会多,对作业现场环境又不熟悉,从而决定了化工装置检修的复杂性。

化工生产的危险性大,决定了生产装置检修的危险性也大。加之化工生产装置和设备复杂,设备和管道中存在易燃、易爆、有毒物质,尽管在检修前做过充分的吹扫置换,但是易燃、易爆、有毒物质仍有可能存在。检修作业又离不开动火、动土、受限空间等作业,客观上具备了发生火灾、爆炸、中毒、化学灼伤、高处坠落、物体打击等事故的条件。实践证明,生产装置在停车、检修施工、复工过程中最容易发生事故。由于化工装置检修作业复杂、安全教育难度较大,很难保证进入检修作业现场的人员都具备比较高的安全知识和技能,也很难使安全技术措施落实到位,因此化工装置检修具有危险性大的特点,同时也决定了化工装置检修的安全工作的重要地位。化工装置检修应遵守的现行国家标准有《化学品生产单位特殊作业安全规范》(GB 30871—2014)等。

二、化工装置检修流程及安全要求

(一) 化工装置的安全停车

1. 化工装置停车

停车检修方案一经确定,应严格按照停车检修方案确定的时间、停车步骤、工艺变化幅度,以及确认的停车操作顺序图表,有秩序地进行。停车操作应注意下列问题。

① 降温、降压的速度应严格按工艺规定进行。高温部位要防止设备因温度变化梯度过大使设备产生泄漏。化工装置,多为易燃、易爆、有毒、腐蚀性介质,这些介质漏出会造成火灾爆炸、中毒窒息、腐蚀、灼伤事故。

② 停车阶段执行的各种操作应准确无误,关键操作应采取监护制度。必要时,应重复指令内容,克服麻痹思想。执行每一种操作时都要注意观察是否符合操作意图。例如,开关阀门动作要缓慢等。

③ 装置停车时,所有的机、泵、设备、管线中的物料要处理干净,各种油品、液化石油气、有毒和腐蚀性介质严禁就地排放,以免污染环境或发生事故。可燃、有毒物料应排至火炬烧掉,对残留物料排放时,应采取相应的安全措施。停车操作期间,装置周围应杜绝一切火源。

主要设备停车操作:

① 制定停车和物料处理方案,并经车间主管领导批准认可,停车操作前,要向操作人员进行技术交底,告知注意事项和应采取的防范措施。

② 停车操作时,车间技术负责人要在现场监视指挥,有条不紊,忙而不乱,严防误操作。

③ 停车过程中,对发生的异常情况和处理方法,要随时做好记录。

④ 对关键性操作,要采取监护制度。

2. 盲板抽堵

盲板抽堵作业是指在设备、管道上安装和拆卸盲板的作业。

化工生产装置之间、装置与储罐之间、厂际之间,有许多管线相互连通输送物料,因此生产装置停车检修,在装置退料进行蒸、煮、水洗置换后,需要在检修的设备和运行系统管线相接的法兰接头之间插入盲板,以切断物料窜进检修装置的可能。根据《化学品生产单位特殊作业安全规范》(GB 30871—2014)来规范盲板抽堵作业。

盲板抽堵作业应注意以下几点:

① 盲板抽堵作业应由专人负责,根据工艺技术部门审查批复的盲板抽加工艺流程图进行作业,并统一编号,做好抽堵记录。

② 负责盲板抽堵的人员要相对稳定,一般情况下,盲板抽堵的工作由一人负责。

③ 盲板抽堵的作业人员,要进行安全教育及防护训练,落实安全技术措施。

④ 登高作业要考虑防坠落、防中毒、防火、防滑等措施。

⑤ 拆除法兰螺栓时要逐步缓慢松开,防止管道内余压或残余物料喷出;发生意外事故时,堵盲板的位置应在来料阀的后部法兰处,盲板两侧均应加垫片,并用螺栓紧固,做到无泄漏。

⑥ 盲板应具有一定的强度,其材质、厚度要符合技术要求,原则上盲板厚度不得低于管

壁厚度,且要留有把柄,并于明显处挂牌标记。

根据《化学品生产单位特殊作业安全规范》(GB 30871—2014)的要求,在盲板抽堵作业前,必须办理盲板抽堵安全作业证,没有盲板抽堵安全作业证不能进行盲板抽堵作业。盲板抽堵安全作业证的格式参考表 2-1。

表 2-1 盲板抽堵安全作业证

申请单位				申请人					作业证编号		
设备管道名称	介质	温度	压力	盲板			实施时间		作业人		监护人
				材质	规格	编号	堵	抽	堵	抽	堵	抽
生产单位作业指挥											
作业单位负责人											
涉及的其他特殊作业											

盲板位置图及编号:

编制人: 年 月 日

序号	安全措施	确认人
1	在有毒介质的管道、设备上作业时,尽可能降低系统压力,作业点应为常压	
2	在有毒介质的管道、设备上作业时,作业人员穿戴适合的防护用具	
3	易燃易爆场所,作业人员穿防静电工作服、工作鞋;作业时使用防爆器具	
4	易燃易爆场所,距作业地点 30 m 内无其他动火作业	
5	在强腐蚀性介质的管道、设备上作业时,作业人员已采取防酸碱灼伤的措施	
6	介质温度较高、可能造成烫伤的情况下,作业人员已采取防烫措施	
7	同一管道上不同时进行两处以上的盲板抽堵作业	
8	其他安全措施: 编制人:	

实施安全教育人			

生产车间(分厂)意见

签字: 年 月 日

作业单位意见

签字: 年 月 日

审批单位意见

签字: 年 月 日

盲板抽堵作业单位确认情况

签字: 年 月 日

生产车间(分厂)确认情况

签字: 年 月 日

3. 置换、吹扫和清洗

化工设备、管线的抽净、吹扫、排空作业的好坏，是关系到检修工作能否顺利进行和人身、设备安全的重要条件之一。当吹扫仍不能彻底清除物料时，则需进行蒸汽吹扫或用氮气等惰性气体置换。

（1）置换

为保证检修作业安全，尤其是涉及动火作业或者进入设备内受限空间作业时，对检修范围内的所有设备和管线中的易燃易爆、有毒有害气体应进行置换。对易燃、有毒气体的置换，大多采用蒸汽、氮气等惰性气体作为置换介质，也可采用注水排气法，将易燃、有毒气体排除。置换作业安全注意事项有以下几点：

① 必须将生产系统与被置换的设备、管道进行有效可靠的隔绝。

② 置换作业必须制定置换方案，并绘制详细的置换流程图。应根据置换和被置换介质密度不同，合理选择置换介质入口、被置换介质排出口及取样部位，防止出现死角，使置换不彻底。

③ 选用不同的置换介质，用量应满足实际需求。用水置换时，必须保证设备内注满水；用惰性气体置换时，必须保证惰性气体用量充足，通常为被置换介质溶剂的3倍以上。

④ 严格按照置换流程图规定的取样点取样、分析，并应达到合格标准。

（2）特殊置换

① 存放酸碱介质的设备、管线，应先予以中和或加水冲洗。如果用水冲洗硫酸储罐（铁质），残留的浓硫酸会变成强腐蚀性的稀硫酸，与铁作用生成氢气和硫酸亚铁，氢气遇明火会发生着火爆炸。所以硫酸储罐用水冲洗以后，还应用氮气吹扫，氮气保留在设备内对着火爆炸起抑制作用。如果进入作业，则必须再用空气置换。

② 丁二烯生产系统停车后不宜用工业氮气吹扫，因工业氮气中有氧的成分，容易生成丁二烯自聚物。丁二烯自聚物很不稳定，遇明火和氧、受热、受撞击可迅速自行分解引发爆炸。检修这类设备前，必须仔细确认是否有丁二烯过氧化自聚物存在，如果存在则需要采取特殊措施破坏丁二烯过氧化自聚物。目前多采用氢氧化钠水溶液处理法直接破坏丁二烯过氧化自聚物。

（3）吹扫

对设备和管道内没有排净的易燃、有毒液体，一般采用蒸汽或者惰性气体进行吹扫清除。吹扫作业注意事项如下：

① 吹扫作业应该按照停车方案中规定的吹扫流程图，按管段号和设备位号逐一进行，并填写登记表，详细填写吹扫作业的时间、地点、负责人等信息。

② 吹扫时要注意选择吹扫介质。炼油装置的瓦斯管线、高温管线以及闪点低于130 ℃的油管线和装置内物料爆炸下限低的设备、管线，不得用压缩空气吹扫。空气容易与这类物料混合形成爆炸性混合物并达到爆炸浓度，且吹扫过程中易产生静电火花或其他明火，极易引发着火爆炸事故。

③ 吹扫时阀门开度应小。稍停片刻，使吹扫介质少量通过，注意观察畅通情况。

④ 机泵出口管线上的压力表阀门要全部关闭，防止吹扫时发生水击把压力表震坏。

⑤ 管壳式换热器、冷凝器在用蒸汽吹扫时，必须分段处理，并要放空泄压，防止液体汽化，造成设备超压损坏。

⑥ 吹扫时，要按系统逐次进行，再把所有管线（包括支路）都吹扫到，不能留有死角。吹扫完应先关闭吹扫管线阀门，然后停气，防止被吹扫介质倒流。

⑦ 精馏塔系统倒空吹扫时，应先从塔顶回流罐、回流泵倒液并关阀，然后倒塔釜、再沸器、中间再沸器的液体，保持塔压一段时间，待盘板积存的液体全部流净后，由塔釜再次倒空泄压。塔、容器及冷换设备吹扫之后，还要通过蒸汽在最低点排空，直到蒸汽中不带油为止，最后停蒸汽。打开低点放空阀排空时，要保证设备打开后无油、无瓦斯，确保检修动火安全。

⑧ 吹扫结束时，应先关闭物料阀再停气，以防管路系统介质倒流。

⑨ 吹扫结束应取样分析，合格后及时与运行系统隔绝。

（4）清洗

清洗一般有蒸煮、化学清洗和人工铲刮等类型。

清洗作业注意事项如下：

① 蒸煮。常用蒸汽、热水进行蒸煮。一般来说，较大的设备和容器在物料退出后，都应用蒸汽、高压热水喷扫或用碱液（氢氧化钠溶液）通入蒸汽煮沸，宜采用低压饱和蒸汽；被喷扫设备应有静电接地，防止产生静电火花引起燃烧、爆炸事故；蒸煮前采取防烫措施，防止烫伤或者碱液灼伤。乙烯装置、分离热区脱丙烷塔、脱丁烷塔最好也采用蒸煮方法，原因是物料中含有较高的双烯烃、炔烃，塔釜、再沸器提馏段物料极易聚合，并且有重烃类难挥发油。

② 化学清洗。常用碱洗法、酸洗法、碱洗与酸洗交替使用等方法进行化学清洗。选择合适的化学清洗方案，减少对设备的腐蚀，降低成本，提高清洗效果；化学清洗时做好灼伤防护及救治预案；化学清洗产生的废液应处理后再进行排放。

③ 人工铲刮。对某些设备内沉积物，也可采用人工铲刮的方法予以清除。对于可燃物沉积物的铲刮，应使用铜制、木质等不产生火花的防爆工具，并对铲刮下来的沉积物妥善处理。

4. 实施检修

（1）检修作业许可制度

化工生产装置停车检修，尽管经过全面吹扫、清洗、置换、盲板抽堵等作业，但检修前仍需对装置系统内部进行取样分析、测爆，进一步核实空气中可燃或有毒物质是否符合安全标准，认真执行安全检修票证制度。

（2）检修作业安全要求

检修作业前，作业单位应办理作业审批手续，并有相关责任人签字确认。

在检修作业中，为保证检修安全工作顺利进行，应做好以下几个方面的工作：

① 参加检修的一切人员都应严格遵守检修指挥部制定的《检修安全规定》。

② 开好检修班前会，向参加检修的人员进行"五交"教育，即交代施工任务、交代安全措施、交代安全检修方法、交代安全注意事项、交代遵守有关安全规定，并认真检查施工现场，落实安全技术措施。

③ 严禁使用汽油等易挥发性物质擦洗设备或零部件。

④ 进入检修现场人员必须按要求着装及正确穿戴相应的个人防护用品；特种作业和特种设备作业人员应持证上岗。

⑤ 认真检查各种检修工器具，发现缺陷时立即修理或更换；作业使用的个人防护用品、消防器材、通信设备、照明设备等应完好；作业使用的脚手架、起重机械、电气焊用具、手持电

动工具等各种工器具应符合作业安全要求,超过安全电压的手持式、移动式电动工具应逐个配置漏电保护器和电源开关。

⑥ 消防井、栓周围 5 m 以内禁止堆放废旧设备、管线、材料等物件,确保消防通道、行车通道畅通;影响作业安全的杂物应清理干净;作业现场可能危及安全的坑、井、沟、孔洞等应采取有效防护措施,并设警示标志,夜间应设警示红灯;需要检修的设备上的电器电源应可靠断电,在电源开关处加锁并挂安全警示牌。

⑦ 检修施工现场,不许存放可燃、易燃物品;检修现场的梯子、栏杆、平台、箅子板、盖板等设施应完整、牢固,采用的临时设施应确保安全。

⑧ 严格贯彻谁主管谁负责的检修原则和安全监察制度。

检修作业完毕后,应恢复检修作业时拆移的盖板、箅子板、扶手、栏杆、防护罩等安全设施的安全使用功能;将检修作业用的工器具、脚手架、临时电源、临时照明设备等及时撤离检修作业现场;将废料、杂物、垃圾、油污等清理干净。

（二）化工装置的安全开车

装置开车要在开车指挥部的领导下统一安排,并由装置所属的车间领导负责指挥开车。岗位操作工人要严格按工艺卡片的要求和操作规程操作。

（1）贯通流程

用蒸汽、氮气通入装置系统,一方面扫去装置检修时可能残留部分的焊渣、焊条头、铁屑、氧化皮、破布等,防止这些杂物堵塞管线;另一方面验证流程是否贯通,应按工艺流程逐个检查、确认无误,做到开车时不窜料、不憋压。按规定用蒸汽、氮气对装置系统置换,确保系统氧含量达到安全值以下的标准。

（2）装置进料

进料前,在升温、预冷等工艺调整操作中,检修工与操作工配合做好螺栓紧固部位的热把、冷把工作,防止物料泄漏。岗位应备有防毒面具。油系统要加强脱水操作,深冷系统要加强干燥操作,为投料奠定基础。

装置进料前,要关闭所有的放空、排污等阀门,然后按规定流程,经操作工、班长、车间值班领导检查无误后,启动机泵进料。进料过程中,操作工沿管线进行检查,防止物料泄漏或物料走错流程;装置开车过程中,严禁乱排乱放各种物料。装置升温、升压、加量等阶段,需按规定缓慢进行;操作调整阶段,应注意检查阀门开度是否合适,逐步提高处理量,使其达到正常生产为止。

三、化工检修作业安全技术

（一）检修前的安全要求

化工装置停车检修前需做大量准备工作,无论是成立组织机构、制定检修方案还是开展全面检查,都能够保证装置停好、修好、开好。检修前的准备工作必须做到集中领导、统筹规划、统一安排,贯彻实施"四定"（定项目、定质量、定进度、定人员）和"八落实"［组织、思想、任务、物资（包括材料与备品备件）、劳动力、工器具、施工方案、安全措施八个方面工作的落实］工作。通常检修前准备工作应做到以下几点。

（1）设立检修指挥部

严密的组织领导是确保停车检修安全顺利进行的前提条件。检修前通常要成立检修指挥部。化工企业检修指挥部通常以厂长（经理）为总指挥，主管设备、生产技术、人事保卫、物资供应及后勤服务等的副厂长（副经理）为副总指挥，机动、生产、劳资、供应、安全、环保、后勤等多部门同时参加。检修指挥部可按照实际需求下设施工检修组、质量验收组、停开车组、物资供应组、安全保卫组、政工宣传组、后勤服务组等职能工作组。检修指挥部成立后，应针对检修项目及特点，对各部门明确分工，确保各部门各司其职、各负其责，保证检修工作顺利开展。

（2）制定安全检修方案

装置停车检修方案的编制工作主要由检修单位的机械员或施工技术员负责，分为停车方案、检修方案、开车方案及相关的安全措施等几个部分。方案编制后，明确检修项目负责人，并逐级履行审批手续。重大项目或危险性较大项目的检修方案、安全措施，由主管厂长或总工程师批准并书面公布，严格执行。

（3）制定检修安全技术措施

检修工作组应该核查动火、动土、罐内空间、登高、电气、起重等作业的安全措施，并针对检修作业的内容、范围，制定相应的安全措施；安全部门还应制定教育、检查、奖罚的相应措施。

（4）组织检修工作宣讲，做好安全教育

检修前，检修项目负责人应该按照检修任务书的要求，亲自或者组织人员到检修现场向检修人员交代清楚，并落实检修安全及防护措施。对参与关键部位或有特殊技术要求项目的检修人员，还要进行专门的安全技术教育与考核以及健康检查，合格后方可参加装置检修工作。

检修前，还应对参加作业的人员进行安全教育，主要内容如下：

① 相关的安全规章制度；

② 作业现场和作业过程中可能存在的危险、有害因素及应采取的具体安全措施；

③ 作业过程中所使用的个人防护用品的使用方法及使用注意事项；

④ 事故的预防、避险、逃生、自救、互救等知识和技能；

⑤ 相关事故案例和经验教训。

（5）全面检查，消除隐患

装置停车检修前，应由检修指挥部统一组织，分组对停车前的准备工作进行一次全面检查。

检查应主要包括以下内容：

① 安全防护器具、消防器材、通风和照明设备是否数量充足、安全可靠，放置地点是否适当、取用方便。劳保防护服装、绝缘工具应专人检查，配备齐全并符合安全要求。

② 检修使用的各种票证，要按照规定办理齐全，安全措施要齐全、有针对性，检修人员要心中有数。检修使用的各种票证主要有安全检修任务书、设备交出证、停电联络单、受限空间作业许可证等。需要动火检修时，应按照防火防爆的相关规定办理动火证，经审批后方可作业。

③ 一切检修作业均应严格执行《检修安全技术规程》，检修人员要认真遵守本工种的各种安全技术操作规程。

④ 被检修的设备、管道等与生活区域的设备及设施相连通时,必须彻底隔离,设置明显醒目的标识,以防误触生产设备和带电设备造成事故。生产车间在检修前,应在各重要阀门、设备上挂好禁动牌,在危险地点挂好警告牌。

⑤ 检修使用的各种材料、设备、部件、仪表、阀门等,要有合格证,符合质量要求,没有合格证或者材质不明的不许使用。安全阀、压力表等应经试压检验合格并有铅封。

(二)检修作业中和检修作业结束后的安全要求

此部分具体安全要求见本节"二、化工装置检修流程及安全要求"中"(一)化工装置的安全停车"的相关内容。

四、化工检修作业安全规范

(一)盲板抽堵作业

此部分具体安全规定见本节"二、化工装置检修流程及安全要求"中"(一)化工装置的安全停车"的相关内容。

(二)动火作业

动火作业是指直接或间接产生明火的工艺设备以外的禁火区内可能产生火焰、火花或炽热表面的非常规作业。例如,使用电焊、气焊(割)、喷灯、砂轮等进行的作业。

《化学品生产单位特殊作业安全规范》(GB 30871—2014)规定,固定动火区外的动火作业一般分为二级动火、一级动火、特殊动火三个级别,遇节日、假日或其他特殊情况,动火作业应升级管理。特殊动火为最高级别。

特殊动火作业是指在生产运行状态下的易燃易爆生产装置、输送管道、储罐、容器等部位上及其他特殊危险场所进行的动火作业,带压不置换动火作业按特殊动火作业管理。

一级动火作业是指在易燃易爆场所进行的除特殊动火作业以外的动火作业。厂区管廊上的动火作业按一级动火作业管理。

二级动火作业是指除特殊动火作业和一级动火作业以外的动火作业。凡生产装置或系统全部停车,装置经清洗、置换、分析合格并采取安全隔离措施后,可根据其火灾、爆炸危险性的大小,经所在单位安全管理部门批准后,动火作业可按二级动火作业管理。

在化工生产装置中,凡是动用明火或可能产生火种的作业都属于动火作业。例如,电焊、气焊、切割、熬沥青、烘砂、喷灯等明火作业;凿水泥基础、打墙眼、电气设备的耐压试验、电烙铁、锡焊等易产生火花或高温的作业。因此凡检修动火部位和地区,必须按《化学品生产单位特殊作业安全规范》(GB 30871—2014)的要求,采取措施,办理审批手续。

1.　动火作业安全要点

(1)必须办理动火安全作业证。在禁火区内进行动火作业时应办理动火安全作业证的申请、审核和批准手续,明确动火作业地点、时间、动火方案、安全措施、现场监护人等。要做到"三不动火",即没有动火安全作业证不动火、防火措施不落实不动火、监护人不在现场不动火。

(2)动火作业前应告知相关人员。动火作业前要和生产车间、工段相关责任人联系,明确动火作业的区域与对象。安排专人负责做好动火作业设备的置换、清洗、吹扫、隔离等解除不安全因素的工作,并落实其他安全措施。

（3）有效隔离动火作业区域。动火作业设备、管道应与其他生产系统有效隔离，并进行吹扫、清洗、置换，防止运行中的物料泄漏到动火设备中；将动火作业区域与其他区域采取临时隔火墙等措施加以隔开，防止火星飞溅而引发事故。对于动火点周围有可能泄漏易燃、可燃物料的设备，应采取隔离措施。

（4）控制动火作业区域及周边的可燃物。动火作业前，清理或封盖动火点周围 10 m 的可燃物、空洞、水封等。在动火作业期间，距动火点 30 m 范围内不应排放可燃气体；距动火点 15 m 内不应排放可燃液体；距动火点 10 m 范围内及动火点下方不可同时进行可燃溶剂清洗或喷漆等作业。

（5）采取必要的灭火措施。动火作业应有专人监火，作业前应清除作业现场及周围的易燃物品，或采取其他有效安全防火措施，并配备消防水源、消防器材，满足作业现场应急需求。

（6）按要求进行动火分析。动火分析应不早于动火作业前 30 min。如果现场条件不允许，间隔时间可以适当放宽，但不应超过 60 min；动火作业中断时间超过 60 min，应重新做动火分析。动火分析合格标准为：① 当被检测气体或蒸汽（气）的爆炸下限大于或等于 4% 时，其被测浓度应不大于 0.5%（体积分数）；② 当被检测气体或蒸汽（气）的爆炸下限小于 4% 时，其被测浓度应不大于 0.2%（体积分数）。

（7）按照规范要求进行动火作业。动火作业人员必须持证上岗。动火作业出现异常时，监护人员或动火指挥人员应果断命令停止作业，待恢复正常、重新分析合格并经批准部门同意后，方可重新进行动火作业。使用气焊、气割动火作业时，乙炔瓶应直立放置，氧气瓶和乙炔瓶的间距不得小于 5 m。有 5 级及以上大风时原则上禁止露天动火作业。

（8）善后处理。动火作业结束后应清理现场，确认无残留火种后方可离开。

2．特殊动火作业安全要求

特殊动火作业在符合一、二级动火规定的同时，还应该符合以下规定：

（1）应在正压条件下进行作业，在生产不稳定的情况下不应进行带压不置换动火作业。

（2）作业单位与生产单位应预先制定作业方案，落实安全防火措施，获得审批后才可实施。

（3）动火点所在生产单位应制定应急预案，配备好应急人员、应急器材，并做好应急准备。专职消防队应到现场监护，公司应急管理部门在异常情况下能及时采取有效的应急措施。

（4）保持作业现场通风良好。

（5）油罐带油动火作业。在油面以上不准进行动火作业；补焊前应根据测定的壁厚确定合适的焊接方法；动火作业前用铅或石棉绳等将裂缝塞严，外面用钢板焊补。罐内带油油面下动火焊补作业要求稳、准、快，现场监护和补救措施比一般动火作业更应该加强。

（6）油管带油动火作业。依据焊补处管壁厚度确定焊接电流和焊接方案，防止烧穿；清理周围现场一切可燃物；准备好消防器材，并利用难燃或不燃挡板严格控制火星飞溅方向；对泄漏处周围的空气要进行分析，符合动火作业安全要求才能进行。

（7）带压不置换动火作业。整个动火作业必须保持稳定的正压；必须保证系统内的含氧量低于安全标准（除环氧乙烷外一般规定可燃气体中含氧量不得超过 1%）；依据壁厚确定焊接方案；随时进行动火分析，防止发生爆炸和中毒；作业人员进入作业地点前穿戴好防护用品,防止火焰外喷烧伤。整个作业过程中,监护人、扑救人员、医务人员及现场指挥人员待工作结束后方可离开。

（三）高处作业

凡在坠落高度基准面 2 m 以上(含 2 m)有可能坠落的高处进行作业,均称为高处作业。高处作业要求在承载时建筑物或支撑处应承住吊篮的载荷,因而具有一定的坠落风险。根据作业高度(h)可将高处作业分为 4 个级别:① Ⅰ级高处作业,$2\ m \leqslant h \leqslant 5\ m$;② Ⅱ级高处作业,$5\ m < h \leqslant 15\ m$;③ Ⅲ级高处作业,$15\ m < h \leqslant 30\ m$;④ Ⅳ级高处作业,$h > 30\ m$。

化工生产装置多数为多层布局,高处作业的机会比较多。例如,设备、管线拆装,阀门检修更换,仪表校对,电缆架空敷设等。高处作业时,事故发生率高,伤亡率也高。高处作业的主要风险有两类:一类是人员自身、作业环境、材料等因素造成的人员高处坠落风险;另一类是高处作业导致的高处坠物风险。坠落的主要原因包括:洞、坑无盖板或检修中移去盖板;平台、扶梯的栏杆没有防护措施,不设警告标志;高处作业人员不系安全带、不戴安全帽、不挂安全网;等等。

一般情况下,高处作业安全要求如下:

（1）作业人员必须持证上岗。患有精神病等职业禁忌证和年老体弱、疲劳过度、视力不佳的人员不准参加高处作业。饮酒、精神不振时禁止高处作业。作业人员必须持有作业证,若涉及动火、盲板抽堵等危险作业时,应该同时办理相关作业许可证。作业人员必须经过安全教育、熟悉现场环境及施工要求,确认安全措施落实到位后方可作业。

（2）严格落实作业安全防护措施。高处作业人员应佩戴安全帽、系安全带、穿防滑鞋;带电高处作业应使用绝缘工具或穿均压服;Ⅳ级高处作业（30 m 以上）宜配备通信联络工具。

（3）现场管理。高处作业现场应设有围栏或其他明显的安全界标,除有关人员外,不准其他人员在作业点的下方通行或逗留。搭设的脚手架、防护围栏应符合相关安全规程。在石棉瓦等轻型材料上作业时,应搭设固定承重板并站在其上作业。应设专人监护,作业人员不应在作业处休息。

（4）防止工具、材料等坠落。高处作业使用的工具、材料、零件必须装入工具袋,工作人员上下时手中不得持物。不准空中抛接工具、材料及其他物品。易滑动、易滚动的工具和材料放在脚手架上时,应采取措施防止坠落。

（5）防止触电和中毒。脚手架搭设时应避开高压电线;作业点附近的生产装置不得向外排放有毒有害物质,高处作业的全体人员一旦发现有毒有害物质,应立即撤离现场。

（6）恶劣气象条件不可作业。如果遇暴雨、大雾、5 级以上大风等恶劣气象条件应停止高处作业。

（7）其他安全防范措施。高处作业应有足够的照明;30 m 以上高处作业应配备通信联络工具,指定专人负责联系,并将联络相关事宜填入高处安全作业证的安全措施补充栏内。

（四）受限空间作业

受限空间作业是指进入或探入受限空间进行的作业。这里的受限空间是指进出口受限,通风不良,可能存在易燃易爆、有毒有害物质或缺氧,对进入人员的身体健康和生命安全构成威胁的封闭、半封闭设施及场所,如反应器、塔、釜、槽、罐、炉膛、锅筒、管道以及地下室、窖井、坑(池)、下水道或其他封闭、半封闭场所。化工装置受限空间作业频繁,危险因素多,容易发生事故。人在氧含量为 19%～21% 的空气中,表现正常;如果氧含量降到 13%～16%,人会突然晕倒;降到 13% 以下,人会死亡。在受限空间内的富氧环境下,氧含量也不能超过 23.5%。同时,不能用纯氧通风换气,因为氧是助燃物质,如果作业时出现火星,会着火伤人。受限空间作业还会受到爆炸、中毒的威胁。可见受限空间作业时,缺氧与富氧、毒害物质超过安全浓度都会造成事故。因此,必须办理受限空间安全作业证。

凡是用过惰性气体(氮气)置换的设备,进入受限空间前必须用空气置换,并对空气中的氧含量进行分析。如果是受限空间内动火作业,除了空气中的可燃物含量符合规定外,氧含量还应在 19%～21% 范围内。若受限空间内具有毒性,还应分析空气中有毒物质含量,保证在容许浓度以下。

值得注意的是动火分析合格,不等于不会发生中毒事故。例如,受限空间内丙烯腈含量为 0.2%,符合动火作业规定,当氧含量为 21% 时,虽为合格,但却不符合卫生规定。车间空气中丙烯腈短时间接触容许浓度(PC-STEL)限值为 2 mg/m^3,经过换算,0.2%(容积百分比)为 PC-STEL 限值的 2 167.5 倍。进入丙烯腈含量为 0.2% 的受限空间内作业,虽不会发生火灾、爆炸,但会发生中毒事故。因此,应对受限空间内的气体浓度进行严格监测,监测要求如下:

① 作业前 30 min,应对受限空间进行气体采样分析,分析合格后作业人员方可进入,如果现场条件不允许,间隔时间可以适当放宽,但不应超过 60 min;

② 监测点应有代表性,容积较大的受限空间,应对上、中、下各部位进行监测分析;

③ 分析仪器应在校验有效期内,使用前应保证其处于正常工作状态;

④ 监测人员进入或探入受限空间采样时应采取个体防护措施;

⑤ 作业中应定时监测,至少每 2 h 监测一次,如果监测结果有明显变化,应立即停止作业,撤离人员,对现场进行处理,分析合格后方可恢复作业;

⑥ 对可能释放有害物质的受限空间,应连续监测,情况异常时应立即停止作业,撤离人员,对现场进行处理,分析合格后方可恢复作业;

⑦ 涂刷具有挥发性溶剂的涂料时,应连续监测分析,并采取强制通风措施;

⑧ 作业中断 60 min 时,应重新进行取样分析。

为确保受限空间空气流通良好,可采取如下措施:

① 打开人孔、手孔、料孔、风门、烟门等与大气相通的设施进行自然通风;

② 必要时,应采用风机进行强制通风或管道送风,管道送风前应对管道内介质和风源进行分析确认。

进入下列受限空间作业应采取如下防护措施:

① 缺氧或有毒的受限空间经清洗或置换仍达不到要求的,应佩戴隔绝式呼吸器,必要时应拴带救生绳;

② 易燃易爆的受限空间经清洗或置换仍达不到要求的,应穿防静电工作服及防静电工作鞋,使用防爆型低压灯具及防爆工具;

③ 酸碱等腐蚀性介质的受限空间,应穿戴防酸碱工作服、防护鞋、防护手套等防腐蚀护品;

④ 有噪声产生的受限空间,应佩戴耳塞或耳罩等防噪声护具;

⑤ 有粉尘产生的受限空间,应佩戴防尘口罩、眼罩等防尘护具;

⑥ 高温的受限空间,进入时应穿戴高温防护用品,必要时采取通风、隔热、佩戴通信设备等措施;

⑦ 低温的受限空间,进入时应穿戴低温防护用品,必要时采取供暖、佩戴通信设备等措施。

进入酸、碱储罐作业时,要在储罐外准备大量清水。当人体接触浓硫酸,须先用布、棉花擦净,然后迅速用大量清水冲洗,并送医院处理。如果先用清水冲洗,后用布类擦净,则浓硫酸将变成稀硫酸,而稀硫酸会造成更严重的灼伤。

进入受限空间内作业,与电气设施接触频繁,照明灯具、电动工具如果漏电,都有可能导致人员触电伤亡,所以照明电源应小于或等于 36 V,潮湿部位应小于或等于 12 V。在潮湿容器中作业时,作业人员应站在绝缘板上,同时保证金属容器接地可靠。检修带有搅拌机械的设备,作业前应把传动胶带卸下,切除电源(如取下保险丝、拉下闸刀等)并上锁,使机械装置不能启动,再在电源处挂上"有人检修、禁止合闸"的警告牌。上述措施采取后,还应有人检查确认。

罐内作业时,一般应指派两位以上的监护人进行罐外监护。监护人应了解介质的各种性质,应位于能经常看见罐内全部操作人员的位置,视线不能离开操作人员,更不准擅离岗位。监护人发现罐内有异常时,应立即召集急救人员,设法将罐内受害人救出。监护人应从事罐外的急救工作,如果没有其他急救人员在场,即使在非常时候,监护人也不得自己进入罐内。凡是进入罐内抢救的人员,必须根据现场情况佩戴防毒面具或氧气呼吸器、安全带等防护用品,决不允许不采取任何个人防护而冒险入罐救人。

为确保进入受限空间作业安全,必须严格按照《化学品生产单位特殊作业安全规范》(GB 30871—2014)的要求,办理受限空间安全作业证,持证作业。

(五) 吊装作业

吊装作业是指利用各种吊装机具将设备、工件、器具、材料等吊起,使其发生位置变化的作业。依据《化学品生产单位特殊作业安全规范》(GB 30871—2014)的规定,吊装作业按照吊装重物质量(m)不同分为 3 个级别:① 一级吊装作业,$m>100$ t;② 二级吊装作业,40 t$\leqslant$ $m\leqslant100$ t;③ 三级吊装作业,$m<40$ t。

(1) 吊装作业过程中的安全风险

① 法律风险,即单位、车辆、人员是否有作业资质。

② 人员风险,即作业人员是否经培训取证后上岗作业。

③ 吊装机风险,即吊车和吊索是否合格且是否满足吊装负荷。

④ 作业风险,即作业员工是否按照规章操作。

⑤ 作业环境风险,即是否存在极端作业、交叉作业等风险。

(2) 吊装作业的一般安全要求

① 三级以上吊装作业或其他作业条件特殊的情况下必须有经批准的方案指导。吊装物体质量虽不足 40 t,但形状复杂、刚度小、长径比大、精密贵重,以及其他作业条件特殊的情况下,应编制吊装作业方案,并应经过审批。吊装现场如有含危险物料的设备、管道时,也应制定详细的吊装方案,并对设备、管道采取有效防护措施,必要时停车放空物料,置换后再进行吊装作业。在吊装现场要划定警戒线,应设置"禁止入内"等安全警戒标识牌;设专人监

护,非作业人员禁止入内。

②　吊装工作人员必须持证上岗。吊装和指挥人员必须经过专业培训,持证上岗;吊装现场专人统一指挥,信号明确。起重机械操作人员应按指挥人员发出的指挥信号进行操作;对任何人发出的紧急停车信号均应立即执行;吊装过程中出现故障时,应立即向指挥人员报告。

③　严格执行吊装作业"五好"和"十不吊"规定。"五好":思想集中好;上下联系好;机器检查好;扎紧提放好;统一指挥好。"十不吊":无人指挥或者信号不明不吊;斜吊和斜拉不吊;物件有尖锐棱角与钢绳未垫好不吊;重量不明或超负荷不吊;起重机械有缺陷或安全装置失灵不吊;吊杆下方及其转动范围内站人不吊;光线阴暗、视物不清不吊;吊杆与高压电线没有保持应有的安全距离不吊;吊挂不当不吊;人站在起吊物上或起吊物下方有人不吊。

④　关注气象条件。遇有大雪、暴雨、大雾及6级以上风等天气时,不应露天作业。

⑤　其他安全防范措施。夜间作业现场要有足够照明,如需阻断道路交通,应办理断路安全作业证。涉及其他危险作业时须办理相关作业证。

思 考 题

1. 危险化学品生产过程中伴随哪些危险,其发生的事故具有哪些特征?
2. 氧化反应存在哪些危险性,如何控制?
3. 还原反应存在哪些危险性?
4. 如何控制硝化反应生产过程的危险性?
5. 物料输送过程中存在哪些危险性,如何控制?
6. 加热与冷却过程中存在哪些危险性,如何控制?
7. 混合物分离过程中存在哪些危险性,如何控制?
8. 干燥与蒸发过程中存在哪些危险性,如何控制?
9. 装置安全停车操作包含哪几方面?
10. 特殊动火作业须遵守哪些安全要求?
11. 受限空间作业的安全要求包括哪些方面?

第三章　危险化学品包装与储存安全

危险化学品的包装是安全管理过程中不可缺少的重要组成部分,危险化学品从生产到使用者手中,一般要经过多次装卸、储存和运输。在这些过程中,产品将不可避免地受到碰撞、跌落、冲击和振动等。危险化学品包装方法得当,就会降低储存、运输中的事故发生率,否则,就会有可能导致重大事故的发生。由包装方面的原因造成的事故占有较大的比重,2015 年天津港危险化学品爆炸事故就是因硝化棉包装损坏导致湿润剂散失而引起的。因此,在危险化学品的安全监督工作中,必须高度重视包装的安全管理。

包装安全管理的要点:根据危险化学品的性能采取合适的包装物;采取正确的包装标志和标记;根据可能的影响因素采取有效的管理措施;进行必要的强度试验等。

因此,危险化学品包装是储存、运输安全的基础,为了加强危险化学品的包装的管理,国家制定了一系列相关法律、法规和标准。例如,《危险化学品安全管理条例》对危险化学品包装的定点、使用要求、检查及法律责任都作了具体规定;《危险货物运输包装类别划分方法》(GB/T 15098—2008)等对危险化学品包装物、容器定点企业的基本条件、申请申报的材料、审批、监督管理和违规处罚等都作了详细规定,切实加强危险化学品包装物、容器生产的管理,保证危险化学品包装物、容器的质量,保证危险化学品储存、搬运、运输和使用安全。

第一节　危险化学品包装标志及标记代号

包装有多种含义。通常所说的包装是指盛装商品的容器,一般分运输包装和销售包装。危险化学品包装主要是用来盛装危险化学品并保证其安全运输的容器。危险化学品包装应具有以下特点:

① 防止危险化学品因不利气候或环境影响造成变质或发生反应;

② 减少运输中各种外力的直接作用;

③ 防止危险化学品撒漏、挥发和不当接触;

④ 便于装卸、搬运。

根据国家相关标准,危险化学品包装标志从包装储运标志和危险货物包装标志两个方面分别进行阐述。

一、危险化学品包装储运标志

根据国家标准《包装储运图示标志》(GB/T 191—2008),在货物包件上需要印刷提醒储运人员注意的图示标志,如易碎、请勿堆码等,供操作人员在装箱、搬运和装卸时进行相应的操作,见表 3-1。

表 3-1　包装储运图示标志

序号	标志名称	图形符号	标志	含义	说明及示例
1	易碎物品		易碎物品	表明运输包装件内装易碎物品,搬运时应小心轻放	应标在包装件所有的端面和侧面的左上角处。 位置示例:
2	禁用手钩		禁用手钩	表明搬运运输包装件时禁用手钩	
3	向上		向上	表明该运输包装件在运输时应竖直向上	应标在与标志1相同的位置。当标志1与标志3同时使用时,标志3应更接近包装箱角。 位置示例: 　(a)　　(b) 　(c)
4	怕晒		怕晒	表明该运输包装件不能直接照晒	

表 3-1(续)

序号	标志名称	图形符号	标志	含义	说明及示例
5	怕辐射		怕辐射	表明该物品一旦受辐射会变质或损坏	
6	怕雨		怕雨	表明该运输包装件怕雨淋	
7	重心		重心	表明该包装件的重心位置,便于起吊	应尽可能标在包装件所有 6 个面的重心位置上,否则至少也应标在包装件 2 个侧面和 2 个端面上。 位置示例: 该标志应标在实际位置上
8	禁止翻滚		禁止翻滚	表明搬运时不能翻滚该运输包装件	
9	此面禁用手推车		此面禁用手推车	表明搬运货物时此面禁止放在手推车上	

表 3-1(续)

序号	标志名称	图形符号	标志	含义	说明及示例
10	禁用叉车		禁用叉车	表明不能用升降叉车搬运的包装件	
11	由此夹起		由此夹起	表明搬运货物时可用夹持的面	只能用于可夹持的包装件上,标注位置应为可夹持位置的2个相对面上,以确保作业时标志在作业人员的视线范围内
12	此处不能卡夹		此处不能卡夹	表明搬运货物时不能用夹持的面	
13	堆码质量极限		堆码质量极限	表明该运输包装件所能承受的最大质量极限	
14	堆码层数极限		堆码层数极限	表明可堆码相同运输包装件的最大层数	包含该包装件,n 表示从底层到顶层的总层数
15	禁止堆码		禁止堆码	表明该包装件只能单层放置	

表 3-1(续)

序号	标志名称	图形符号	标志	含义	说明及示例
16	由此吊起		由此吊起	表明起吊货物时挂绳索的位置	至少应标注在包装件的 2 个相对面上。位置示例： 应标在实际起吊位置上
17	温度极限		温度极限	表明该运输包装件应该保持的温度范围	$\cdots\text{℃}_{max}$ $\cdots\text{℃}_{min}$ (a) $\cdots\text{℃}_{min}$ $\cdots\text{℃}_{max}$ (b)

标志外框为长方形,其中图形符号外框为正方形,尺寸一般分为 4 种,见表 3-2。如果包装尺寸过大或过小,可等比例放大或缩小。标志颜色一般为黑色,如果包装的颜色使得标志显得不清晰,则应在印刷面上用适当的对比色,黑色标志最好以白色作为标志的底色。必要时,标志也可使用其他颜色,除非另有规定,一般应避免采用红色、橙色或黄色,以避免同危险品标志相混淆。

表 3-2 图形符号及标志外框尺寸

单位:mm

序号	图形符号外框尺寸	标志外框尺寸	序号	图形符号外框尺寸	标志外框尺寸
1	50×50	50×70	3	150×150	150×210
2	100×100	100×140	4	200×200	200×280

二、危险货物包装标志

根据国家标准《危险货物包装标志》(GB 190—2009),规定了危险货物包装标志的分类图形、尺寸、颜色及使用方法等。危险货物包装标志分为标记和标签,标记图形有 4 个(表 3-3),标签图形有 26 个(表 3-4),其图形分别标示了危险货物的主要特性。

表 3-3 危险货物包装标记图形一览表

序号	标记名称	标记图形
1	危害环境物质和物品标记	 （符号：黑色；底色：白色）
2	方向标记	 （符号：黑色或正红色；底色：白色） （符号：黑色或正红色；底色：白色）
3	高温运输标记	 （符号：正红色；底色：白色）

表 3-4 危险货物包装标签图形一览表

序号	标签名称	标签图形	对应的危险货物类项号
1	爆炸性物质或物品	 （符号：黑色；底色：橙红色） ＊＊ 项号的位置——如果爆炸性是次要危险性，留空白。 ＊ 配装组字母的位置——如果爆炸性是次要危险，留空白	1.1 1.2 1.3
		 （符号：黑色；底色：橙红色）	1.4

表 3-4(续)

序号	标签名称	标签图形	对应的危险货物类项号
1	爆炸性物质或物品	（符号:黑色;底色:橙红色）	1.5
		（符号:黑色;底色:橙红色）	1.6
2	易燃气体	（符号:黑色;底色:正红色）（符号:白色;底色:正红色）	2.1
	非易燃无毒气体	（符号:黑色;底色:绿色）（符号:白色;底色:绿色）	2.2
	毒性气体	（符号:黑色;底色:白色）	2.3

表 3-4(续)

序号	标签名称	标签图形	对应的危险货物类项号
3	易燃液体	(符号:黑色;底色:正红色) (符号:白色;底色:正红色)	3
4	易燃固体	(符号:黑色;底色:白色红条)	4.1
	易于自燃的物质	(符号:黑色;底色:上白下红)	4.2
	遇水放出易燃气体的物质	(符号:黑色;底色:蓝色) (符号:白色;底色:蓝色)	4.3
5	氧化性物质	(符号:黑色;底色:柠檬黄色)	5.1

表 3-4(续)

序号	标签名称	标签图形	对应的危险货物类项号
5	有机过氧化物	（符号:黑色;底色:红色和柠檬黄色） （符号:白色;底色:红色和柠檬黄色）	5.2
6	毒性物质	（符号:黑色;底色:白色）	6.1
	感染性物质	（符号:黑色;底色:白色）	6.2
7	一级放射性物质	（符号:黑色;底色:白色,附一条红竖条）	7A
	二级放射性物质	（符号:黑色;底色:上黄下白,附两条红竖条）	7B
	三级放射性物质	（符号:黑色;底色:上黄下白,附三条红竖条）	7C

表 3-4(续)

序号	标签名称	标签图形	对应的危险货物类项号
7	裂变性物质	FISSILE CRITICALITY SAFETY INDEX 7 （符号:黑色;底色:白色）	7E
8	腐蚀性物质	8 （符号:黑色;底色:上白下黑）	8
9	杂项危险物质和物品	9 （符号:黑色;底色:白色）	9

危险货物包装标志的尺寸一般分为 4 种,见表 3-5。

表 3-5　危险货物包装标志尺寸　　　　单位:mm

序号	长	宽	序号	长	宽
1	50	50	3	150	150
2	100	100	4	250	250

注:如遇特大或特小的运输包装件,标志的尺寸可按规定适当扩大或缩小。

标志的使用和要求如下:

① 应明显可见而且易读。箱状包装标志位于包装端面或侧面的明显处;袋、捆包装标志位于包装明显处;桶形包装标志位于桶身或桶盖;集装箱、成组货物标志粘贴四个侧面。

② 应能够经受日晒雨淋而不显著减弱其效果。

③ 应标示在包装件外表面的反衬底色上。

④ 不得与可能大大降低其效果的其他包装件标记放在一起。

⑤ 出口货物的标志应按我国执行的有关国际公约(规则)办理使用。

三、危险货物包装标记代号

为了加强对危险化学品包装的管理,便于在装卸、搬运以及监督检查中,识别危险化学品的包装方法、包装材料及内、外包装的组合方式,《危险货物运输包装通用技术条件》(GB 12463—2009)规定了危险货物的包装标记代号,包括包装类别、包装容器及材质等内容。

1．危险化学品包装类别和材质

（1）危险化学品包装类别的表示

《危险货物运输包装通用技术条件》（GB 12463—2009）根据危险化学品的危险程度，把危险化学品运输包装分成 3 类：

Ⅰ类包装：货物具有较大危险性，包装强度要求高；

Ⅱ类包装：货物具有中等危险性，包装强度要求较高；

Ⅲ类包装：货物具有的危险性小，包装强度要求一般。

危险化学品包装类别的标记代号用小写英文字母表示：

① x：表示该包装符合Ⅰ、Ⅱ、Ⅲ类包装的要求；

② y：表示该包装符合Ⅱ、Ⅲ类包装的要求；

③ z：表示该包装符合Ⅲ类包装的要求。

（2）危险化学品包装容器类型及容器材质的表示

危险化学品包装容器的类型用阿拉伯数字表示，包装容器的材质用大写英文字母表示，见表 3-6 和表 3-7。

表 3-6　包装容器类型的数字表示

表示数字	包装容器的类型	表示数字	包装容器的类型
1	桶	6	复合包装
2	木琵琶桶	7	压力容器
3	罐	8	筐、篓
4	箱、盒	9	瓶、坛
5	袋、软管		

表 3-7　包装容器材质的字母表示

表示字母	包装容器的材质	表示字母	包装容器的材质
A	钢	H	塑料材料
B	铝	L	编织材料
C	天然木	M	多层纸
D	胶合板	N	金属（除钢、铝外）
F	再生木板（锯末板）	P	玻璃、陶瓷
G	硬质纤维板、硬纸板、瓦楞纸板、钙塑板	K	柳条、荆条、藤条及竹篾

2．危险化学品包装标记

（1）包装件组合类型的表示

包装件的组合类型有单一包装、组合包装和复合包装 3 种，所以其表示方法也依包装的组合类型而定。

单一包装的包装型号是由 1 个阿拉伯数字和 1 个英文字母组成，前者表示包装容器的类型,后者表示包装容器的材质。例如,1A 是指钢桶包装;1B 是指铝桶包装;2C 是指天然木琵琶桶包装;4C 是指天然木箱包装。

单一包装还在型号的右下角增加 1 个阿拉伯数字,表示同一类型包装容器不同开口的型号。例如,$1A_1$ 是指闭口钢桶;$1A_2$ 是指中开口钢桶;$1A_3$ 是指全开口钢桶。

组合包装型号由若干组字符组成,从左至右分别表示外包装和内包装,多层包装以此类推。每组字符由 1 个阿拉伯数字和 1 个大写英文字母组成,顺序与单一包装相同。例如,4C7P 是指外包装为天然木箱、内包装为玻璃瓶的组合包装。

复合包装的包装型号是由 1 个表示复合包装的阿拉伯数字"6"和 1 组表示包装容器的材质和类型的字符组成。这组字符由 2 个大写英文字母和 1 个阿拉伯数字表示:第 1 个英文字母表示内包装的材质;第 2 个英文字母表示外包装的材质;最后 1 个(右边)阿拉伯数字表示包装类型。例如,6HA1 指内包装为塑料容器,外包装为钢桶的复合包装;6BA3 指内包装为铝容器,外包装为钢罐的复合包装。

(2)包装标记项目的标示

为使各种类型的包装能够让人们正确地识别,对符合国家标准要求的危险化学品包装,应当在其外表标注持久清晰的标记。

危险化学品包装的标记项目有以下 11 项。

① 包装符号。指国家或部颁的标准号,如 GB 指符合国家标准,JT 指包装符合交通行业标准。

② 包装型号。如上所述,单一包装、组合包装和复合包装有不同的包装型号。例如,$1A_1$ 表示闭口钢桶。

③ 相对密度。对拟装液体的包装,如果相对密度不大于 1.2,标记可以省略。

④ 货物质量。对拟装固体的包装,其最大总质量以"kg"表示。

⑤ 包装类别。如上文所述,对包装类别可用 x,y,z 表示。

⑥ 试验压力。对拟装液体的包装,其液压试验的压力以"kPa"表示。

⑦ 固体代号。对拟装固体的包装,用"S"表示。

⑧ 制造年份。只需标明年份的后两位数,对塑料桶和塑料罐还应标明生产月份。

⑨ 生产国别。例如,中国用 CN 表示。

⑩ 生产厂代号。表示制造商的名称。

⑪ 修复包装应标明修复的年份和符号"R"。

(3)其他标记代号

① S 表示拟装固体的包装标记。

② L 表示拟装液体的包装标记。

③ R 表示修复后的包装标记。

④ ⑭ 表示符合国家标准要求。

⑤ ⑮ 表示符合联合国规定的要求。

例如,钢桶标记代号及修复后标记代号分别如图 3-1 和图 3-2 所示。

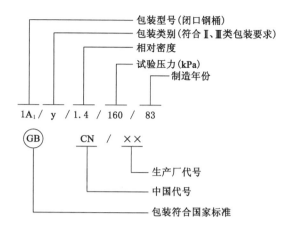

图 3-1　新钢桶标记示例

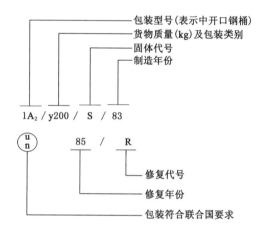

图 3-2　修复后钢桶标记示例

四、危险化学品气体盛装安全

相当一部分危险化学品在常温下处于气态。以压缩气体或液化气体形式盛装危险化学品可以大大减少成本,提高效率,但同时也带来新的危险因素。

气瓶是一种特殊的压力容器,主要参数包括:正常环境温度为$-40\sim60$ ℃;公称工作压力为 $1\sim30$ MPa(表压);公称容积为 $0.4\sim3\,000$ L;盛装永久气体、液化气体或混合气体;无缝、焊接和特种气瓶。不包括盛装溶解气体、吸附气体的气瓶,灭火用的气瓶,非金属材料制成的气瓶,以及运输工具上和机器设备上附属的瓶式压力容器。

1. 气瓶的漆色

根据各种气瓶,根据所装气体的性质、在瓶内的状态和压力,国家规定有不同的漆色,见表 3-8。

表 3-8　气瓶漆色

气瓶名称	气瓶颜色	标注字样	字样颜色
氢气瓶	淡绿色	氢	大红色
氧气瓶	淡蓝色	氧	黑色
乙炔气瓶	白色	乙炔 不可近火	大红色
丙烷气瓶	棕色	液化丙烷	白色
液化天然气瓶	棕色	液化天然气	白色
氩气瓶	银灰色	氩	深绿色
氮气瓶	黑色	氮	白色

不论盛装何种气体的气瓶,在其肩部刻钢印的位置上一律涂上白色薄漆。气瓶漆色后,不得任意涂改、增添其他图案或标记。气瓶的漆色必须完好,如果脱落应及时补漆。气瓶的日常漆色工作由气体制造厂负责。

2. 气瓶安全使用要求

(1)气瓶运输

① 装运气瓶的车辆应有"危险品"的安全标志。

② 气瓶必须配置好气瓶帽、防震圈,当装有减压器时应拆下,气瓶帽要拧紧,防止摔断瓶阀造成事故。

③ 气瓶应直立向上装在车上,妥善固定,防止倾斜、摔倒或跌落。车厢高度应在瓶高的2/3以上。

④ 运输气瓶的车辆停靠时,驾驶员与押运人员不得同时离开。运输气瓶的车不得在繁华市区、人员密集区附近停靠。不应长途运输乙炔气瓶。

⑤ 运输可燃气体气瓶的车辆必须备有灭火器材。

⑥ 运输有毒气体气瓶的车辆必须备有防毒面具。

⑦ 夏季运输时应有遮阳设施,适当覆盖,避免暴晒。

⑧ 所装介质接触能引燃爆炸、产生毒气的气瓶,不得同车运输。易燃品、油脂和带有油污的物品,不得与氧气瓶或强氧化剂气瓶同车运输。

⑨ 车辆上除司机、押运人员外,严禁无关人员搭乘;司乘人员严禁吸烟或携带火种。

(2)气瓶搬运

① 搬运气瓶时,要旋紧瓶帽,以直立向上的位置来移动,注意轻装轻卸,禁止从瓶帽处提升气瓶。

② 近距离(5 m内)移动气瓶,应手扶瓶肩转动瓶底,并且要使用手套。移动距离较远时,应使用专用小车搬运,特殊情况下可采用适当的安全方式搬运。禁止用身体搬运高度超过 1.5 m 的气瓶到手推车或专用吊篮等里面,可采用手扶瓶肩转动瓶底的滚动方式。

③ 卸车时应在气瓶落地地点铺上软垫或橡胶皮垫,逐个卸车,严禁溜放。装卸氧气瓶时,工作服、手套和装卸工具、机具上不得粘有油脂。

④ 当提升气瓶时,应使用专用吊篮或装物架。不得使用钢丝绳或链条吊索。当用起重机吊装气瓶时,严禁使用电磁起重机和链绳。

（3）气瓶使用

① 气瓶的放置地点不得靠近热源，应与办公、居住区域保持 10 m 以上。气瓶应防止暴晒、雨淋、水浸，环境温度超过 40 ℃时，应采取遮阳等措施降温。

② 氧气瓶和乙炔气瓶使用时应分开放置，至少保持 5 m 间距，且距明火 10 m 以外。盛装易发生聚合反应或分解反应气体的气瓶，如乙炔气瓶，应避开放射源。

③ 气瓶应立放使用，严禁卧放，并应采取防止倾倒的措施。乙炔气瓶使用前，必须先直立 20 min，然后连接减压阀使用。

④ 气瓶及附件应保持清洁、干燥，防止沾染腐蚀性介质、灰尘等。氧气瓶瓶阀不得沾有油脂，焊工不得用沾有油脂的工具、手套或油污工作服去接触氧气瓶阀、减压器等。

⑤ 禁止将气瓶与电气设备及电路接触，与气瓶接触的管道和设备要有接地装置。在气、电焊混合作业的场地，要防止氧气瓶带电，如地面是铁板，要垫木板或胶垫加以绝缘。乙炔气瓶不得放在橡胶等绝缘体上。

⑥ 气瓶瓶阀或减压器有冻结、结霜现象时，不得用火烤，可将气瓶移入室内或气温较高的地方，或用 40 ℃以下的温水冲浇，再缓慢地打开瓶阀。严禁用温度超过 40 ℃的热源对气瓶加热。

⑦ 开启或关闭瓶阀时，应用手或专用扳手，不能使用其他工具，以防损坏阀件，装有手轮的阀门不能使用扳手。如果阀门损坏，应将气瓶隔离并及时维修。

⑧ 开启或关闭瓶阀应缓慢，特别是盛装可燃气体的气瓶，以防止产生摩擦热或静电火花。打开气瓶阀门时，人要避开气瓶出气口。

⑨ 乙炔气瓶使用过程中，开、闭乙炔气瓶瓶阀的专用扳手应始终装在阀上。暂时中断使用时，必须关闭焊、割工具的阀门和乙炔气瓶瓶阀，严禁手持点燃的焊、割工具调节减压器或开、闭乙炔气瓶瓶阀。

⑩ 乙炔气瓶瓶阀出口处必须配置专用的减压器和回火防止器。使用减压器时必须带有夹紧装置与瓶阀结合。正常使用时，乙炔气瓶的放气压降不得超过 0.1 MPa/h，如需较大流量，应采用多只乙炔气瓶汇流供气。

⑪ 气瓶使用完毕后应关闭阀门，释放减压器压力，并戴好瓶帽。

⑫ 严禁敲击、碰撞气瓶，严禁在气瓶上进行电焊引弧。

⑬ 瓶内气体不得用尽，必须留有剩余压力。压缩气体气瓶的剩余压力应不小于 0.05 MPa，液化气体气瓶应留有不少于 0.5%～1.0%规定充装量的剩余气体。并关紧阀门，防止漏气，使气压保持正压。禁止自行处理气瓶内的残液。

⑭ 在可能造成回流的使用场合，使用设备上必须配置防止回流的装置，如单向阀、止回阀、缓冲器等。

⑮ 气瓶投入使用后，不得对瓶体进行挖补、焊接修理。严禁将气瓶用作支架等其他用途。

⑯ 气瓶使用完毕，要妥善保管。气瓶上应有状态标签（"空瓶"、"使用中"或"满瓶"标签）。

⑰ 严禁在泄漏的情况下使用气瓶。使用过程中发现气瓶泄漏，要查找原因，及时采取整改措施。

（4）气瓶储存

① 气瓶宜储存在室外带遮阳、雨篷的场所。储存在室内时,建筑物应符合有关标准要求。气瓶储存室不得设在地下室或半地下室,也不能和办公室或休息室设在一起。

② 储存场所应通风、干燥,防止雨(雪)淋、水浸,避免阳光直射。严禁明火和其他热源,不得有地沟、暗道和底部通风孔,并且严禁任何管线穿过。

③ 储存可燃、爆炸性气体气瓶的库房内照明设备必须防爆,电器开关和熔断器都应设置在库房外,同时应设避雷装置。禁止将气瓶放置到可能导电的地方。

④ 气瓶应分类储存,空瓶和满瓶分开,氧气或其他氧化性气体与燃料气瓶和其他易燃材料分开;乙炔气瓶与氧气瓶、氯气瓶及易燃物品分室,毒性气体气瓶分室,瓶内介质相互接触能引起燃烧、爆炸、产生毒物的气瓶分室。

⑤ 易燃气体气瓶储存场所 15 m 范围以内,禁止吸烟、从事明火和生成火花的工作,并设置相应的警示标志。

⑥ 使用乙炔气瓶的现场,乙炔气的储存不得超过 30 m³(相当于 5 瓶,指公称容积为 40 L 的乙炔瓶)。乙炔气的储存量超过 30 m³ 时,应用非燃烧材料隔离出单独的储存间,其中一面应为固定墙壁。乙炔气的储存量超过 240 m³(相当于 40 瓶)时,应建造耐火等级不低于 2 级的储存仓库,与建筑物的防火间距不应小于 10 m,否则应以防火墙隔开。

⑦ 气瓶应直立储存,用栏杆或支架加以固定或扎牢,禁止利用气瓶的瓶阀或头部来固定气瓶。栏杆或支架应采用阻燃的材料,同时应保护气瓶的底部免受腐蚀。

⑧ 气瓶(包括空瓶)储存时应将瓶阀关闭,卸下减压器,戴上并旋紧气瓶帽,整齐排放。

⑨ 盛装不宜长期存放或限期存放气体的气瓶,如氯乙烯、氯化氢、甲醚等气瓶,均应注明存放期限。盛装容易发生聚合反应或分解反应气体的气瓶,如乙炔气瓶,必须规定储存期限,根据气体的性质控制储存点的最高温度,并应避开放射源。气瓶存放到期后,应及时处理。

⑩ 气瓶在室内储存期间,特别是在夏季,应定期测试储存场所的温度和湿度,并做好记录。储存场所最高允许温度应根据盛装气体性质而定,储存场所的相对湿度应控制在 80% 以下。

⑪ 储存毒性气体或可燃性气体气瓶的室内储存场所,必须监测储存点空气中毒性气体或可燃性气体的浓度。如果浓度超标,应强制换气或通风,并查明危险气体浓度超标的原因,采取整改措施。

⑫ 如果气瓶漏气,首先应根据气体性质做好相应的人体保护,然后在保证安全的前提下,关闭瓶阀。如果瓶阀失控或漏气点不在瓶阀上,应采取相应紧急处理措施。

⑬ 应定期对储存场所的用电设备、通风设备、气瓶搬运工和栅栏、防火和防毒器具进行检查,发现问题及时处理。

第二节 危险化学品安全储存

储存是指产品在离开生产领域而尚未进入消费领域之前,在流通过程中形成的一种停留。生产、经营、储存和使用危险化学品的企业都存在危险化学品的储存问题。

危险化学品的储存根据物质理化性状和储存量的大小分为整装储存和散装储存两类。整装储存是将物品装于小型容器或包件中储存。例如,各种袋装、桶装、箱装或钢瓶装的物品。这种储存往往存放的品种多,物品的性质复杂,比较难管理。

散装储存是物品不带外包装的净货储存,存量比较大,设备、技术条件比较复杂。例如,有机液体危险化学品汽油、甲苯、二甲苯、丙酮、甲醇等,一旦发生事故难以施救。

无论整装储存还是散装储存都有很大的潜在危险,因此必须用科学的态度从严管理,不能马虎从事。

一、储存单位及设施的要求

《中华人民共和国安全生产法》第三十九条规定,生产、经营、运输、储存、使用危险物品或者处置废弃危险物品的,由有关主管部门依照有关法律、法规的规定和国家标准或者行业标准审批并实施监督管理。生产经营单位生产、经营、运输、储存、使用危险物品或者处置废弃危险物品,必须执行有关法律、法规和国家标准或者行业标准,建立专门的安全管理制度,采取可靠的安全措施,接受有关主管部门依法实施的监督管理。

《危险化学品安全管理条例》第二章对危险化学品的生产和储存中的各个环节的安全管理作了规定。

《危险化学品安全管理条例》规定,国家对危险化学品的生产、储存实行统筹规划、合理布局。国务院工业和信息化主管部门以及国务院其他有关部门依据各自职责,负责危险化学品生产、储存行业的规划和布局。地方人民政府组织编制城乡规划,应当根据本地区的实际情况,按照确保安全的原则,规划适当区域专门用于危险化学品的生产、储存。

新建、改建、扩建生产、储存危险化学品的建设项目,应当由应急管理部门进行安全条件审查。

危险化学品生产装置或者储存数量构成重大危险源的危险化学品储存设施(运输工具加油站、加气站除外),与下列场所、设施、区域的距离应当符合国家有关规定:

① 居住区以及商业中心、公园等人员密集场所;

② 学校、医院、影剧院、体育场(馆)等公共设施;

③ 饮用水源、水厂以及水源保护区;

④ 车站、码头(依法经许可从事危险化学品装卸作业的除外)、机场以及通信干线、通信枢纽、铁路线路、道路交通干线、水路交通干线、地铁风亭以及地铁站出入口;

⑤ 基本农田保护区、基本草原、畜禽遗传资源保护区、畜禽规模化养殖场(养殖小区)、渔业水域以及种子、种畜禽、水产苗种生产基地;

⑥ 河流、湖泊、风景名胜区、自然保护区;

⑦ 军事禁区、军事管理区;

⑧ 法律、行政法规规定的其他场所、设施、区域。

已建的危险化学品生产装置或者储存数量构成重大危险源的危险化学品储存设施不符合上述规定的,由所在地设区的市级人民政府应急管理部门会同有关部门监督其所属单位在规定期限内进行整改;需要转产、停产、搬迁、关闭的,由本级人民政府决定并组织实施。

储存数量构成重大危险源的危险化学品储存设施的选址,应当避开地震活动断层和容易发生洪灾、地质灾害的区域。

以上所称重大危险源是指生产、储存、使用或者搬运危险化学品,且危险化学品的数量等于或者超过临界量的单元(包括场所和设施)。

二、危险化学品储存的危险性分析

1. 危险化学品储存过程事故分析

（1）近年危险化学品储存典型事故

2010 年 7 月 16 日,"宇宙宝石"号油轮在大连港卸油过程中,因违规加注"脱硫化氢剂"作业引发管道连接脱落和"脱硫化氢剂"泄漏,管道和储罐爆炸起火,造成 1 名作业人员失踪、1 名消防队员死亡,直接经济损失约 2.23 亿元。

2010 年 12 月 11 日,山东省滨州市阳信县商店镇一栋商住两用居民小楼二层的居民家中非法储存烟花爆竹,发生爆炸事故,造成 8 人死亡、6 人受伤。

2011 年 1 月 18 日,内蒙古自治区乌海市乌海化工股份有限公司在处理合成工段的高纯盐酸中间罐废气排空管和排空汇总管连接处的漏点时发生爆炸事故,造成 3 人死亡。

2013 年 3 月 1 日,辽宁省朝阳市建平县鸿燊商贸有限公司发生硫酸储罐爆炸事故,造成 7 人死亡,直接经济损失 1 210 万元。

2013 年 6 月 2 日,中石油大连石化分公司在罐区检修过程中发生爆炸事故,造成 4 人死亡,直接经济损失约 697 万元。

2013 年 6 月 11 日,江苏省苏州燃气集团有限责任公司液化气经销分公司横山储罐场生活区综合办公楼发生液化石油气泄漏爆炸事故,造成 12 人死亡,直接经济损失 1 833 万元。

2015 年 8 月 12 日,天津港瑞海国际物流有限公司危险品仓库运抵区南侧集装箱内硝化棉由于湿润剂散失出现局部干燥,在高温（天气）等因素的作用下加速分解放热,积热自燃,引起相邻集装箱内的硝化棉和其他危险化学品长时间大面积燃烧,导致堆放于运抵区的硝酸铵等危险化学品发生特大爆炸事故,造成 165 人死亡、8 人失踪、798 人受伤,直接经济损失 68.66 亿元。

（2）危险化学品储存事故原因分析

总结多年的经验和案例,危险化学品储存发生事故的原因主要有:

① 着火源控制不严

着火源是指可燃物燃烧的一切热能源,包括明火焰、赤热体、火星和火花、物理能和化学能等。危险化学品储存过程中的着火源主要有两个方面:

a. 外来火种。例如,烟囱飞火、汽车排气管的火星、库房周围的作业明火、燃烧的烟头等。

b. 内部设备不良或操作不当引起的电火花、撞击火花和太阳能、化学能等。例如,电气设备不防爆或防爆等级不够,装卸作业使用铁质工具碰击打火,露天存放时太阳暴晒等。

② 性质相互抵触的物品混存

出现混存性质相互抵触的危险化学品往往是由于保管人员缺乏相关知识,部分危险化学品出厂时缺少鉴定,或者企业缺少储存场地。性质相互抵触的危险化学品混存可能因包装容器渗漏等发生化学反应而起火。

③ 产生变质

有些危险化学品已经长期不用,仍废置在仓库中,又不及时处理,往往因变质而引起事故。例如,硝化甘油安全储存期为 8 个月,逾期后自燃的可能性很大,而且在低温时容易析出结晶,当固液两相共存时灵敏性特别高,微小的外力作用就会使其分解而爆炸。

④ 养护管理不善

仓库建筑条件差,达不到所存物品的存放要求。例如,不采取隔热措施,使物品受热;因保管不善,仓库漏雨进水使物品受潮;盛装的容器破漏,使物品接触空气等均会引起着火或爆炸。

⑤ 包装损坏或不符合要求

危险化学品容器包装损坏,或者出厂的包装不符合安全要求,都会引起事故。

⑥ 违反操作规程

搬运危险化学品没有轻装轻卸;堆垛过高不稳,发生倒桩;在库内改装打包,封焊修理等违反安全操作规程造成事故。

⑦ 建筑物不符合存放要求

危险化学品库房的建筑设施不符合要求,造成库内温度过高,通风不良,湿度过大,漏雨进水,阳光直射,有的缺少保温设施,使物品达不到安全储存的要求而发生事故。

⑧ 雷击

危险化学品仓库一般都设在城镇郊外空旷地带的独立的建筑物内或是露天的储罐、堆垛区,十分容易遭雷击。

⑨ 着火扑救不当

着火时因不熟悉危险化学品的性能,灭火方法和灭火器材使用不当而使事故扩大,造成更大的损失。

2. 危险化学品混合储存的危险性分析

有不少危险化学品不仅本身易燃烧、爆炸,而且往往由于两种或两种以上混合或互相接触而产生高热、着火、爆炸。只有充分认识危险化学品混合储存的危险性,才能从根本上杜绝危险化学品混存、混放。

(1) 两种或两种以上的危险化学品混合接触的三种危险性

两种或两种以上危险化学品相互混合接触时,在一定条件下,发生化学反应,产生高热,若反应激烈,将引起着火或爆炸。这种混合危险有以下三种情况:

① 危险化学品经过混合接触,在室温条件下,立即或经过短时间发生急剧化学反应。

② 两种或两种以上危险化学品混合接触后,形成爆炸性混合物或比原来物质敏感性强的混合物。

③ 两种或两种以上危险化学品在加热、加压或在反应釜内搅拌不匀的情况下,发生急剧反应,造成冲料、着火或爆炸。化工厂的反应釜发生爆炸事故往往就是因为这个原因。

早在 20 世纪 50 年代,上海市危险化学品仓库中就发生过硫酸与发泡剂 H(二亚硝基五次甲基四胺)混合接触引起事故的案例。混合物中,一种是危险化学品,另一种是一般可燃物,危险化学品的接触渗透,使一般可燃物更易着火燃烧或自燃。20 世纪 60 年代初,装浓硝酸瓶的木箱用稻草作填充材料,硝酸瓶破裂,硝酸与稻草接触渗透,氧化发热,引起多次事故(后来已禁止用稻草作填充材料)。1960 年,天津市铁路南站运输氯酸钠,氯酸钠铁桶破损,氯酸钠潮解外溢,渗透到木板,铁桶摩擦引起混有氯酸钠的木板着火,火势蔓延迅速,延烧到南站整个仓库区,损失惨重。1993 年,深圳市安贸危险品储运公司危险品仓库发生大火和爆炸,违章混储是主要原因之一。

（2）混合接触有危险性的三类危险化学品组合

① 具有强氧化性的物质和具有还原性的物质。氧化性物质如硝酸盐、氯酸盐、过氯酸盐、高锰酸盐、过氧化物、发烟硝酸、浓硫酸、氧、氯、溴等。还原性物质如烃类、胺类、醇类、有机酸、油脂、硫、磷、碳、金属粉等。

以上两类化学品混合后能成为爆炸性混合物，如黑色火药（硝酸钾、硫黄、木炭粉）；液氧炸药（液氧、炭粉）；硝铵燃料油炸药（硝酸铵、矿物油）等。混合后能立即引起燃烧，如将甲醇或乙醇浇在铬酐上；将甘油或乙二醇浇在高锰酸钾上；将亚氯酸钠粉末和草酸或硫代硫酸钠的粉末混合；发烟硝酸和苯胺混合以及润滑油接触氧气等。

② 氧化性盐类和强酸。混合接触会生成游离的酸和酸酐，呈现极强的氧化性，与有机物接触时，能发生爆炸或燃烧，如氯酸盐、亚氯酸盐、过氯酸盐、高锰酸盐与浓硫酸等强酸接触，如果还存在其他易燃有机物，有机物就会发生强烈氧化反应而引起燃烧或爆炸。

③ 混合接触后会生成不稳定物质的两种或两种以上危险化学品。例如，液氮和液氯混合，在一定的条件下，会生成极不稳定的三氯化氮，有爆炸危险；二乙烯基乙炔吸收了空气中的氧气能生成极其敏感的过氧化物，稍一摩擦就会爆炸。此外，乙醛与氧和乙苯与氧在一定的条件下，能分别生成不稳定的过乙酸和过苯甲酸。属于这种情况的危险化学品有很多。

在生产、储存和运输危险化学品过程中，危险化学品混合接触，往往造成意外的事故。对于危险化学品混合的危险性，预先进行充分研究和评价是十分必要的。混合接触能引起危险的化学品组合数量很多，有些可根据其化学性质进行判断，有些可参考以往发生过的混合接触危险事例，主要的还是要依靠预测评估。挑选出18种储存或运输中经常遇到、危险性较大、有代表性的危险化学品，将其混合危险性列表示例，见表3-9。

表 3-9　危险化学品混合接触危险性

品名	混合接触有危险性的危险化学品	危险性摘要
乙醛 CH₃CHO	氯酸钠、高氯酸钠、亚氯酸钠、过氧化氢（浓）、硝酸铵、硝酸钠、硝酸、溴酸钠	混合后有激烈的放热反应
	乙酸、乙酐、氢氧化钠、氨	混合后有聚合反应的危险性
	醋酸钴＋氧	由于放热的氧化反应，生成不稳定的物质，有爆炸危险性
乙酸（醋酸） CH₃COOH	铬酸酐、过氧化钠、硝酸铵、高氯酸、高锰酸钾	混合后有着火燃烧，或在加热条件下发生燃烧、爆炸的危险
	过氧化氢（浓）	能生成不稳定的爆炸性酸
	氯酸钠、高氯酸钠、亚氯酸钠、硝酸钠、硝酸	混合后有激烈的放热反应
乙酐 (CH₃CO)₂O	高氯酸、过氧化钠、浓硝酸、高锰酸钾（加热）	混合后摩擦、冲击有爆炸危险性
	铬酸酐（在酸催化剂作用下）、四氧化二氮	有激烈沸腾和爆炸的危险性
	氯酸钠、高氯酸钠、亚氯酸钠、硝酸铵、硝酸钠、过氧化氢（浓）	混合后有激烈的放热反应

表 3-9(续)

品名	混合接触有危险性的危险化学品	危险性摘要
丙酮 CH₃COCH₃	铬酸酐、重铬酸钾(＋硫酸)	有着火的危险性
	硝酸(＋乙酸)、硫酸(密闭条件下)、次溴酸钠	有激烈分解爆炸的危险性
	三氯乙烷(＋酸)、氯仿	混合后有聚合放热反应的危险性
	氯酸钠、高氯酸钠、亚氯酸钠、硝酸铵、硝酸钠、溴酸钠	混合后有激烈的放热反应
氨 NH₃	硝酸	接触气体有着火危险性
	亚氯酸钾、亚氯酸钠、次氯酸	接触后能生成对冲击敏感的亚氯酸铵；对次氯酸有爆炸危险性
苯胺 C₆H₅NH₂	过氧化钠、硝酸、硫酸(在二氧化碳、硝酸共存下)	有着火或立即着火危险性
	氯酸钠、高氯酸钠、过氧化氢(浓)、过甲酸、高锰酸钾、硝基苯、硝酸铵、硝酸钠	有激烈放热反应的危险性
	硝基甲烷、臭氧	能生成敏感爆炸性混合物
苯 C₆H₆	硝酸铵、高锰酸、氟化溴、臭氧	有起火或爆炸的危险性
	氯酸钠、高氯酸钠、过氧化氢(浓)、过氧化钠、高锰酸钾、硝酸、亚氯酸钠、溴酸钠	有激烈放热反应的危险性
二硫化碳 CS₂	过氧化氢(浓)、高锰酸钾(＋硫酸)	有着火、爆炸危险性
	氯(在铁的催化作用下)	有着火或爆炸的危险性
	氯酸钠、高氯酸钠、硝酸铵、硝酸钠、亚氯酸钠、硝酸、锌	有激烈放热反应的危险性
乙醚 (CH₃CH₂)₂O	氯酸钠、高氯酸钠、硝酸铵、硝酸钠、亚氯酸钠、硝酸、过氧化氢(浓)、过氧化钠、铬酸酐、溴酸钠	混合后有激烈放热反应的危险性
乙醇 CH₃CH₂OH	过氧化氢(浓)＋浓硫酸	受热、冲击有爆炸的危险性
	氯酸钠、高氯酸钠、硝酸铵、硝酸钠、亚氯酸钠、硝酸	混合后有激烈的放热反应
	硝酸根	在一定条件下能生成爆炸性雷酸
乙烯 CH₂＝CH₂	氯、四氯化碳、三氯一溴甲烷、四氟乙烯、氯化铝、过氧化二苯甲酰	在一定条件下混合后有发生爆炸的危险性
	臭氧	有爆炸反应的危险性
环氧乙烷 C₂H₄O	氯酸钠、高氯酸钠、硝酸铵、硝酸钠、亚氯酸钠、硝酸、过氧化氢(浓)、过氧化钠、重铬酸钾、溴酸钠、硫酸、镁、铁、铝(包括氧化物、氯化物)	混合后有激烈的放热反应,有可能发生爆炸性分解
乙酸甲酯(醋酸甲酯) CH₃COOCH₃	氯酸钠、高氯酸钠、硝酸铵、硝酸钠、亚氯酸钠、硝酸、过氧化氢(浓)、溴酸钠	混合后有激烈的放热反应
硝酸(浓磷酸、发烟硝酸) HNO₃	苯胺、丁硫醇、二乙烯醚、呋喃甲醇	有着火的危险性
	钠、镁、乙腈、丙酮、乙醇、环己胺、乙酐、硝基苯	有爆炸或激烈分解反应的危险性
	乙醚、甲苯、己烷、苯酚、硝酸甲酯、二硝基苯	混合后有激烈的放热反应

表 3-9(续)

品名	混合接触有危险性的危险化学品	危险性摘要
苯酚 C_6H_5OH	氯酸钠、高氯酸钠、硝酸铵、硝酸钠、亚氯酸钠、硝酸、过氧化氢(浓)、溴酸钠	混合后有激烈的放热反应
丙烷 C_3H_8	氯酸钠、高氯酸钠、硝酸铵、硝酸钠、亚氯酸钠、硝酸、过氧化氢(浓)、溴酸钠	混合后有激烈的放热反应或有起火危险性
氢氧化钠 NaOH	铝	发生反应生成大量氢气,易燃易爆
	乙醛、丙烯腈	有激烈聚合反应的危险性
	氯硝基甲苯、硝基乙烷、硝基甲烷、顺丁烯二酸酐、氢醌、三氯硝基甲烷	有发热分解爆炸的危险性,对撞击引起爆炸有敏感性
硫酸 H_2SO_4 (遇水放热)	氯酸钾、氯酸钠	接触时反应激烈,有引燃的危险性
	环戊二烯、硝基苯胺、硝酸甲酯、苦味酸	有爆炸危险性
	磷、钠、二亚硝基五次甲基四胺	有着火危险性

三、危险化学品的储存条件

1. 危险化学品的储存方式

危险化学品的储存方式分为隔离储存、隔开储存和分离储存 3 种。

① 隔离储存。在同一房间或同一区域内,不同的物料之间分开一定的距离,非禁忌物料间用通道保持空间的储存方式。隔离储存示意如图 3-3 所示。

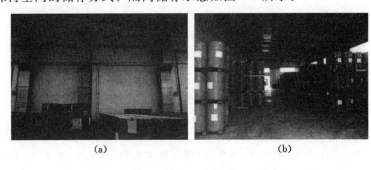

(a)　　　　　　　　(b)

图 3-3　隔离储存示意图

② 隔开储存。在同一建筑或同一区域内,用隔板或墙将其与禁忌物料分离开的储存方式。

③ 分离储存。在不同建筑物或远离所有建筑的外部区域内的储存方式。分离储存示意如图 3-4 所示。

2. 危险化学品储存的堆垛安全距离

根据《易燃易爆性商品储存养护技术条件》(GB 17914—2013)、《腐蚀性商品储存养护技术条件》(GB 17915—2013)、《毒害性商品储存养护技术条件》(GB 17916—2013)中对危险化学品储存堆垛安全距离进行的规定,分别对易燃易爆性物质、腐蚀性物质、毒害性物质进行阐述。

(a)   (b)

图 3-4   分离储存示意图

（1）易燃易爆性物质堆垛

根据库房条件、物质性质和包装形态采取适当的堆码和垫底方法。

各种易燃易爆性物质不允许直接落地存放。根据库房地势高低，一般应垫 15 cm 以上。遇水放出易燃气体的物质、易燃物质、易吸潮溶化和吸潮分解的物质应根据情况加大下垫高度。各种物质应码放行列式压缝货垛，做到出入库方便，一般垛高不超过 3 m。

根据《易燃易爆性商品储存养护技术条件》（GB 17914—2013）中的规定，堆垛间距应满足如下条件：

① 主通道大于或等于 180 cm；

② 支通道大于或等于 80 cm；

③ 墙距大于或等于 30 cm；

④ 柱距大于或等于 10 cm；

⑤ 垛距大于或等于 10 cm；

⑥ 顶距大于或等于 50 cm。

（2）腐蚀性物质堆垛

库房、货棚或露天货场储存的腐蚀性物质，货垛下应有隔潮设施，货架与库房地面距离一般不低于 15 cm，货场的垛堆与地面距离不低于 30 cm。

根据物质性质、包装规格采用适当的堆垛方法，要求货垛整齐，堆码牢固，数量准确，禁止倒置，并按入库先后顺序或批号分别堆码。

根据《腐蚀性商品储存养护技术条件》（GB 17915—2013）中的规定，堆垛高度与垛间距应满足相应要求。

堆垛高度应满足如下条件：

① 大铁桶液体，立码；固体，平放，不应超过 3 m。

② 大箱（内装坛、桶）不应超过 1.5 m。

③ 化学试剂木箱不应超过 3 m；纸箱不应超过 2.5 m。

④ 袋装 3～3.5 m。

堆垛间距应满足如下条件：

① 主通道大于或等于 180 cm；

② 支通道大于或等于 80 cm；

③ 墙距大于或等于 30 cm；

④ 柱距大于或等于 10 cm;

⑤ 垛距大于或等于 10 cm;

⑥ 顶距大于或等于 50 cm。

（3）毒害性物质堆垛

毒害性物质堆垛要符合安全、方便的原则,便于堆码、检查和消防扑救。货垛下应有防潮设施,垛底距地面距离不小于 15 cm。货垛应牢固、整齐、通风,垛高不超过 3 m。

根据《毒害性商品储存养护技术条件》（GB 17916—2013）中的规定,堆垛间距应满足如下条件:

① 主通道大于或等于 180 cm;

② 支通道大于或等于 80 cm;

③ 墙距大于或等于 30 cm;

④ 柱距大于或等于 10 cm;

⑤ 垛距大于或等于 10 cm;

⑥ 顶距大于或等于 50 cm。

3. 危险化学品的储存条件

根据《易燃易爆性商品储存养护技术条件》（GB 17914—2013）、《腐蚀性商品储存养护技术条件》（GB 17915—2013）、《毒害性商品储存养护技术条件》（GB 17916—2013）、《放射性物品安全运输规程》（GB 11806—2019）和《放射性物品运输安全管理条例》的规定,对各类危险化学品的储存条件分别进行阐述。

（1）易燃易爆性物质的储存条件

储存易燃易爆性物质的库房应符合《建筑设计防火规范（2018 年版）》（GB 50016—2014）中 3.3.2 节的规定,耐火等级不低于二级。

① 库房的基本条件

a. 应干燥、易于通风、密闭和避光,并应安装避雷装置;库房内可能散发（或泄漏）可燃气体、可燃蒸气的场所应安装可燃气体检测报警等装置。

b. 各类物质依据性质和灭火方法的不同,应严格分区、分类和分库存放。

——易爆性物质应储存于一级轻顶耐火建筑的库房内。

——低、中闪点液体,一级易燃固体,易于自燃的物质,以及气体类应储存于一级耐火建筑的库房内。

c. 遇水放出易燃气体的物质、氧化性物质和有机过氧化物应储存于一、二级耐火建筑的库房内。

d. 二级易燃固体、高闪点液体应储存于耐火等级不低于二级的库房内。

e. 易燃气体不应与助燃气体同库储存。

② 库房安全要求

a. 物质应避免阳光直射、远离火源、热源、电源及产生火花的环境。

b. 除按表 3-10 中的规定分类储存外,以下类别的物质应专库储存。

——爆炸品:黑色火药类、爆炸性化合物应专库储存。

——气体:易燃气体、助燃气体和有毒气体应专库储存。

——易燃液体可同库储存,但灭火方法不同的物质应分库储存。

表 3-10 危险化学品混存性能互抵表

类别	爆炸品				氧化性物质和有机过氧化物				气体				易于自燃的物质		遇水放出易燃气体的物质		易燃液体		易燃固体		毒害性物质				腐蚀性物质				放射性物质
	点火器材	起爆器材	爆炸及爆炸性药品	其他爆炸品	一级无机	一级有机	二级无机	二级有机	剧毒	易燃	助燃	不燃	一级	二级	一级	二级	一级	二级	一级	二级	剧毒无机	剧毒有机	有毒无机	有毒有机	酸性无机	酸性有机	碱性无机	碱性有机	
点火器材	○																												
起爆器材	○	○																											
爆炸及爆炸性药品	○	×	○																										
其他爆炸品	○	×	×	○																									
一级无机	×	×	×	×	①																								
一级有机	×	×	×	×	×	○																							
二级无机	×	×	×	×	○	×	②																						
二级有机	×	×	×	×	×	○	×	○																					
剧毒（液氨和液氯有抵触）	×	×	×	×	×	×	×	×	○																				
易燃	×	×	×	×	分	分	分	分	×	○																			
助燃	×	×	×	×	消	×	分	×	×	×	○																		
不燃	×	×	×	×	×	×	×	×	×	×	×	○																	
一级	×	×	×	×	×	×	×	×	×	×	○	×	○																
二级	×	×	×	×	×	×	×	×	×	×	×	消	×	○															
一级	×	×	×	×	×	×	×	×	×	×	×	○	×	×	○														
二级	×	×	×	×	×	×	×	×	×	消	×	×	×	×	×	○													

表 3-10（续）

类别	爆炸品				氧化性物质和有机过氧化物				气体				易于自燃的物质		遇水放出易燃气体的物质		易燃液体		易燃固体		毒害性物质				腐蚀性物质				放射性物质
	点火器材	起爆器材	爆炸及爆炸性药品	其他爆炸品	一级无机	二级无机	一级有机	二级有机	剧毒	易燃	助燃	不燃	一级	二级	一级	二级	一级	二级	一级	二级	剧毒无机	剧毒有机	有毒无机	有毒有机	酸性无机	酸性有机	碱性无机	碱性有机	放射性物质
易燃液体 一级	×	×	×	×	分	×	分	×	×	分	分	分	分	×	分	×	○												
易燃液体 二级	×	×	×	×	分	×	分	×	×	分	分	分	分	×	分	×	○	○											
易燃固体 一级	×	×	×	×	消	×	分	×	×	分	分	分	分	×	分	×	○	○	○										
易燃固体 二级	×	×	×	×	消	×	分	×	×	分	分	分	分	×	分	×	○	○	○	○									
毒害性物质 剧毒无机	×	×	×	×	分	分	分	分	分	分	分	分	分	分	分	分	分	分	分	分	○								
毒害性物质 剧毒有机	×	×	×	×	分	分	分	分	分	分	分	分	分	分	分	分	分	分	分	分	○	○							
毒害性物质 有毒无机	×	×	×	×	分	分	分	分	分	分	分	分	分	分	分	分	分	分	分	分	○	○	○						
毒害性物质 有毒有机	×	×	×	×	分	分	分	分	分	分	分	分	分	分	分	分	分	分	分	分	○	○	○	○					
腐蚀性物质 酸性 无机	×	×	×	×	×	×	×	×	×	×	×	×	×	×	×	×	×	×	×	×	×	×	×	×	○				
腐蚀性物质 酸性 有机	×	×	×	×	×	×	×	×	×	×	×	×	×	×	×	×	×	×	×	×	×	×	×	×	○	○			
腐蚀性物质 碱性 无机	×	×	×	×	×	×	×	×	×	×	×	×	×	×	×	×	×	×	×	×	×	×	×	×	×	×	○		
腐蚀性物质 碱性 有机	×	×	×	×	×	×	×	×	×	×	×	×	×	×	×	×	×	×	×	×	×	×	×	×	×	×	○	○	
放射性物质	×	×	×	×	×	×	×	×	×	×	×	×	×	×	×	×	×	×	×	×	×	×	×	×	×	×	×	×	○

注：（1）"○"表示两种物品可以混存；（2）"×"表示不可以混存，即不互相混存；（3）"分"指应按危险化学品的分类进行分区分类储存，物品多或仓位不够时，因其性能并不互相抵触，也可以混存；（4）"消"指两种物品性能并不互相抵触，但消防施救方法不同，条件许可时最好分存；（5）"①"说明过氧化钠等过氧化物不宜和无机氧化剂混存；（6）"②"说明具有还原性的亚硝酸钠等亚硝酸盐类不宜和其他无机氧化剂、有机氧化剂混存；（7）凡混存物品，货垛与货垛之间必须留有 1 m 以上的距离，并要求包装容器完整，不使两种物品发生接触。

——易燃固体可同库储存,但发乳剂 H 与酸或酸性物质应分库储存。

——硝酸纤维素酯、安全火柴、红磷及硫化磷、铝粉等金属粉类应分库储存。

——自燃物质:白磷、烃基金属化合物,浸动、植物油的制品应分库储存。

——遇水放出易燃气体的物质应分库储存。

——氧化性物质和有机过氧化物,一、二级无机氧化剂与一、二级有机氧化剂应分库储存;氯酸盐类、高锰酸盐、亚硝酸盐、过氧化钠、过氧化氢等分别专库储存。

③ 库房安全的温、湿度要求

各类易燃易爆物质适宜储存的温、湿度见表 3-11。

表 3-11　易燃易爆物质储存的温、湿度条件

类别	品名	温度/℃	相对湿度/%
爆炸品	黑火药、化合物	≤32	≤80
	水作稳定剂的	≥1	<80
气体	易燃、不燃、有毒	≤30	—
易燃液体	低闪点	≤29	—
	中高闪点	≤37	—
易燃固体	易燃固体	≤35	—
	硝酸纤维素酯	≤25	≤80
	安全火柴	≤35	≤80
	红磷、硫化磷、铝粉	≤35	<80
易于自燃的物质	白磷	>1	—
	烃基金属化合物	≤30	≤80
	含油制品	≤32	≤80
遇水放出易燃气体的物质	遇水放出易燃气体的物质	≤32	≤75
氧化性物质和有机过氧化物	氧化性物质和有机过氧化物	≤30	≤80
	过氧化钠、镁、钙等	≤30	≤75
	硝酸锌、镁、钙等	≤28	≤75
	硝酸铵、亚硝酸钠	≤30	≤75
	盐的水溶液	>1	—
	结晶硝酸锰	<25	—
	过氧化苯甲酰	2～25	—
	过氧化丁酮等有机过氧化物	≤25	—

(2) 腐蚀性物质的储存条件

储存腐蚀性物质的库房应阴凉、干燥、通风、避光,并经过防腐蚀、防渗处理。库房的建筑应符合《工业建筑防腐蚀设计标准》(GB/T 50046—2018)的规定。

储存发烟硝酸、溴素、高氯酸的库房应干燥通风,耐火要求应符合《建筑设计防火规范(2018 年版)》(GB 50016—2014)中 3.3.2 节的规定,耐火等级不低于二级。

① 腐蚀性物质储存基本条件与安全要求

a. 腐蚀性物质应避免阳光直射、暴晒,远离热源、电源、火源,库房建筑及各种设备应符合《建筑设计防火规范(2018 年版)》(GB 50016—2014)的规定。

b. 腐蚀性物质应按不同类别、性质、危险程度、灭火方法等分区分类储存,性质和消防施救方法相抵的物质不应同库储存。

c. 应在库区设置洗眼器等应急处置设施。

d. 库区的杂物、易燃物应及时清理,排水保持畅通。

② 库房安全的温、湿度要求

各类腐蚀性物质适宜储存的温、湿度见表 3-12。

表 3-12 腐蚀性物质储存的温、湿度条件

类别	品名	温度/℃	相对湿度/%
酸性腐蚀物质	发烟硫酸、亚硫酸	0~30	≤80
	硝酸、盐酸及氢卤酸、氟硅(硼)酸、氯化硫、磷酸等	≤30	≤80
	磺酰氯、氯化亚砜、氧氯化磷、氯磺酸、溴乙酰、三氯化磷等多卤化物	≤30	≤75
	发烟硝酸	≤25	≤80
	溴素、溴水	0~28	—
	甲酸、乙酸、乙酸酐等有机酸类	≤32	≤80
碱性腐蚀物质	氢氧化钠(钾)、硫化钠(钾)	≤30	≤80
其他腐蚀物质	甲醛溶液	10~30	—

(3)毒害性物质的储存条件

储存毒害性物质的库房应干燥、通风,机械通风排毒应有安全防护和处理措施,库房耐火等级不低于二级。

① 库房的基本条件和安全要求

a. 仓库应远离居民区和水源。

b. 物品应避免阳光直射、暴晒,远离热源、电源、火源,在库内(区)固定和方便的位置配备与毒害性物质性质相匹配的消防器材、报警装置和急救药箱。

c. 不同种类的毒害性物质,视其危险程度和灭火方法的不同应分开存放,性质相抵的毒害性物质不应同库混存。

d. 剧毒性物质应专库储存或存放在彼此间隔的单间内,并安装防盗报警器和监控系统,库门装双锁,实行双人收发、双人保管制度。

② 库房安全的温、湿度要求

库房温度不宜超过 35 ℃。易挥发的毒害性物质,库房温度应控制在 32 ℃以下,相对湿度应在 85% 以下。对于易潮解的毒害性物质,库房相对湿度应控制在 80% 以下。

(4)放射性物质的储存条件

放射性物质储存容器的设计、制造单位应当建立健全责任制度,加强质量管理,并对所从事的放射性物质储存容器的设计、制造活动负责。

① 储存期间的隔离

a. 盛装放射性物质的货物、集合包装、货物集装箱和无包装的放射性物质需隔离,应:

——与经常处于作业区内的工作人员隔离,确保工作人员所受剂量不超过 5 mSv/a。计算隔离距离时应使用保守模型和参数。

——与公众经常出入的区域内的公众隔离,确保公众所受剂量不超过 1 mSv/a。计算隔离距离时应使用保守模型和参数。

——按照有关规定,与其他危险货物隔离。

b. Ⅱ级(黄)或Ⅲ级(黄)货包或集合包装均不应放在专用隔离处以外。

② 作业场所的存放

将放射性物质存放在指定位置,并设"电离辐射"警示标志。放射性物质在非用期间,必须存放在源罐中。存放期间,作业小队人员必须每天对存放的放射性物质进行巡视,确保危险品的安全。

③ 源罐的标识

为了保证放射源在出入库、运输及使用过程中的安全可靠,每个密封源的源罐上应加挂标明此源名称、源号、源强及中心装备负责人电话的标志牌。以防万一发生丢失时,为成功寻找创造条件。

④ 检漏

放射源存放单位负责存放的放射源每年进行一次检漏。

思 考 题

1. 危险化学品包装安全管理要点有哪些,可能引起包装受损的因素有哪些?

2. 危险化学品包装级别如何划分?

3. 对于危险化学品储存单位及设施的要求有哪些?

4. 危险化学品储存发生事故的原因主要有哪几种情况?

5. 分析乙醚是否可以和硝酸钠混合储存,为什么?

6. 危险化学品安全储存方式有哪几种?

第四章　危险化学品的安全运输

运输是危险化学品流通过程中的重要环节。危险化学品的运输（特别是公路运输）将危险源从相对密闭的工厂、车间、仓库带到敞开的、可能与公众密切接触的空间，相当于"炸弹"在公众场合运动，使事故的危害程度大大增加。同时运输过程中多变的状态和环境也使发生事故的概率大大增加。危险化学品运输事故不同于一般运输事故，往往会衍生出燃烧、爆炸、泄漏等更严重的后果，造成经济财产损失、环境污染、生态破坏、人员伤亡等一系列问题。

在我国公路运输、管道运输、铁路运输、水路运输、航空运输五大运输行业体系中，道路运输是危险化学品最主要的运输方式，道路运输事故频率最多、事故灾害最严重，占危险化学品运输事故的 85% 以上。

预防和控制危险化学品运输环节的事故，重点是加强对道路运输的安全管理。同时也要落实管道、铁路、水路、航空等其他运输方式的安全管理和技术措施。

第一节　危险化学品运输的危险性分析

一、危险化学品运输中存在的安全风险因素

2013 年 11 月 22 日，山东省青岛经济技术开发区中石化东黄输油管道泄漏，流入排水暗渠发生爆炸，爆炸范围波及周边居民区、学校、工厂等人员聚集场所，共造成 62 人死亡，136 人受伤，直接经济损失 7.5 亿元。

2014 年 7 月 19 日，在沪昆高速发生运载乙醇货车与客车相撞事故，导致乙醇泄漏燃烧，造成 5 辆车烧毁，54 人死亡，直接经济损失 5 300 余万元。

2017 年 5 月 23 日，河北省保定市张石高速保定段（石家庄方向）浮图峪五号隧道内发生一起重大危险化学品运输燃爆事故，造成 15 人死亡，3 人重伤，16 人轻伤，9 部车辆、43 间民房受损，直接经济损失 4 200 多万元。

2020 年 6 月 13 日，一辆满载液化石油气的槽罐车在浙江省温岭市 G15 沈海高速公路出口发生爆炸，引发周边民房及厂房倒塌，造成 20 人死亡。

2020 年 11 月 24 日，包茂高速耀州段发生一起多车连撞事故，其中某重型罐式半挂列车所载柴油添加剂泄漏燃烧，造成火势蔓延多车烧毁。事故共造成 4 人死亡，10 人受伤，35 辆车不同程度受损，直接经济损失 1 189.66 万元。

危险化学品运输过程中重特大事故时有发生，给安全生产和安全监管工作带来了极大挑战。

1. 自然灾害对危险化学品物流运输的影响

近年来,随着生态环境被破坏,自然灾害出现的频率越来越大。常见的自然灾害主要有暴风雨天气、地壳的碰撞和震动、山体滑坡和泥石流以及大雾和雾霾天气。当地震灾害发生时,不仅严重影响危险化学品的运输,甚至直接造成大量的人员伤亡。所以,地震灾害属于最严重的不可抗因素,根据地震的等级不同,对运输过程的影响力也不同。当遇到山体滑坡或泥石流时,会导致危险化学品物流运输过程中断。运输时间的延长,造成危险化学品运输过程泄漏的可能性增大。如果遇到突发的山体滑坡或泥石流,还有可能造成运输车辆的侧翻以及危险化学品的泄漏。当遇到大雾或雾霾天气时,驾驶员的视线会受到阻碍,在高速公路上行驶时极易和其他车辆发生碰撞,从而导致危险化学品的泄漏。在遇到暴风雨天气时,降水量的增多会导致危险化学品的储藏罐因密封不严出现渗水现象,从而致使危险化学品在使用时出现其他安全事故。因此,自然灾害能够严重影响危险化学品的物流运输,相关工作人员要给予高度重视和预防。

2. 驾驶员对危险化学品物流运输的影响

除了自然灾害对物流运输的影响,驾驶员的工作状态也能够严重影响物流运输的安全性。首先,驾驶人员如果不具备货车驾驶资格,就不能保证危险化学品物流运输过程顺利完成;其次,如果驾驶员出现酒驾或者疲劳驾驶等违法行为,当发生交通安全事故时,也会严重影响危险化学品物流运输过程的安全性。驾驶员是控制车辆安全行驶最重要的因素,所以,交通部门及危险化学品监督部门要严格考核危险化学品驾驶员的工作资格。

3. 危险化学品自身存在的安全风险分析

危险化学品的种类有易燃易爆品、剧毒品以及具有放射性物质的化学品,在对危险化学品进行运输的过程中,不同种类的危险化学品对人们危害的程度和后果也不同。

首先,针对石油、煤炭、酒精等容易被引燃的危险化学品,轻微的火种如燃烧的烟头以及金属摩擦出现的火花等,都会造成这类危险化学品被引燃,从而危及驾驶员的生命安全以及造成所运输危险化学品的浪费。对于氢气、天然气等容易发生爆炸的气体以及火药、炸药等容易爆炸的固体,当这些危险化学品被引爆,其危害程度要比易燃品燃烧危害大很多。当发生爆炸事故,不仅运输危险化学品的车辆会发生着火或爆炸,就连周围很多车辆也同样受到波及。在所有出现安全事故的车辆内,驾驶员及乘客都会因为爆炸受伤甚至失去生命。

其次,对于一氧化碳、二氧化硫等剧毒性气体危险化学品,因其很容易短时间扩散到空气中,从而导致所有呼吸到此有毒气体的人都易出现中毒事故。危险化学品中剧毒性气体的泄漏对人们安全的影响要远远大于易燃品对人们安全的影响,如果具有剧毒性的气体发生泄漏,遇到大风天气,会导致有毒气体扩散范围增大,从而对更多人的生命健康造成威胁。

最后,对于具有放射性的稀有气体等危险化学品,这种危险化学品是对人们生活影响最为严重的一种。因为放射性物质会长时间的留存在土壤和空气中,不仅造成当地农作物的枯萎,同时也会使当地新生儿出现畸形的概率增大。所以,放射性危险化学品一旦泄漏,不仅会大范围地影响人们的经济利益和身体健康,甚至会给后代带来不利的影响。

4. 运输车辆对危险化学品物流运输的影响

现阶段,我国的危险化学品运输车辆主要以大型货车为主,大型货车的运输特点是运输化学品的量较大,但承重过大时其行动不够灵活。这样就造成当遇到突发事故时,大型货车来不及躲让,从而出现危险化学品泄漏或者货车侧翻等安全事故。车辆对危险化学品物流运输过程的影响,还体现在车辆自身的安全性上。如果运输车辆出现安全性能问题,也会影响危险化学品的运输安全。

二、危险化学品运输中安全风险防范措施

危险化学品运输过程中的危险防范措施可以从以下几个方面阐述:

(1)危险品的储存要更加安全。对于不同类型的危险化学品来说,在装车前就应考虑到化学试剂的泄漏问题。

① 针对甲烷、氢气等密度比空气要小的易燃易爆品,需要改善储罐的密封性,尽量选择一体的储罐,避免因为缝隙过多造成气体泄漏。还要考虑它们的密度大小,因为甲烷和氢气的密度比较小,经常会聚到储罐的上方,因此,储罐上部的密封性要比下部的密封性更好。

② 一氧化碳、二氧化硫等剧毒性气体的储存方面,因为气体泄漏对人们的生命健康造成严重的威胁,所以,这种化学试剂在运输过程中也要进行严密的封装。考虑到这些危险化学试剂都具有可燃性,应该适当地降低储罐的温度。

③ 在夏季对易燃易爆物品及可燃性化学品进行运输时,还要考虑在储罐上面铺设遮阳布或者通过制冷设备对储罐进行降温。避免因为夏季温度过高,引起易燃易爆物品或者可燃性化学品发生化学反应。

④ 对于具有放射性化学品的储存,一定要使用专业的储存材料制作的容器,避免使用金属制品和塑料制品。

对于所有危险化学品的运输,都不要超过国家规定的重量或体积,如果密封罐中的压强过大,气体、液体和固体都容易因为热胀冷缩的物理性质造成密封罐和储罐的破裂。

(2)针对物流运输过程中的安全风险防范,主要包括车辆安全和驾驶安全。保证危险化学品的运输不会因为车辆问题受到影响,需要在运输还未开始时,对车辆进行全方位的检修,尤其是对车胎、发动机等车辆行驶重要部件进行严格的检修,并且还要对车辆上的灭火器、拖车绳、备用轮胎及三脚架的配备情况进行检查。驾驶安全方面主要是针对驾驶员的要求,进行危险化学品运输车辆的驾驶员一定要具备大型货车驾驶证,在驾驶过程中要严格按照我国道路交通安全法规驾驶,保证不疲劳驾驶和酒后驾驶等。

(3)国家危险化学品管理部门要制定更加严谨和详细的管理政策,对于危险化学品的储存以及运输过程要进行严格的规范和监督,对于不同种类的危险化学品要进行相应的标注,比如运输天然气的气罐要贴上易燃易爆标志,运输二氧化硫的气罐要贴上剧毒品标志,对不同的危险化学品进行严格的分类和标注,有助于运输人员更加详细了解所运输物质的安全防范措施,从而有效地避免危险化学品运输过程中出现安全问题。

第二节　危险化学品运输的安全管理

一、危险化学品运输方式

常见的危险化学品运输方式有5种,各种运输方式各有其优点和缺点,详见表4-1。

表 4-1 常见的危险化学品运输方式

运输方式	定义	优点	缺点
公路运输	一般指汽车运输,载运车辆必须获得危险货物道路运输许可证	实现中短途(小于 500 km)多点运输,机动性强、灵活性大、周转速度快	单次运量小、运营成本高、环境污染大,企业相对规模小、相关条件较差
铁路运输	是一种陆上运输方式,以机车牵引列车方式进行运输,现行的铁路货物运输种类分为整车、零担、集装箱三种	可进行长途运输,运输量大、运输速度快、运输成本低、可靠性较强	投资较大,建设周期长,只能依靠现有铁路专用线,且设置铁路危险货物站场的较少。按照《铁路危险货物运输安全监督管理规定》,该运输方式有很多禁运品种
水路运输	是一种使用船舶进行水上运输的方式	远洋可实现长途或超长距离运输、运量大、运营成本低	速度较慢、可靠性较差、可达性较差。按照《船舶载运危险货物安全监督管理规定》,该运输方式有很多禁运品种
航空运输	是一种使用航空器进行空中运输的方式	可实现长途或超长途运输,速度快、时效性强	投资大、运营成本高。按照《中华人民共和国民用航空安全保卫条例》,该运输方式有很多禁运品种
管道运输	一般用长输管道作为运输工具	运量大、连续性好、经济安全、可靠性强	专用性强,运输对象受到限制,承运的货物比较单一。适合输送成品油、石油或天然气等

二、危险化学品运输的法律法规体系

1. 国家法律

我国法律是指由中华人民共和国全国人民代表大会及其常务委员会制定的规范性文件,是最高层次的规范。其中,与危险化学品公路运输关系较为紧密的有:《中华人民共和国安全生产法》《中华人民共和国放射性污染防治法》《中华人民共和国突发事件应对法》等。其中最重要的就是《中华人民共和国安全生产法》,也是编制其他安全生产相关法规的纲领性文件。

2. 行政法规

我国行政法规的制定主体是国务院,制定依据是国家法律。其中,与危险化学品公路运输关系较为紧密的有:《危险化学品安全管理条例》《安全生产许可证条例》《中华人民共和国道路运输条例》等。其中,《危险化学品安全管理条例》是编制各种危险化学品运输安全管理规章的最直接上位法,该法规确定了危险化学品运输行政许可的设定、市场准入的条件、行政处罚的种类和幅度。

3. 部门规章

我国各主管部门针对危险化学品的进口、生产、储存、销售、使用、运输、废弃物、出口等环节都制定了各自的部门管理规章。其中,与危险化学品公路运输关系较为紧密的有:《道路危险货物运输管理规定》《道路运输标准体系》《道路运输从业人员管理规定》《危险货物道路运输安全管理办法》《道路运输车辆技术管理规定》等。

4. 技术标准

我国现行的标准体系由 4 级构成,分别为国家的、行业的、地方的和企业的,并在效力上逐级递减。危险化学品运输相关标准主要是由以下几种方式发布的:

(1)国家标准,以"GB"为编号;

(2)行业标准,是对没有国家标准而又需要在全国某个行业范围内统一的技术要求所制定的标准,如应急管理部(包括原国家安全生产监督管理总局)编制发布的行业标准,以"AQ"为编号,交通运输部发布的行业标准,以"JT"为编号;

(3)地方标准,以"DB"为编号,地方上主要是上海、北京等运量较大、经济相对发达地区根据实践工作需要编制的标准,可操作性较强;

(4)企业标准,一般以"Q"为编号,是在企业范围内需要协调、统一的技术要求、管理要求和工作要求所制定的标准。

除此之外,还有各级政府发布的管理要求,一般较少涉及技术标准,仅是管理文件。

有关危险化学品的技术标准较多,涵盖了危险化学品流通的各个环节,其中,与危险化学品公路运输关系较为紧密的国家标准有:《危险货物品名表》(GB 12268—2012),《危险货物分类和品名编号》(GB 6944—2012),《危险货物运输包装通用技术条件》(GB 12463—2009),《道路运输爆炸品和剧毒化学品车辆安全技术条件》(GB 20300—2018),《道路运输危险货物车辆标志》(GB 13392—2005)等。

与危险化学品公路运输关系较为紧密的行业标准有:《危险货物道路运输规则》系列标准(JT/T 617.1~617.7—2018),《汽车导静电橡胶拖地带》(JT/T 230—2021)等。

三、危险化学品运输的安全要求

1. 运输企业要求

《危险化学品安全管理条例》第四十三条规定,从事危险化学品道路运输、水路运输的,应当分别依照有关道路运输、水路运输的法律、行政法规的规定,取得危险货物道路运输许可、危险货物水路运输许可,并向工商行政管理部门办理登记手续。

《道路危险货物运输管理规定》第八条规定,申请从事道路危险货物运输经营,应当具备下列条件:

(1)有符合下列要求的专用车辆及设备:

① 自有专用车辆(挂车除外)5 辆以上;运输剧毒化学品、爆炸品的,自有专用车辆(挂车除外)10 辆以上。

② 专用车辆的技术要求应当符合《道路运输车辆技术管理规定》有关规定。

③ 配备有效的通信工具。

④ 专用车辆应当安装具有行驶记录功能的卫星定位装置。

⑤ 运输剧毒化学品、爆炸品、易制爆危险化学品的,应当配备罐式、厢式专用车辆或者压力容器等专用容器。

⑥ 罐式专用车辆的罐体应当经质量检验部门检验合格,且罐体载货后总质量与专用车辆核定载质量相匹配。运输爆炸品、强腐蚀性危险货物的罐式专用车辆的罐体容积不得超过 20 m³,运输剧毒化学品的罐式专用车辆的罐体容积不得超过 10 m³,但符合国家有关标准的罐式集装箱除外。

⑦ 运输剧毒化学品、爆炸品、强腐蚀性危险货物的非罐式专用车辆,核定载质量不得超过 10 t,但符合国家有关标准的集装箱运输专用车辆除外。

⑧ 配备与运输的危险货物性质相适应的安全防护、环境保护和消防设施设备。

(2)有符合下列要求的停车场地:

① 自有或者租借期限为 3 年以上,且与经营范围、规模相适应的停车场地,停车场地应当位于企业注册地市级行政区域内。

② 运输剧毒化学品、爆炸品专用车辆以及罐式专用车辆,数量为 20 辆(含)以下的,停车场地面积不低于车辆正投影面积的 1.5 倍,数量为 20 辆以上的,超过部分,每辆车的停车场地面积不低于车辆正投影面积;运输其他危险货物的,专用车辆数量为 10 辆(含)以下的,停车场地面积不低于车辆正投影面积的 1.5 倍;数量为 10 辆以上的,超过部分,每辆车的停车场地面积不低于车辆正投影面积。

③ 停车场地应当封闭并设立明显标志,不得妨碍居民生活和威胁公共安全。

(3)有符合下列要求的从业人员和安全管理人员:

① 专用车辆的驾驶人员取得相应机动车驾驶证,年龄不超过 60 周岁。

② 从事道路危险货物运输的驾驶人员、装卸管理人员、押运人员应当经所在地设区的市级人民政府交通运输主管部门考试合格,并取得相应的从业资格证;从事剧毒化学品、爆炸品道路运输的驾驶人员、装卸管理人员、押运人员,应当经考试合格,取得注明为"剧毒化学品运输"或者"爆炸品运输"类别的从业资格证。

③ 企业应当配备专职安全管理人员。

(4)有健全的安全生产管理制度:

① 企业主要负责人、安全管理部门负责人、专职安全管理人员安全生产责任制度。

② 从业人员安全生产责任制度。

③ 安全生产监督检查制度。

④ 安全生产教育培训制度。

⑤ 从业人员、专用车辆、设备及停车场地安全管理制度。

⑥ 应急救援预案制度。

⑦ 安全生产作业规程。

⑧ 安全生产考核与奖惩制度。

⑨ 安全事故报告、统计与处理制度。

2. 运输人员要求

(1)危险化学品道路运输企业、水路运输企业应当配备专职安全管理人员。

(2)危险化学品道路运输企业、水路运输企业的驾驶人员、船员、装卸管理人员、押运人员、申报人员、集装箱装箱现场检查员应当经交通运输主管部门考核合格,取得从业资格。

危险化学品的装卸作业应当遵守安全作业标准、规程和制度,并在装卸管理人员的现场指挥或者监控下进行。水路运输危险化学品的集装箱装箱作业应当在集装箱装箱现场检查员的指挥或者监控下进行,并符合积载、隔离的规范和要求;装箱作业完毕后,集装箱装箱现场检查员应当签署装箱证明书。

(3)运输危险化学品的驾驶人员、船员、装卸管理人员、押运人员、申报人员、集装箱现场检查员,应当了解所运输的危险化学品的危险特性及其包装物、容器的使用要求和出现危险情况时的应急处置方法。

(4)通过道路运输危险化学品的,应当配备押运人员,并保证所运输的危险化学品处于押运人员的监控之下。运输危险化学品途中因住宿或者发生影响正常运输的情况,需要较长时间停车的,驾驶人员、押运人员应当采取相应的安全防范措施;运输剧毒化学品或者易制爆危险化学品的,还应当向当地公安机关报告。

3. 托运人要求

(1)危险货物托运人应当委托具有相应危险货物道路运输资质的企业承运危险货物。托运民用爆炸物品、烟花爆竹的,应当委托具有第一类爆炸品或者第一类爆炸品中相应项别运输资质的企业承运。

(2)托运人应当按照《危险货物道路运输规则》确定危险货物的类别、项别、品名、编号,遵守相关特殊规定要求。需要添加抑制剂或者稳定剂的,托运人应当按照规定添加,并将有关情况告知承运人。

(3)托运人不得在托运的普通货物中违规夹带危险货物,或者将危险货物匿报、谎报为普通货物托运。

(4)托运人应当按照《危险货物道路运输规则》妥善包装危险货物,并在外包装设置相应的危险货物标志。

(5)托运人在托运危险货物时,应当向承运人提交电子或者纸质形式的危险货物托运清单。危险货物托运清单应当载明危险货物的托运人、承运人、收货人、装货人、始发地、目的地、危险货物的类别、项别、品名、编号、包装及规格、数量、应急联系电话等信息,以及危险货物危险特性、运输注意事项、急救措施、消防措施、泄漏应急处置、次生环境污染处置措施等信息。托运人应当妥善保存危险货物托运清单,保存期限不得少于 12 个月。

(6)托运人应当在危险货物运输期间保持应急联系电话畅通。

(7)托运人托运剧毒化学品、民用爆炸物品、烟花爆竹或者放射性物品的,应当向承运人相应提供公安机关核发的剧毒化学品道路运输通行证、民用爆炸物品运输许可证、烟花爆竹道路运输许可证、放射性物品道路运输许可证明或者文件。托运人托运第一类放射性物品的,应当向承运人提供国务院核安全监管部门批准的放射性物品运输核与辐射安全分析报告。托运人托运危险废物(包括医疗废物)的,应当向承运人提供生态环境主管部门发放的电子或者纸质形式的危险废物转移联单。

4. 运输工具要求

(1)运输危险化学品,应当根据危险化学品的危险特性采取相应的安全防护措施,并配备必要的防护用品和应急救援器材。

(2)用于运输危险化学品的槽罐以及其他容器,必须经相关部门检测检验合格,应适合所装货物的性能,具有足够的强度,并应根据不同货物的需要配备泄压阀、防波板、遮阳物、压力表、液位计、导除静电等相应的安全装置,且槽罐以及其他容器的溢流和泄压装置应当设置准确、起闭灵活。

(3) 用于运输危险化学品的槽罐以及其他容器还应当封口严密,并在阀门口装置积漏器,防止危险化学品在运输过程中因温度、湿度或者压力的变化发生渗漏、洒漏。

(4) 通过道路运输危险化学品的,应当按照运输车辆的核定载质量装载危险化学品,不得超载。危险化学品运输车辆应当专车专用,符合国家标准要求的安全技术条件(如车厢、底板必须平坦完好,周围栏板必须牢固,排气管必须装有有效的隔热和熄灭火星的装置,电路系统应有切断总电源和隔离火花的装置等),并按照国家有关规定定期进行安全技术检验。危险化学品运输车辆应当悬挂或者喷涂符合国家标准要求的警示标志,并根据装卸危险化学品的性质,配备相应的消防器材。

5. 剧毒品运输要求

由于剧毒品所具有的危险性和毒害性,必须要加强安全管理,严防事故的发生,《危险化学品安全管理条例》对剧毒品的运输进行了专项的规定。主要规定有:

(1) 通过道路运输剧毒化学品的,托运人应当向运输始发地或者目的地县级人民政府公安机关申请剧毒化学品道路运输通行证。

申请剧毒化学品道路运输通行证,托运人应当向县级人民政府公安机关提交下列材料:

① 拟运输的剧毒化学品品种、数量的说明;

② 运输始发地、目的地、运输时间和运输路线的说明;

③ 承运人取得危险货物道路运输许可、运输车辆取得营运证以及驾驶人员、押运人员取得上岗资格的证明文件;

④ 该条例第三十八条第一款、第二款规定的购买剧毒化学品的相关许可证件,或者海关出具的进出口证明文件。

县级人民政府公安机关应当自收到上述规定的材料之日起 7 日内,作出批准或者不予批准的决定。予以批准的,颁发剧毒化学品道路运输通行证;不予批准的,书面通知申请人并说明理由。

剧毒化学品道路运输通行证管理办法由国务院公安部门制定。

(2) 剧毒化学品、易制爆危险化学品在道路运输途中丢失、被盗、被抢或者出现流散、泄漏等情况的,驾驶人员、押运人员应当立即采取相应的警示措施和安全措施,并向当地公安机关报告。公安机关接到报告后,应当根据实际情况立即向应急管理部门、环境保护主管部门、卫生主管部门通报。有关部门应当采取必要的应急处置措施。

(3) 禁止通过内河封闭水域运输剧毒化学品以及国家规定禁止通过内河运输的其他危险化学品。其他内河水域,禁止运输国家规定禁止通过内河运输的剧毒化学品以及其他危险化学品。

(4) 对装有剧毒物品的车、船卸货后必须清刷干净。

6. 内河运输要求

(1) 通过内河运输危险化学品,应当由依法取得危险货物水路运输许可的水路运输企业承运,其他单位和个人不得承运。托运人应当委托依法取得危险货物水路运输许可的水路运输企业承运,不得委托其他单位和个人承运。

(2)通过内河运输危险化学品,应实行分类管理,各类危险化学品的运输方式、包装规范和安全防护措施等必须符合相关规定。

(3)通过内河运输危险化学品,应当使用依法取得危险货物适装证书的运输船舶。水路运输企业应当针对所运输的危险化学品的危险特性,制定运输船舶危险化学品事故应急救援预案,并为运输船舶配备充足、有效的应急救援器材和设备。

通过内河运输危险化学品的船舶,其所有人或者经营人应当取得船舶污染损害责任保险证书或者财务担保证明。船舶污染损害责任保险证书或者财务担保证明的副本应当随船携带。

(4)船舶载运危险化学品进出内河港口,应当将危险化学品的名称、危险特性、包装以及进出港时间等事项,事先报告海事管理机构。海事管理机构接到报告后,应当在国务院交通运输主管部门规定的时间内作出是否同意的决定,通知报告人,同时通报港口行政管理部门。定船舶、定航线、定货种的船舶可以定期报告。

在内河港口内进行危险化学品的装卸、过驳作业,应当将危险化学品的名称、危险特性、包装和作业的时间、地点等事项报告港口行政管理部门。港口行政管理部门接到报告后,应当在国务院交通运输主管部门规定的时间内作出是否同意的决定,通知报告人,同时通报海事管理机构。

载运危险化学品的船舶在内河航行,通过过船建筑物的,应当提前向交通运输主管部门申报,并接受交通运输主管部门的管理。

(5)禁止通过内河封闭水域运输剧毒化学品以及国家规定禁止通过内河运输的其他危险化学品。其他水域禁止运输国家规定禁止通过内河运输的剧毒化学品以及其他危险化学品。

禁止通过内河运输的剧毒化学品以及其他危险化学品的范围,由国务院交通运输主管部门会同国务院环境保护主管部门、工业和信息化主管部门、应急管理部门,根据危险化学品的危险特性、危险化学品对人体和水环境的危害程度以及消除危害后果的难易程度等因素规定并公布。

四、危险化学品运输的安全管理机制

我国危险化学品运输管理由多个部门共同参与,对不同环节进行分割管理,政府行政管理多于专业管理和企业间自我约束。《危险货物道路运输安全管理办法》明确规定了6大部门的相应管理职责,主要如下:

(1)交通运输主管部门负责核发危险货物道路运输经营许可证,定期对危险货物道路运输企业动态监控工作的情况进行考核,依法对危险货物道路运输企业进行监督检查,负责对运输环节充装查验、核准、记录等进行监管。

(2)工业和信息化主管部门应当依法对《道路机动车辆生产企业及产品公告》内的危险货物运输车辆生产企业进行监督检查,依法查处违法违规生产企业及产品。

(3)公安机关负责核发剧毒化学品道路运输通行证、民用爆炸物品运输许可证、烟花爆竹道路运输许可证和放射性物品运输许可证明或者文件,并负责危险货物运输车辆的通行秩序管理。

（4）生态环境主管部门应当依法对放射性物品运输容器的设计、制造和使用等进行监督检查，负责监督核设施营运单位、核技术利用单位建立健全并执行托运及充装管理制度规程。

（5）应急管理部门和其他负有安全生产监督管理职责的部门依法负责危险化学品生产、储存、使用和经营环节的监管，按照职责分工督促企业建立健全充装管理制度规程。

（6）市场监督管理部门负责依法查处危险化学品及常压罐式车辆罐体质量违法行为和常压罐式车辆罐体检验机构出具虚假检验合格证书的行为。

第三节　危险化学品输送管道安全管理

为了加强危险化学品输送管道的安全管理，预防和减少危险化学品输送管道生产安全事故，保护人民群众生命、财产安全，根据《中华人民共和国安全生产法》和《危险化学品安全管理条例》，制定了《危险化学品输送管道安全管理规定》。

生产、储存危险化学品的单位在厂区外公共区域埋地、地面和架空的危险化学品输送管道及其附属设施（表4-2）的安全管理，适用《危险化学品输送管道安全管理规定》。《危险化学品输送管道安全管理规定》指出，任何单位和个人不得实施危害危险化学品输送管道安全生产的行为。

表 4-2　管道附属设施

类别	设施
（一）	管道的加压站、计量站、阀室、阀井、放空设施、储罐、装卸栈桥、装卸场、分输站、减压站等站场
（二）	管道的水工保护设施、防风设施、防雷设施、抗震设施、通信设施、安全监控设施、电力设施、管堤、管桥以及管道专用涵洞、隧道等穿（跨）越设施
（三）	管道的阴极保护站、阴极保护测试桩、阳极地床、杂散电流排流站等防腐设施
（四）	管道的其他附属设施

一、危险化学品输送管道的规划

（1）危险化学品输送管道建设应当遵循安全第一、节约用地和经济合理的原则，并按照相关国家标准、行业标准和技术规范进行科学规划。

（2）禁止光气、氯气等剧毒气体化学品输送管道穿（跨）越公共区域。严格控制氨、硫化氢等其他有毒气体的危险化学品输送管道穿（跨）越公共区域。

（3）危险化学品输送管道建设的选线应当避开地震活动断层和容易发生洪灾、地质灾害的区域；确实无法避开的，应当采取可靠的工程处理措施，确保不受地质灾害影响。

（4）危险化学品输送管道与居民区、学校等公共场所以及建筑物、构筑物、铁路、公路、航道、港口、市政设施、通信设施、军事设施、电力设施的距离，应当符合有关法律、行政法规和国家标准、行业标准的规定。

二、危险化学品输送管道的建设

（1）对新建、改建、扩建的危险化学品输送管道，建设单位应当依照应急管理部有关危险化学品建设项目安全监督管理的规定,依法办理安全条件审查、安全设施设计审查和安全设施竣工验收手续。

(2)对新建、改建、扩建的危险化学品输送管道,建设单位应当依照有关法律、行政法规的规定,委托具备相应资质的设计单位进行设计。

(3)承担危险化学品输送管道的施工单位应当具备有关法律、行政法规规定的相应资质。施工单位应当按照有关法律、法规、国家标准、行业标准和技术规范的规定,以及经过批准的安全设施设计进行施工,并对工程质量负责。参加危险化学品输送管道焊接、防腐、无损检测作业的人员应当具备相应的操作资格证书。

(4)负责危险化学品输送管道工程的监理单位应当对管道的总体建设质量进行全过程监督,对危险化学品管道的总体建设质量负责。管道施工单位应当严格按照有关国家标准、行业标准的规定对管道的焊缝和防腐质量进行检查,并按照设计要求对管道进行压力试验和气密性试验。

对敷设在江、河、湖泊或者其他环境敏感区域的危险化学品输送管道,应当采取增加管道压力设计等级、增加防护套管等措施,确保危险化学品管道安全。

(5)危险化学品输送管道试生产(使用)前,管道单位应当对有关保护措施进行安全检查,科学制定安全投入生产(使用)方案,并严格按照方案实施。

(6)危险化学品输送管道试压半年后一直未投入生产(使用)的,管道单位应当在其投入生产(使用)前重新进行气密性试验;对敷设在江、河或其他环境敏感区域的危险化学品输送管道,应当相应缩短重新进行气密性试验的时间间隔。

三、危险化学品输送管道的运行

(1)危险化学品输送管道应当设置明显标志。发现标志毁损的,管道单位应当及时予以修复或者更新。

(2)管道单位应当建立、健全危险化学品输送管道巡护制度,配备专人进行日常巡护。巡护人员发现危害危险化学品输送管道安全生产情形的,应当立即报告单位负责人并及时处理。

(3)管道单位对危险化学品输送管道存在的事故隐患应当及时排除;对自身排除确有困难的外部事故隐患,应当向当地应急管理部门报告。

(4)管道单位应当按照有关国家标准、行业标准和技术规范对危险化学品输送管道进行定期检测、维护,确保其处于完好状态;对安全风险较大的区段和场所,应当进行重点监测、监控;对不符合安全标准的危险化学品输送管道,应当及时更新、改造或者停止使用,并向当地应急管理部门报告。对涉及更新、改造的危险化学品输送管道,还应当按照"危险化学品输送管道的建设"中第(1)条的规定办理安全条件审查手续。

(5)管道单位发现下列危害危险化学品输送管道安全运行行为的,应当及时予以制止,无法处置时应当向当地应急管理部门报告:

① 擅自开启、关闭危险化学品输送管道阀门;

② 采用移动、切割、打孔、砸撬、拆卸等手段损坏管道及其附属设施;

③ 移动、毁损、涂改管道标志;

④ 在埋地管道上方和巡查便道上行驶重型车辆;

⑤ 对地埋、地面管道进行占压,在架空管道线路和管桥上行走或者放置重物;

⑥ 利用地面管道、架空管道、管架桥等固定其他设施缆绳悬挂广告牌、搭建构筑物;

⑦ 其他危害危险化学品输送管道安全运行的行为。

(6) 禁止在危险化学品输送管道附属设施的上方架设电力线路、通信线路。

(7) 在危险化学品输送管道及其附属设施外缘两侧各 5 m 地域范围内,管道单位发现下列危害管道安全运行的行为的,应当及时予以制止,无法处置时应当向当地应急管理部门报告:

① 种植乔木、灌木、藤类、芦苇、竹子或者其他根系深达管道埋设部位可能损坏管道防腐层的深根植物;

② 取土、采石、用火、堆放重物、排放腐蚀性物质、使用机械工具进行挖掘施工、工程钻探;

③ 挖塘、修渠、修晒场、修建水产养殖场、建温室、建家畜棚圈、建房以及修建其他建(构)筑物。

(8) 在危险化学品输送管道中心线两侧及危险化学品输送管道附属设施外缘两侧 5 m 外的周边范围内,管道单位发现下列建(构)筑物与管道线路、管道附属设施的距离不符合国家标准、行业标准要求的,应当及时向当地应急管理部门报告:

① 居民小区、学校、医院、餐饮娱乐场所、车站、商场等人口密集的建筑物;

② 加油站、加气站、储油罐、储气罐等易燃易爆物品的生产、经营、储存场所;

③ 变电站、配电站、供水站等公用设施。

(9) 在穿越河流的危险化学品输送管道线路中心线两侧 500 m 地域范围内,管道单位发现有实施抛锚、拖锚、挖沙、采石、水下爆破等作业的,应当及时予以制止,无法处置时应向当地应急管理部门报告。但在保障危险化学品输送管道安全的条件下,为防洪和航道通畅而实施的养护疏浚作业除外。

(10) 在危险化学品输送管道专用隧道中心线两侧 1 000 m 地域范围内,管道单位发现有实施采石、采矿、爆破等作业的,应当及时予以制止,无法处置时应向当地应急管理部门报告。

在前款规定的地域范围内,因修建铁路、公路、水利等公共工程确需实施采石、爆破等作业的,应当按照下条的规定执行。

(11) 实施下列可能危及危险化学品输送管道安全运行的施工作业的,施工单位应当在开工的 7 日前书面通知管道单位,将施工作业方案报管道单位,并与管道单位共同制定应急预案,采取相应的安全防护措施,管道单位应当指派专人到现场进行管道安全保护指导:

① 穿(跨)越管道的施工作业;

② 在管道线路中心线两侧 5 m 至 50 m 和管道附属设施周边 100 m 地域范围内,新建、改建、扩建铁路、公路、河渠,架设电力线路,埋设地下电缆、光缆,设置安全接地体、避雷接地体;

③ 在管道线路中心线两侧 200 m 和管道附属设施周边 500 m 地域范围内,实施爆破、地震法勘探或者工程挖掘、工程钻探、采矿等作业。

(12) 施工单位实施上述第(10)条第二款、第(11)条的作业,应当符合下列条件:

① 已经制定符合危险化学品输送管道安全运行要求的施工作业方案；

② 已经制定应急预案；

③ 施工作业人员已经接受相应的危险化学品输送管道保护知识教育和培训；

④ 具有保障安全施工作业的设备、设施。

（13）危险化学品输送管道的专用设施、水工防护设施、专用隧道等附属设施不得用于其他用途；确需用于其他用途的，应当征得管道单位的同意，并采取相应的安全防护措施。

（14）管道单位应当按照有关规定制定本单位危险化学品输送管道事故应急预案，配备相应的应急救援人员和设备物资，定期组织应急演练。

发生危险化学品输送管道生产安全事故，管道单位应当立即启动应急预案及响应程序，采取有效措施进行紧急处置，消除或者减轻事故危害，并按照国家规定立即向事故发生地县级以上应急管理部门报告。

（15）对转产、停产、停止使用的危险化学品输送管道，管道单位应当采取有效措施及时妥善处置，并将处置方案报县级以上应急管理部门。

四、监督管理

（1）省级、设区的市级应急管理部门应当按照应急管理部有关危险化学品建设项目安全监督管理的规定，对新建、改建、扩建管道建设项目办理安全条件审查、安全设施设计审查、试生产（使用）方案备案和安全设施竣工验收手续。

（2）应急管理部门接到管道单位依照《危险化学品输送管道安全管理规定》提交的有关报告后，应当及时依法予以协调、移送有关主管部门处理或者报请本级人民政府组织处理。

（3）县级以上应急管理部门接到危险化学品输送管道生产安全事故报告后，应当按照有关规定及时上报事故情况，并根据实际情况采取事故处置措施。

第四节　危险化学品运输事故应急处置

危险化学品运输事故时有发生，倘若事故应急处理方法不当，很容易引发次生事故、关联事故，从而造成更大的损失。因此，掌握危险化学品运输事故应急处置的基本方法十分重要。通常不同的危险化学品、不同的事故类别必须采取不同的处置方法。

一、不同类别危险化学品运输事故处置方法

1. 易燃易爆性物质应急情况处理

（1）消防方法见表 4-3。

（2）在灭火与抢救时，应站在上风位，佩戴防毒面具或自救式呼吸器。

（3）作业人员如果发现异常情况，应立即撤离现场。

表 4-3   易燃易爆性物质消防方法

类别	品名	灭火方法	备注
爆炸品	黑火药	雾状水	
	化合物	雾状水、水	
气体	压缩气体和液化气体	大量水	冷却钢瓶
易燃液体	中、低、高闪点	泡沫、干粉	
	甲醇、乙醇、丙酮	抗溶泡沫	
易燃固体	易燃固体	水、泡沫	
	发乳剂	水、干粉	禁用酸碱泡沫
	硫化磷	干粉	禁用水
易于自燃的物质	易于自燃的物质	水、泡沫	
	烃基金属化合物	干粉	禁用水
遇水放出易燃气体的物质	遇水放出易燃气体的物质	干粉	禁用水
	钾、钠	干粉	禁用水、二氧化碳、四氯化碳
氧化性物质和有机过氧化物	氧化性物质和有机过氧化物	雾状水	
	过氧化钠、钾、镁、钙等	干粉	禁用水

2. 毒害性物质应急情况处理

（1）消防方法见表 4-4。

表 4-4   部分毒害性物质消防方法

类别	品名	灭火剂	禁用
无机剧毒害性物质	砷酸、砷酸钠	水	
	砷酸盐、砷及其化合物、亚砷酸、亚砷酸盐	水、沙土	
	亚硒酸盐、亚硒酸酐、硒及其化合物	水、沙土	
	硒粉	沙土、干粉	水
	氯化汞	水、沙土	
	氰化物、氰熔体、淬火盐	水、沙土	酸碱泡沫
	氢氰酸溶液	二氧化碳、干粉、泡沫	
有机剧毒害性物质	敌死通、氯化苦、氟磷酸异丙酯,1240 乳剂、3811、1440	沙土、水	
	四乙基铅	干沙、泡沫	
	马钱子碱	水	
	硫酸二甲酯	干沙、泡沫、二氧化碳、雾状水	
	1605 乳剂,1059 乳剂	水、沙土	酸碱泡沫
无机有毒害性物质	氟化钠、氟化物、氟硅酸盐、氧化铅、氯化钡、氧化汞、汞及其化合物、碲及其化合物、碳酸铍、铍及其化合物	矽土、水	

表 4-4(续)

类别	品名	灭火剂	禁用
有机有毒害性物质	氰化二氯甲烷、其他含氰的化合物	二氧化碳、雾状水、矽土	
	苯的氯代物(多氯代物)	沙土、泡沫、二氧化碳、雾状水	
	氯酸酯类	泡沫、水、二氧化碳	
	烷烃(烯烃)的溴代物,其他醛、醇、酮、酯、苯等的溴化物	泡沫、沙土	
	各种有机物的钡盐、对硝基苯氯(溴)甲烷	沙土、泡沫、雾状水	
	砷的有机化合物、草酸、草酸盐类	沙土、水、泡沫、二氧化碳	
	草酸酯类、硝酸酯类、磷酸酯类	泡沫、水、二氧化碳	
	胺的化合物、苯胺的各种化合物、盐酸苯二胺(邻、间、对)	沙土、泡沫、雾状水	
	二氨基甲苯、乙萘胺、二硝基二苯胺、苯肼及其化合物、苯酚的有机化合物、硝基的苯酚钠盐、硝基苯酚、苯的氯化物	沙土、泡沫、雾状水、二氧化碳	
	糠醛、硝基萘	泡沫、二氧化碳、雾状水、沙土	
	滴滴涕原粉、毒杀酚原粉、666 原粉	泡沫、沙土	
	氯丹、敌百虫、马拉松、烟雾剂、安妥、苯巴比妥钠盐、阿米妥尔及其钠盐、赛力散原粉、1-萘甲腈、炭疽芽孢苗、鸟来因、粗蒽、依米丁及其盐类、苦杏仁酸、戊巴比妥及其钠盐	水、沙土、泡沫	

(2)急救方法。

① 呼吸道(吸入)中毒。有毒的蒸气、烟雾、粉尘被人吸入呼吸道各部,发生中毒现象,多为喉痒、咳嗽、流涕、气闷、头晕、头疼等。发现上述情况后,中毒者应立即离开现场,到空气新鲜处静卧。对呼吸困难者,可使其吸氧或进行人工呼吸。在进行人工呼吸前,应解开上衣,但勿使其受凉,人工呼吸至恢复正常呼吸后方可停止,并立即予以治疗。无警觉性毒物的危险性更大,如溴甲烷,在操作前应测定空气中的气体浓度,以保证人身安全。

② 消化道(口服)中毒。中毒者可用手指刺激咽部,或注射 1%阿朴吗啡 0.5 mL 以催吐或用当归 3 两(1 两=50 g,下同)、大黄 1 两、生甘草 5 钱(1 钱=5 g),用水煮服以催泻,如系一〇五九、一六〇五等油溶性毒害性物品中毒,禁用蓖麻油、液状石蜡等油质催泻剂。中毒者呕吐后应卧床休息,注意保持体温,可饮热茶水。

③ 皮肤(接触)中毒。皮肤(接触)中毒,立即用大量清水冲洗,然后用肥皂水洗净,再涂一层氧化锌药膏或硼酸软膏以保护皮肤,重者应送医院治疗。

④ 毒物进入眼睛时,应立即用大量清水或低浓度医用氯化钠(食盐)水冲洗 10~15 min,然后去医院治疗。

3. 腐蚀性物品应急情况处理

(1)消防方法见表 4-5。

表 4-5　部分腐蚀性物品消防方法

品名	灭火剂	禁用
发烟硝酸 硝酸	雾状水、沙土、二氧化碳	高压水
发烟硫酸 硫酸	干沙、二氧化碳	水
盐酸	雾状水、沙土、干粉	高压水
磷酸 氢氟酸 氢溴酸 溴素 氢碘酸 氟硅酸 氟硼酸	雾状水、沙土、二氧化碳	高压水
高氯酸 氯磺酸	干沙、二氧化碳	
氯化硫	干沙、二氧化碳、雾状水	高压水
磺酰氯 氯化亚砜	干沙、干粉	水
氯化铬酰 三氯化磷 三溴化磷	干粉、干沙、二氧化碳	水
五氯化磷 五溴化磷	干粉、干沙	水
四氯化硅 三氯化铝 四氯化钛 五氯化锑 五氧化磷	干沙、二氧化碳	水
甲酸	雾状水、二氧化碳	高压水
溴乙酰	干沙、干粉、泡沫	高压水
苯磺酰氯	干沙、干粉、二氧化碳	水
乙酸 乙酸酐	雾状水、沙土、泡沫、二氧化碳	高压水
氯乙酸 三氯乙酸 丙烯酸	雾状水、沙土、泡沫、二氧化碳	高压水
氢氧化钠 氢氧化钾 氢氧化锂	雾状水、沙土	高压水

表 4-5(续)

品名	灭火剂	禁用
硫化钠 硫化钾 硫化钡	沙土、二氧化碳	水或酸、碱式灭火剂
水合肼	雾状水、泡沫、干粉、二氧化碳	
氨水	水、沙土	
次氯酸钙	水、沙土、泡沫	
甲醛	水、泡沫、二氧化碳	

（2）消防人员灭火时应在上风位并佩戴防毒面具。

（3）急救方法。

① 强酸。皮肤沾染后,用大量水冲洗,或用小苏打、肥皂水洗涤,必要时敷软膏;溅入眼睛后,先用温水冲洗,再用5%小苏打溶液或硼酸水洗;进入口内需立即用大量水漱口,服大量冷开水催吐,或用氧化镁悬浊液洗胃,若呼吸中毒则立即移至空气新鲜处,保持体温,必要时吸氧,并送医院诊治。

② 强碱。皮肤接触后,可以用大量水冲洗,或用硼酸水、稀乙酸冲洗后涂氧化锌软膏;触及眼睛用温水冲洗;吸入中毒者(氢氧化钠)需移至空气新鲜处,并送医院诊治。

③ 氢氟酸。眼睛或皮肤接触后,立即用清水冲洗20 min以上,再用稀氨水敷浸后保暖,并送医院诊治。

④ 高氯酸。皮肤沾染后用大量温水及肥皂水冲洗,溅入眼内则用温水或稀硼砂水冲洗,并送医院诊治。

⑤ 氯化铬酰。皮肤受伤后,先用大量水冲洗,再用硫代硫酸钠敷伤处后,并送医院诊治。

⑥ 氯磺酸。皮肤受伤后,先用水冲洗,再用小苏打溶液洗涤,并以甘油和氧化镁润湿绷带包扎,并送医院诊治。

⑦ 溴(溴素)。皮肤被灼伤后,可以用苯洗涤,再涂抹油膏;呼吸器官受伤后可嗅氨,并送医院诊治。

⑧ 甲醛溶液。接触皮肤后,先用大量水冲洗,再用酒精洗后涂甘油;若呼吸中毒可移到新鲜空气处,并吸入雾化2%碳酸氢钠溶液,以解除呼吸道刺激,并送医诊治。

二、危险化学品应急处置示例

1. 氢氧化钠(NaOH)

氢氧化钠易溶于水,并溶于乙醇和甘油;有强碱性,对皮肤、织物、纸张等有强腐蚀性。

（1）急救措施

① 皮肤接触:应立即脱去污染的衣服,用大量流动清水冲洗至少15 min,并及时就医。

② 眼睛接触:立即提起眼睑,用大量流动清水或生理盐水彻底冲洗至少15 min,并及时就医。

③ 吸入：迅速脱离现场至空气新鲜处，保持呼吸道畅通。如果呼吸困难，及时输氧；如果呼吸停止，立即进行人工呼吸。及时就医。

④ 食入：用水漱口，饮牛奶或蛋清，并及时就医。

（2）泄漏处置

如果氢氧化钠发生泄漏，需隔离泄漏污染区，限制出入。同时，建议应急处理人员戴防尘面具（全面罩），穿防酸碱工作服，不要直接接触泄漏物。

① 小量泄漏：避免扬尘，用洁净的铲子收集在干燥、洁净、有盖的容器中。也可以用大量的水冲洗，稀释后排入废水系统。

② 大量泄漏：收集回收或运至废物处理场所处置。

（3）消防方法

用水、沙土扑救，但须防止物品遇水产生飞溅，造成灼伤。

2．硫酸（H_2SO_4）

硫酸具有强烈的吸水性、腐蚀性和氧化性。

（1）急救措施

① 皮肤接触：应脱去污染的衣服，用大量水迅速冲洗，并给予医疗护理。

② 吸入：吸入酸雾后应立即脱离现场，保持半直立体位休息，必要时进行人工呼吸、医疗护理。

③ 食入：误服后漱口，大量饮水，不要催吐，并给予医疗护理。

（2）泄漏处置

如果硫酸发生泄漏，撤离危险区域，应急处理人员戴自给正压式呼吸器，穿防酸碱工作服；切断泄漏源，防止进入下水道。

① 小量泄漏：可将泄漏液收集在可密闭容器中，或用沙土、干燥石灰混合后回收，回收物应安全处置，可加入纯碱-消石灰溶液中和。

② 大量泄漏：应构筑围堤或挖坑收容，用泵转移至槽车内，残余物回收运至废物处理场所安全处置。

（3）消防方法

禁止用水，使用干粉、二氧化碳、沙土灭火。

3．苯（C_6H_6）

苯是一种可燃、有毒的致癌物质，难溶于水，且易溶于有机溶剂。

（1）急救措施

① 慢性中毒：可用有助于造血功能恢复的药物，并对症治疗。若造成再生障碍性贫血或白血病，其治疗原则与内科相同。

② 急性中毒：应迅速将中毒患者移至新鲜空气处，立即脱去被苯污染的衣服，并用肥皂水清洗污染处的皮肤，注意保温。急性期应注意卧床休息。

（2）泄漏处置

如果苯发生泄漏，应迅速撤离泄漏污染区的人员至安全区，禁止无关人员进入污染区，并切断火源。应急处理人员应戴防毒面具与手套，穿防护服，在确保安全情况下堵漏。可用雾状水扑灭小面积火灾，保持火场旁容器的冷却，驱散蒸气及溢出的液体，但不能降低泄漏物在受限空间内的易燃性。

① 小量泄漏:用活性炭或其他惰性材料或沙土吸收,然后使用无火花工具收集运至废物处理场所。也可以用不燃性分散剂制成的乳液刷洗,经稀释后排入废水系统。或在保证安全情况下,就地焚烧。

② 大量泄漏:建围堤收容,然后收集、转移、回收或无害化处理。

(3)消防方法

用泡沫、二氧化碳、干粉、沙土灭火。

4.苯胺($C_6H_5NH_2$)

苯胺稍溶于水,易溶于乙醇、乙醚等有机溶剂,暴露在空气中或日光下会变为棕色。

(1)急救措施

迅速离开现场,用水清除皮肤污染,严密观察。若造成高铁血红蛋白血症可用亚甲蓝治疗。

(2)泄漏处置

如果苯胺发生泄漏,应疏散泄漏污染区的人员至安全区,禁止无关人员进入污染区,并切断火源。应急处理人员应戴自给呼吸器,穿化学防护服。合理通风,不要直接接触泄漏物,在确保安全情况下堵漏。喷水雾会减少蒸发,但不能降低泄漏物在受限空间内的易燃性。

① 小量泄漏:用沙土或其他不燃性吸附剂混合吸收,然后收集运至废物处理场所。或用沙土混合,逐渐倒入稀盐酸(1 体积浓盐酸加 2 体积水稀释)中,放置 24 h,然后安全处置。

② 大量泄漏:回收或无害处理后安全处置。

(3)消防方法

用雾状水、泡沫、二氧化碳、干粉、沙土灭火。

三、危险化学品运输事故现场处置

大多数危险化学品具有有毒、有害、易燃、易爆等特点,在运输过程中因意外或人为破坏等原因发生泄漏、火灾爆炸,极易造成人员伤害和环境污染事故。事故现场处置过程包含隔离和疏散、防护、询情和侦检、现场急救、泄露处理和火灾控制。

1.隔离和疏散

(1)建立警戒区域

事故发生后,应根据危险化学品泄漏扩散的情况或火焰热辐射所涉及的范围建立警戒区,并在通往事故现场的主要干道实行交通管制。建立警戒区域时应注意以下几项:

① 警戒区域的边界应设警示标志,并有专人警戒;

② 除消防、应急处理人员以及必须坚守岗位的人员外,其他人员禁止进入警戒区;

③ 泄漏溢出的危险化学品为易燃品时,区域内应严禁火种。

(2)紧急疏散

迅速将警戒区及污染区内与事故应急处理无关的人员撤离,以减少不必要的人员伤亡。在紧急疏散时应注意以下几项:

① 造成事故的物质有毒时,需要穿戴个体防护用品或采用简易有效的防护措施,并有相应的监护措施;

② 由专人引导,护送疏散人员到侧上风方向的安全区,并在疏散或撤离的路线上设立哨位,指明方向;

③ 不要在低洼处滞留;

④ 查清是否有人留在污染区或着火区。

2. 防护

根据造成事故的物质的毒性及划定的危险区域,确定相应的防护等级,并根据防护等级按标准配备相应的防护器具。防护等级划分标准见表 4-6,防护标准见表 4-7。

表 4-6　防护等级划分标准

毒性	危险区		
	重度危险区	中度危险区	轻度危险区
剧毒	一级	一级	二级
高毒	一级	一级	二级
中毒	一级	二级	二级
低毒	二级	三级	三级
微毒	二级	三级	三级

表 4-7　防护标准

级别	形式	防化服	防护服	防护面具
一级	全身	内置式重型防化服	全棉防静电内外衣	正压式空气呼吸器或全防型滤毒罐
二级	全身	封闭式防化服	全棉防静电内外衣	正压式空气呼吸器或全防型滤毒罐
三级	呼吸	简易防化服	战斗服	简易滤毒罐、面罩或口罩、毛巾等防护器材

3. 询情和侦检

(1) 询问遇险人员情况,容器储量,泄漏量、时间、部位、形式、扩散范围等,周边单位、居民、地形、电源、火源等情况,消防设施,工艺措施,以及到场人员处置意见。

(2) 使用检测仪器测定泄漏物质、浓度及扩散范围。

(3) 确认设施、建(构)筑物险情及可能引发燃烧、爆炸的各种危险源,并确认消防设施运行情况。

4. 现场急救

在事故现场,危险化学品对人体可能造成的伤害有中毒、窒息、冻伤、化学灼伤、烧伤等。进行急救时,不论患者还是救援人员都需要进行适当的防护。

(1) 现场急救注意事项

① 选择有利地形设置急救点;

② 做好自身及伤病员的个体防护;

③ 防止发生继发性损害;

④ 应至少 2~3 人为一组集体行动,以便相互照应;

⑤ 所用的救援器材需具备防爆功能。

（2）现场处理注意事项

① 迅速将患者脱离现场至空气新鲜处；

② 呼吸困难时及时输氧，呼吸停止时立即进行人工呼吸，心脏骤停时立即进行心脏按压；

③ 皮肤污染时，脱去污染的衣服，用流动清水冲洗，冲洗要及时、彻底、反复多次；

④ 头部及面部灼伤时，要注意眼、耳、鼻、口腔的清洗；

⑤ 当人员发生冻伤时，应迅速复温，复温的方法是采用 40～42 ℃恒温热水浸泡，使其温度提高至接近正常，在对冻伤的部位进行轻柔按摩时，应注意不要将伤处的皮肤擦破，以防感染；

⑥ 当人员发生烧伤时，应迅速将患者衣服脱去，用流动清水冲洗降温，用清洁布覆盖创伤面，避免创伤面污染，不要任意把水疱弄破；

⑦ 患者口渴时，可适量饮水或含盐饮料。

5. 泄漏处理

危险化学品泄漏后，不仅污染环境，对人体造成伤害，如遇可燃物质，还有引发火灾、爆炸的可能。因此，对泄漏事故应及时、正确处理，防止事故扩大。泄漏处理一般包括泄漏源控制及泄漏物处理两大部分。

（1）泄漏源控制

可能时，通过控制泄漏源来消除化学品的溢出或泄漏。

容器发生泄漏后，采取措施修补和堵塞裂口，制止化学品的进一步泄漏，对整个应急处理过程是非常关键的。能否成功进行堵漏取决于以下几个因素：接近泄漏点的危险程度、泄漏孔的尺寸、泄漏点处实际或潜在的压力、泄漏物质的特性。

（2）泄漏物处置

现场泄漏物要及时进行覆盖、收容、稀释、处理，使泄漏物得到安全可靠的处置，防止二次事故的发生。泄漏物处置主要有 4 种方法：围堤堵截、稀释与覆盖、收容（集）和废弃。

6. 火灾控制

危险化学品容易发生火灾、爆炸事故。但不同的危险化学品在不同情况下发生火灾时，其扑救方法差异很大，若处置不当，不仅不能有效扑灭火灾，反而会使灾情进一步扩大。此外，由于化学品本身及其燃烧产物大多具有较强的毒害性和腐蚀性，极易造成人员中毒、灼伤。因此，应熟悉和掌握危险化学品的主要危险特性及其相应的灭火措施，并定期进行防火演习，加强紧急事态时的应变能力。

思 考 题

1. 危险化学品运输过程中的危险性有哪几方面，可采取哪些防范措施？

2. 危险化学品运输方式有哪几类？

3. 对危险化学品运输企业的安全要求有哪几方面？

4.《危险化学品安全管理条例》对剧毒品的运输有哪些专项规定？

5. 运输硫酸时发生泄漏事故，应如何处置？

6. 发生危险化学品运输事故后现场处置分为哪几方面？

第五章　危险化学品危险源辨识与评价

第一节　危险化学品安全双重预防管理

一、安全双重预防管理的意义

2016 年,我国政府先后颁布了两个有关安全生产预防控制的重要文件,一个是国务院安全生产委员会办公室颁布的《关于实施遏制重特大事故工作指南构建双重预防机制的意见》,另一个是中共中央、国务院颁布的《关于推进安全生产领域改革发展的意见》,这两个文件都强调各级安全管理部门应该将安全作为生产的重要前提,明确了政府在安全生产方面的监管责任和企业主体责任,要求各个行业都应该重视安全生产的问题。在促进并加强企业安全管理,应对安全事故的具体举措方面,提出了构建双重预防体系工作原则。这一重要原则,对于从事危险化学品生产和储运的企业及人员,指明了安全管理工作重点和方向,即要建立安全预警机制和安全保障制度。通过创建双重预防体系,实现安全生产关口前移,再严格按照规章进行施工和管理,双重机制双管齐下,以此作为危险化学品安全生产的重要管理模式。

1. 双重预防管理的含义

双重预防管理,即安全风险分级管控与事故隐患排查治理的双重预防管理。其中,安全风险分级管控是将企业内的危险源分等级、分层次进行管理和控制;事故隐患排查治理是针对企业中已识别出的隐患采取排查治理工作,从而保证企业的安全生产活动。

风险和隐患是两个不同的含义,风险是客观存在的,隐患是可以消除的。安全风险分级管控与事故隐患排查治理是先管控后治理,同时通过治理发现新的潜在危险源,形成双重预防体系的动态管理。

2. 双重预防管理的特性

在危险化学品经营单位构建双重预防体系可以实现企业的安全风险分级管控与隐患排查治理,双重预防体系的运用过程具有如下特性:

(1)时效性。企业在构建并运行双重预防体系后,厂区内的危险源在一定时间内其风险会相对较小,处于可接受水平。但若长期不采取安全管控措施,其风险可能会恢复至不可接受水平,并出现新的隐患。

(2)周期性。企业内存在的隐患是动态变化的,在运行双重预防体系的过程中,应实时监测厂区内的安全状况,并根据企业自身的实际情况制定合理的隐患排查周期。通过周期性的隐患排查治理,可以使企业内的危险源的风险保持在可接受水平之内。

（3）可加性。安全风险分级管控是危险化学品经营单位防范事故发生的重要保障措施,针对厂区存在的危险源,从人、物、管理三个方面实施风险管控措施,其风险会随着管控措施的增加而逐渐下降,多因素风险管控则是双重预防体系可加性的体现。

二、安全风险分级管控的内容及方法

1. 安全风险分级管控内容

对危险源进行识别之后,根据识别出的隐患及危险有害因素类别,建立风险管控措施清单。在制定风险管控措施清单时,应从危险源的固有危险有害因素和派生危险有害因素两个方面着手。固有危险有害因素是指危险源在现有生产条件下无法消除的危险因素,针对固有危险有害因素,应根据其本身的理化性质制定相关的风险管控措施。派生危险有害因素与固定危险有害因素相对立,指危险源在现有生产条件下可消除,如人的不安全行为、物的不安全状态以及管理上的缺陷,针对派生危险有害因素,应根据国家相关法律法规制定可行的风险管控措施。

2. 安全风险分级管控方法

安全风险分级管控实施方法,一般是依据企业的组织框架,从厂、工段、点三个层面进行风险等级评估并制定风险管控措施。

通过危险源辨识可以将化工企业厂区内的危险源等级一一评估,再根据构建的组织框架,将所属不同区域的危险源风险等级数据整合,通过风险矩阵法等方法评估出各工段的风险等级,绘制出厂区的风险等级四色图,最终对整个厂区进行风险等级评估。

三、事故隐患排查治理内容及方法

1. 事故隐患排查治理内容

危险化学品生产和储运过程中,常见的事故隐患分为三种:① 违反法律法规及行业标准的生产现场隐患及安全管理缺陷;② 厂区内设施设备等存在可能直接导致事故发生的隐患;③ 厂区内存在不会导致事故直接发生,但会扩大事故后果的隐患。

按照政府监管要求建立隐患排查治理机制,需要制定隐患排查治理清单并建立隐患排查责任制。隐患排查治理清单是基于风险管控措施清单制定的,通过风险管控措施清单的内容,从人的不安全行为、物的不安全状态、管理上的缺陷及周边环境四个因素制定隐患排查内容。

2. 事故隐患排查治理方法

识别出的隐患内容分为重大隐患和一般隐患,根据企业自身的实际情况,针对不同的隐患排查内容设置合理的隐患排查周期。

隐患排查治理方法,既有国家管理部门出台的一些行业标准或规范,也有基于专业理论建立的隐患辨识、分析评价方法。为了能够与政府安全监管目标保持一致性,后面一节重点介绍《危险化学品重大危险源辨识》(GB 18218—2018)。

第二节　危险化学品危险源的辨识

一、危险化学品重大危险源概述

根据《中华人民共和国安全生产法》第一百一十七条规定:重大危险源是指长期地或者临时地生产、搬运、使用或者储存危险物品,且危险物品的数量等于或者超过临界量的单元(包括场所和设施)。

1. 危险化学品及其重大危险源

《危险化学品重大危险源辨识》(GB 18218—2018)对危险化学品和危险化学品重大危险源等做出以下定义:

危险化学品是指具有毒害、腐蚀、爆炸、燃烧、助燃等性质,对人体、设施、环境具有危害的剧毒化学品和其他化学品。

危险化学品重大危险源是指长期地或临时地生产、储存、使用和经营危险化学品,且危险化学品的数量等于或超过临界量的单元。其中,单元是指涉及危险化学品的生产、储存装置、设施或场所,分为生产单元和储存单元;临界量是指对于某种或某类危险化学品构成重大危险源所规定的最小数量。危险化学品重大危险源可分为生产单元危险化学品重大危险源和储存单元危险化学品重大危险源。

2. 危险化学品的临界量

《危险化学品重大危险源辨识》(GB 18218—2018)中明确了危险化学品及其临界量,见表 5-1。

表 5-1　危险化学品名称及其临界量

序号	危险化学品名称和说明	别名	CAS 号	临界量/t
1	氨	液氨;氨气	7664-41-7	10
2	二氟化氧	一氧化二氟	7783-41-7	1
3	二氧化氮		10102-44-0	1
4	二氧化硫	亚硫酸酐	7446-09-5	20
5	氟		7782-41-4	1
6	碳酰氯	光气	75-44-5	0.3
7	环氧乙烷	氧化乙烯	75-21-8	10
8	甲醛(含量大于90%)	蚁醛	50-00-0	5
9	磷化氢	磷化三氢;膦	7803-51-2	1
10	硫化氢		7783-06-4	5
11	氯化氢(无水)		7647-01-0	20
12	氯	液氯;氯气	7782-50-5	5
13	煤气(CO,CO 和 H$_2$、CH$_4$ 的混合物等)			20
14	砷化氢	砷化三氢;胂	7784-42-1	1

表 5-1(续)

序号	危险化学品名称和说明	别名	CAS 号	临界量/t
15	锑化氢	三氢化锑;锑化三氢;䏲	7803-52-3	1
16	硒化氢		7783-07-5	1
17	溴甲烷	甲基溴	74-83-9	10
18	丙酮氰醇	丙酮合氰化氢; 2-羟基异丁腈;氰丙醇	75-86-5	20
19	丙烯醛	烯丙醛;败脂醛	107-02-8	20
20	氟化氢		7664-39-3	1
21	1-氯-2,3-环氧丙烷	环氧氯丙烷(3-氯-1,2-环氧丙烷)	106-89-8	20
22	3-溴-1,2-环氧丙烷	环氧溴丙烷;溴甲基环氧乙烷; 表溴醇	3132-64-7	20
23	甲苯二异氰酸酯	二异氰酸甲苯酯;TDI	26471-62-5	100
24	一氯化硫	氯化硫	10025-67-9	1
25	氰化氢	无水氢氰酸	74-90-8	1
26	三氧化硫	硫酸酐	7446-11-9	75
27	3-氨基丙烯	烯丙胺	107-11-9	20
28	溴	溴素	7726-95-6	20
29	乙撑亚胺	吖丙啶;1-氮杂环丙烷;氮丙啶	151-56-4	20
30	异氰酸甲酯	甲基异氰酸酯	624-83-9	0.75
31	叠氮化钡	叠氮钡	18810-58-7	0.5
32	叠氮化铅		13424-46-9	0.5
33	雷汞	二雷酸汞;雷酸汞	628-86-4	0.5
34	三硝基苯甲醚	三硝基茴香醚	28653-16-9	5
35	2,4,6-三硝基甲苯	梯恩梯;TNT	118-96-7	5
36	硝化甘油	硝化丙三醇;甘油三硝酸酯	55-63-0	1
37	硝化纤维素[干的或含水(或乙醇)小于25%]			1
38	硝化纤维素(未改型的,或增塑,含增塑剂小于18%)			1
39	硝化纤维素(含乙醇大于或等于25%)	硝化棉	9004-70-0	10
40	硝化纤维素(含氮小于或等于12.6%)			50
41	硝化纤维素(含水大于或等于25%)			50
42	硝化纤维素溶液(含氮量小于或等于12.6%,含硝化纤维素小于或等于55%)	硝化棉溶液	9004-70-0	50
43	硝酸铵(含可燃物大于0.2%,包括以碳计算的任何有机物,但不包括任何其他添加剂)		6484-52-2	5
44	硝酸铵(含可燃物小于或等于0.2%)		6484-52-2	50

表 5-1（续）

序号	危险化学品名称和说明	别名	CAS 号	临界量/t
45	硝酸铵肥料（含可燃物小于或等于 0.4%）			200
46	硝酸钾		7757-79-1	1 000
47	1,3-丁二烯	联乙烯	106-99-0	5
48	二甲醚	甲醚	115-10-6	50
49	甲烷,天然气		74-82-8（甲烷） 8006-14-2（天然气）	50
50	氯乙烯	乙烯基氯	75-01-4	50
51	氢	氢气	1333-74-0	5
52	液化石油气（含丙烷、丁烷及其混合物）	石油气（液化的）	68476-85-7 74-98-6（丙烷） 106-97-8（丁烷）	50
53	一甲胺	氨基甲烷;甲胺	74-89-5	5
54	乙炔	电石气	74-86-2	1
55	乙烯		74-85-1	50
56	氧（压缩的或液化的）	液氧;氧气	7782-44-7	200
57	苯	纯苯	71-43-2	50
58	苯乙烯	乙烯苯	100-42-5	500
59	丙酮	二甲基酮	67-64-1	500
60	2-丙烯腈	丙烯腈;乙烯基氰;氰基乙烯	107-13-1	50
61	二硫化碳		75-15-0	50
62	环己烷	六氢化苯	110-82-7	500
63	1,2-环氧丙烷	氧化丙烯;甲基环氧乙烷	75-56-9	10
64	甲苯	甲基苯;苯基甲烷	108-88-3	500
65	甲醇	木醇;木精	67-56-1	500
66	汽油（乙醇汽油、甲醇汽油）		86290-81-5（汽油）	200
67	乙醇	酒精	64-17-5	500
68	乙醚	二乙基醚	60-29-7	10
69	乙酸乙酯	醋酸乙酯	141-78-6	500
70	正己烷	己烷	110-54-3	500
71	过乙酸	过醋酸;过氧乙酸;乙酰过氧化氢	79-21-0	10
72	过氧化甲基乙基酮（有效氧含量大于 10% 且小于或等于 10.7%,含 A 型稀释剂大于 或等于 48%）		1338-23-4	10
73	白磷	黄磷	12185-10-3	50
74	烷基铝	三烷基铝		1
75	戊硼烷	五硼烷	19624-22-7	1

表 5-1(续)

序号	危险化学品名称和说明	别名	CAS 号	临界量/t
76	过氧化钾		17014-71-0	20
77	过氧化钠	双氧化钠;二氧化钠	1313-60-6	20
78	氯酸钾		3811-04-9	100
79	氯酸钠		7775-09-9	100
80	发烟硝酸		52583-42-3	20
81	硝酸(发红烟的除外,含硝酸大于70%)		7697-37-2	100
82	硝酸胍	硝酸亚氨脲	506-93-4	50
83	碳化钙	电石	75-20-7	100
84	钾	金属钾	7440-09-7	1
85	钠	金属钠	7440-23-5	10

未在表 5-1 范围内的危险化学品,应依据其危险性,按表 5-2 确定其临界量;若一种危险化学品具有多种危险性,应按其中最低的临界量确定。

表 5-2　未在表 5-1 中列举的危险化学品类别及其临界量

类别	符号	危险性分类及说明	临界量/t
健康危害	J (健康危害性符号)	—	—
急性毒性	J1	类别 1,所有暴露途径,气体	5
	J2	类别 1,所有暴露途径,固体、液体	50
	J3	类别 2、类别 3,所有暴露途径,气体	50
	J4	类别 2、类别 3,吸入途径,液体(沸点小于或等于 35 ℃)	50
	J5	类别 2,所有暴露途径,液体(除 J4 外)、固体	500
物理危险	W (物理危险性符号)	—	—
爆炸物	W1.1	① 不稳定爆炸物 ② 1.1 项爆炸物	1
	W1.2	1.2、1.3、1.5、1.6 项爆炸物	10
	W1.3	1.4 项爆炸物	50
易燃气体	W2	类别 1 和类别 2	10
气溶胶	W3	类别 1 和类别 2	150(净重)
氧化性气体	W4	类别 1	50

表 5-2(续)

类别	符号	危险性分类及说明	临界量/t
易燃液体	W5.1	① 类别 1 ② 类别 2 和 3,工作温度高于沸点	10
	W5.2	类别 2 和 3,具有引发重大事故的特殊工艺条件包括危险化工工艺、爆炸极限范围或附近操作、操作压力大于 1.6 MPa 等	50
	W5.3	不属于 W5.1 或 W5.2 的其他类别 2	1 000
	W5.4	不属于 W5.1 或 W5.2 的其他类别 3	5 000
自反应物质和混合物	W6.1	A 型和 B 型自反应物质和混合物	10
	W6.2	C 型、D 型、E 型自反应物质和混合物	50
有机过氧化物	W7.1	A 型和 B 型有机过氧化物	10
	W7.2	C 型、D 型、E 型、F 型有机过氧化物	50
自燃液体和自燃固体	W8	类别 1 自燃液体 类别 1 自燃固体	50
氧化性固体和液体	W9.1	类别 1	50
	W9.2	类别 2、类别 3	200
易燃固体	W10	类别 1 易燃固体	200
遇水放出易燃气体的物质和混合物	W11	类别 1 和类别 2	200

二、重大危险源的辨识与管理

1. 重大危险源的辨识

生产单元、储存单元内存在危险化学品的数量等于或超过表 5-1、表 5-2 规定的临界量,即被定为重大危险源。单元内存在的危险化学品的数量根据危险化学品种类的多少区分为以下两种情况:

(1)生产单元、储存单元内存在的危险化学品为单一品种时,该危险化学品的数量即为单元内危险化学品的总量,若等于或超过相应的临界量,则定为重大危险源。

(2)生产单元、储存单元内存在的危险化学品为多品种时,按式(5-1)计算,若满足式(5-1),则定为重大危险源:

$$S = q_1/Q_1 + q_2/Q_2 + \cdots + q_n/Q_n \geqslant 1 \qquad (5\text{-}1)$$

式中　S——辨识指标;

$q_1, q_2, \cdots, q_n$——每种危险化学品的实际存在量,t;

$Q_1, Q_2, \cdots, Q_n$——与每种危险化学品相对应的临界量,t。

危险化学品储罐以及其他容器、设备或仓储区的危险化学品的实际存在量按设计最大量确定。对于危险化学品混合物,如果混合物与其纯物质属于相同危险类别,则视混合物为纯物质,按混合物整体进行计算。如果混合物与其纯物质不属于相同危险类别,则应按新危险类别考虑其临界量。

危险化学品重大危险源的辨识流程如图 5-1 所示。

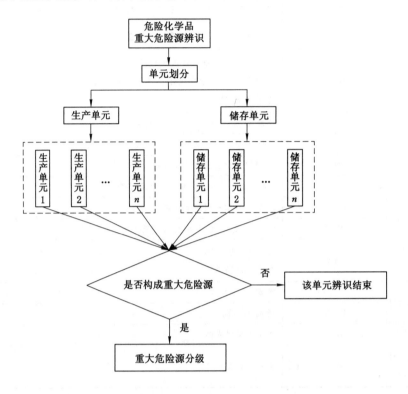

图 5-1　危险化学品重大危险源辨识流程图

2. 重大危险源的分级

重大危险源根据其危险程度,分为一级、二级、三级和四级,一级为最高级别。分级方法如下:

(1)采用单元内各种危险化学品实际存在量与相对应的临界量比值,经校正系数校正后的比值之和 R 作为分级指标。

(2)重大危险源的分级指标 R 按式(5-2)计算。

$$R = \alpha \left(\beta_1 \frac{q_1}{Q_1} + \beta_2 \frac{q_2}{Q_2} + \cdots + \beta_n \frac{q_n}{Q_n} \right) \tag{5-2}$$

式中　　R ——重大危险源分级指标;

　　　　α ——该危险化学品重大危险源厂区外暴露人员的校正系数;

　　　　$\beta_1, \beta_2, \cdots, \beta_n$ ——与每种危险化学品相对应的校正系数;

　　　　其他符号含义同前。

(3)根据单元内危险化学品的类别不同,设定校正系数 β 值。在表 5-3 范围内的危险化学品,其 β 值按表 5-3 确定;未在表 5-3 范围内的危险化学品,其值按表 5-4 确定。

表 5-3　毒性气体校正系数 β 取值表

名称	校正系数 β
一氧化碳	2
二氧化硫	2
氨气	2
环氧乙烷	2
氯化氢	3
溴甲烷	3
氯气	4
硫化氢	5
氟化氢	5
二氧化氮	10
氰化氢	10
碳酰氯	20
磷化氢	20
异氰酸甲酯	20

表 5-4　未在表 5-3 中列举的危险化学品校正系数 β 取值表

类别	符号	校正系数 β
急性毒性	J1	4
	J2	1
	J3	2
	J4	2
	J5	1
爆炸物	W1.1	2
	W1.2	2
	W1.3	2
易燃气体	W2	1.5
气溶胶	W3	1
氧化性气体	W4	1
易燃液体	W5.1	1.5
	W5.2	1
	W5.3	1
	W5.4	1
自反应物质和混合物	W6.1	1.5
	W6.2	1
有机过氧化物	W7.1	1.5
	W7.2	1

表 5-4(续)

类别	符号	校正系数 β
自燃液体和自燃固体	W8	1
氧化性固体和液体	W9.1	1
	W9.2	1
易燃固体	W10	1
遇水放出易燃气体的物质和混合物	W11	1

（4）根据危险化学品重大危险源的厂区边界向外扩展 500 m 范围内常住人口数量，设定场外暴露人员校正系数 α 值，见表 5-5。

表 5-5　暴露人员校正系数 α 取值表

厂外可能暴露人员数量	校正系数 α
100 人以上	2.0
50～99 人	1.5
30～49 人	1.2
1～29 人	1.0
0 人	0.5

（5）根据计算出来的 R 值，按表 5-6 确定危险化学品重大危险源的级别。

表 5-6　重大危险源级别和 R 值的对应关系

重大危险源级别	R 值
一级	$R \geqslant 100$
二级	$100 > R \geqslant 50$
三级	$50 > R \geqslant 10$
四级	$R < 10$

3. 重大危险源的管理

（1）重大危险源辨识频次

《危险化学品重大危险源监督管理暂行规定》中规定有下列情形之一的，危险化学品单位应当对重大危险源重新进行辨识、安全评估及分级：

① 重大危险源安全评估已满 3 年的；

② 构成重大危险源的装置、设施或者场所进行新建、改建、扩建的；

③ 危险化学品种类、数量、生产、使用工艺或者储存方式及重要设备、设施等发生变化，影响重大危险源级别或者风险程度的；

④ 外界生产安全环境因素发生变化，影响重大危险源级别和风险程度的；

⑤ 发生危险化学品事故造成人员死亡，或者 10 人以上受伤，或者影响到公共安全的；

⑥ 有关重大危险源辨识和安全评估的国家标准、行业标准发生变化的。

在企业正常生产经营活动中,重大危险源辨识成果随以下安全风险辨识评估过程动态更新:

① 针对生产工艺、作业环境、设施设备、现场操作与组织管理,依据当年计划开展的年度安全风险辨识评估工作;

② 由于作业环境改变,设施设备更新和升级改造,组织机构和人员发生重大调整,以及主要生产工艺改变时开展的专项安全风险辨识评估;

③ 针对本行业生产经营单位发生事故及原因开展的专项安全风险辨识评估;

④ 针对特种作业岗位现场操作开展的专项安全风险辨识评估;

⑤ 覆盖所有作业人员,按照工作任务开展的岗位安全风险辨识评估;

⑥ 法律法规、标准规范或原有适用法律法规、标准规范重新修订后的专项安全风险辨识等。

(2)重大危险源管理

重大危险源管理是企业安全管理的一项重要制度,即对重大危险源进行辨识和评价后,应对每一个重大危险源制定出一套严格的安全管理制度,通过技术措施和组织措施对重大危险源进行严格控制和管理。通常情况下,危险化学品重大危险源的管理应符合以下基本要求。

① 辨识分级评估。化工企业应当根据危险化学品的不同特性以及实际生产过程中的工况参数,根据国家标准的规定开展危险化学品重大危险源的辨识和分级,评估危险化学品重大危险源可能产生的危害后果,做好相应的预防准备工作,防止危险化学品重大危险源事故的发生。

② 登记建档。化工企业在进行化工生产时,应当对危险化学品重大危险源进行登记建档,登记的内容应当包含化工企业的生产规模、主要负责人及其联系方式、危险化学品重大危险源基本特征、重大危险源的辨识分级记录、重大危险源的分布情况、重大危险源管理制度及安全操作规程、人员的培训取证情况、危险化学品的安全技术说明书、事故应急预案等。

③ 日常管理。化工企业在投入实际生产的过程中,要不断地完善安全生产责任制度、安全管理规章制度以及安全操作规程等。重大危险源场所应设置重大危险源告知牌和安全警示标识,并根据危险化学品的重大危险源种类、生产工艺、生产设备、生产设施以及需要使用的数量等实际情况,建立健全重大危险源监控体系,对化工企业重大危险源的生产运行过程进行监控。

④ 应急管理。任何一个化工企业,在实际生产的过程中都不可能百分之百地避免化工事故的发生,而化工事故发生之后,化工企业唯一能够做的就是及时做好应急处理。在面对突如其来的危险化学品事故时,企业只有及时启动相应级别的应急预案,开展现场应急处置工作,才可以将事故造成的伤害降到最低。化工企业单位应当建立应急救援组织机构,配备相应的应急设施和急救器材,定期对这些应急设施和急救器材进行维护和保养,确保其保持最佳的待用状态。定期开展应急预案的演练工作,及时评估预案的演练效果,确保发生事故时应急人员能够迅速有效地开展应急救援工作。

三、危险化学品事故隐患排查治理

厂区内危险化学品的安全风险有:某一特定危害事件发生的可能性与其后果严重性的

组合;存在安全风险的设施、部位、场所和区域,以及在设施、部位、场所和区域实施的伴随风险的作业活动,或以上两者的组合构成了风险点;对安全风险所采取的管控措施存在缺陷或缺失时就构成安全隐患,包括人的不安全行为、物的不安全状态和管理上的缺陷等方面。

1. 事故隐患分类

(1) 人的不安全行为表现

根据《企业职工伤亡事故分类》(GB 6441—1986),将人的不安全行为分为以下 13 类:

① 操作错误,忽视安全,忽视警告;

② 造成安全装置失效;

③ 使用不安全设备;

④ 手代替工具操作;

⑤ 物体(指成品、半成品、材料、工具、切屑和生产用品等)存放不当;

⑥ 冒险进入危险场所;

⑦ 攀、坐不安全位置(如平台护栏、汽车挡板、吊车吊钩);

⑧ 在起吊物下作业、停留;

⑨ 机器运转时加油、修理、检查、调整、焊接、清扫等作业;

⑩ 有分散注意力行为;

⑪ 在必须使用个人防护用品用具的作业或场合中,忽视其使用;

⑫ 不安全装束;

⑬ 对易燃、易爆等危险物品处理错误。

(2) 物的不安全状态表现

根据《企业职工伤亡事故分类》(GB 6441—1986),将物的不安全状态分为以下 4 类:

① 防护、保险、信号等装置缺乏或有缺陷;

② 设备、设施、工具、附件有缺陷;

③ 个人防护用品用具缺少或有缺陷;

④ 生产(施工)场地环境不良。

(3) 管理上的缺陷的表现形式

管理上的缺陷主要表现为以下 7 个方面:

① 技术和设计上缺陷;

② 安全生产教育培训不够;

③ 劳动组织不合理;

④ 对现场工作缺乏检查或指导错误;

⑤ 没有安全生产管理规章制度和安全操作规程,或者不健全;

⑥ 没有事故防范和应急措施,或者不健全;

⑦ 对事故隐患整改不力,经费不落实。

2. 危险化学品重大事故隐患

依据有关法律法规、部门规章和国家标准,原国家安全生产监督管理总局制定《化工和危险化学品生产经营单位重大生产安全事故隐患判定标准(试行)》,规定以下情形应当判定为危险化学品生产领域的重大事故隐患:

（1）危险化学品生产、经营单位主要负责人和安全生产管理人员未依法经考核合格。

（2）特种作业人员未持证上岗。

（3）涉及"两重点一重大"（重点监管危险化工工艺、重点监管危险化学品和重大危险源）的生产装置、储存设施外部安全防护距离不符合国家标准要求。

（4）涉及重点监管危险化工工艺的装置未实现自动化控制，系统未实现紧急停车功能，装备的自动化控制系统、紧急停车系统未投入使用。

（5）构成一级、二级重大危险源的危险化学品罐区未实现紧急切断功能；涉及毒性气体、液化气体、剧毒液体的一级、二级重大危险源的危险化学品罐区未配备独立的安全仪表系统。

（6）全压力式液化烃储罐未按国家标准设置注水措施。

（7）液化烃、液氨、液氯等易燃易爆、有毒有害液化气体的充装未使用万向管道充装系统。

（8）光气、氯气等剧毒气体及硫化氢气体管道穿越除厂区（包括化工园区、工业园区）外的公共区域。

（9）地区架空电力线路穿越生产区且不符合国家标准要求。

（10）在役化工装置未经正规设计且未进行安全设计诊断。

（11）使用淘汰落后安全技术工艺、设备目录列出的工艺、设备。

（12）涉及可燃和有毒有害气体泄漏的场所未按国家标准设置检测报警装置，爆炸危险场所未按国家标准安装使用防爆电气设备。

（13）控制室或机柜间面向具有火灾、爆炸危险性装置一侧不满足国家标准关于防火防爆的要求。

（14）化工生产装置未按国家标准要求设置双重电源供电，自动化控制系统未设置不间断电源。

（15）安全阀、爆破片等安全附件未正常投用。

（16）未建立与岗位相匹配的全员安全生产责任制或者未制定实施生产安全事故隐患排查治理制度。

（17）未制定操作规程和工艺控制指标。

（18）未按照国家标准制定动火、进入受限空间等特殊作业管理制度，或者制度未有效执行。

（19）新开发的危险化学品生产工艺未经小试、中试、工业化试验直接进行工业化生产；国内首次使用的化工工艺未经过省级人民政府有关部门组织的安全可靠性论证；新建装置未制定试生产方案投料开车；精细化工企业未按规范性文件要求开展反应安全风险评估。

（20）未按国家标准分区分类储存危险化学品，超量、超品种储存危险化学品，相互禁配物质混放混存。

3. 事故隐患排查

（1）企业应按照有关规定，结合安全生产的需要和特点，采用多种形式相结合，将事故隐患排查应用到工程实体当中。现场隐患排查应注意的事项如下：

① 装置操作人员现场巡检间隔不得大于 2 h，涉及"两重点一重大"的生产、储存装置和部位的操作人员现场巡检间隔不得大于 1 h，宜采用不间断巡检方式进行现场巡检；

② 基层车间(装置,下同)直接管理人员(主任、工艺设备技术人员)、电气、仪表人员每天至少 2 次对装置现场进行相关专业检查;

③ 基层车间应结合岗位责任制检查,至少每周组织 1 次隐患排查;基层单位(厂)应结合岗位责任制检查,至少每月组织 1 次隐患排查;

④ 企业应根据季节性特征及本单位的生产实际,每季度开展 1 次有针对性的季节性隐患排查;重大活动及节假日前必须进行 1 次隐患排查;

⑤ 企业至少每半年组织 1 次,基层单位至少每季度组织 1 次综合性隐患排查和专业隐患排查,两者可结合进行;

⑥ 当同类企业发生安全事故时,应举一反三,及时进行事故类比隐患专项排查。

(2)当发生以下情形之一时,企业应根据情况及时组织进行相关专业的隐患排查:

① 颁布实施有关最新的法律法规、标准规范或原有适用法律法规、标准规范重新修订的;

② 组织机构和人员发生重大调整的;

③ 装置工艺、设备、电气、仪表、公用工程或操作参数发生重大改变的;

④ 外部安全生产环境发生重大变化的;

⑤ 发生事故或对事故、事件有新认识的;

⑥ 气候条件发生大的变化或预报可能发生重大自然灾害。

(3)企业应对涉及"两重点一重大"的生产储存装置运用危险与可操作性分析法进行安全风险辨识分析,一般每 3 年开展一次;对涉及"两重点一重大"和首次工业化设计的建设项目,应在基础设计阶段开展危险与可操作性分析工作;对其他生产储存装置的安全风险辨识分析,针对装置不同的复杂程度,可采用合适的方法,每 5 年进行一次。

4. 事故隐患闭环管理

(1)对排查发现的事故隐患,应当立即组织整改,并如实记录事故隐患排查治理情况,建立安全隐患排查治理台账,及时向员工通报。

(2)对排查发现的重大事故隐患,应及时向本企业主要负责人报告;主要负责人不及时处理的,可以向主管的负有安全生产监督管理职责的部门报告。

(3)对于不能立即完成整改的隐患,应进行安全风险分析,并应从工程控制、安全管理、个体防护、应急处置及培训教育等方面采取有效的管控措施,防止安全事故的发生。

(4)利用信息化手段实现安全风险辨识与隐患闭环管理的全程留痕,形成排查治理全过程记录信息数据库。

第三节　危险化学品危险源风险评价

危险源风险评价的目的是在重大危险源数据库录入的数据信息基础上,对重大危险源进行评估,以满足政府应急管理部门对重大危险源进行宏观分级监控和管理的需求。

一、可容许个人风险标准

个人风险是指因危险化学品危险源潜在的火灾、爆炸、有毒气体泄漏事故造成区域内某一固定位置人员的个体死亡概率,即单位时间内(通常为年)的个体死亡率。通常用个人风险等值线表示。

通过定量风险评价,危险化学品单位周边重要目标和敏感场所承受的个人风险应满足表 5-7 中可容许风险标准要求。

表 5-7　可容许个人风险标准

危险化学品单位周边重要目标和敏感场所类别	可容许风险/年
① 高敏感场所(如学校、医院、幼儿园、养老院等); ② 重要目标(如党政机关、军事管理区、文物保护单位等); ③ 特殊高密度场所(如大型体育场、大型交通枢纽等)	小于 3×10^{-7}
① 居住类高密度场所(如居民区、宾馆、度假村等); ② 公众聚集类高密度场所(如办公场所、商场、饭店、娱乐场所等)	小于 1×10^{-6}

二、可容许社会风险标准

社会风险是指能够引起大于或等于 N 人死亡的事故累积频率(F),也即单位时间内(通常为年)的死亡人数。通常用社会风险曲线(F-N 曲线)表示(图 5-2)。

可容许社会风险标准采用 ALARP(as low as reasonable practice)原则作为可接受原则。ALARP 原则通过 2 个风险分界线将风险划分为 3 个区域,即不可容许区、尽可能降低区和可容许区。

① 若社会风险曲线落在不可容许区,除特殊情况外,该风险无论如何不能被接受。

② 若落在可容许区,风险处于很低的水平,该风险是可以被接受的,无须采取安全改进措施。

③ 若落在尽可能降低区,则需要在可能的情况下尽可能减小风险,即对各种风险处理措施方案进行成本效益分析等,以决定是否采取这些措施。

通过定量风险评价,危险化学品重大危险源产生的社会风险应满足图 5-2 中可容许社会风险标准要求。

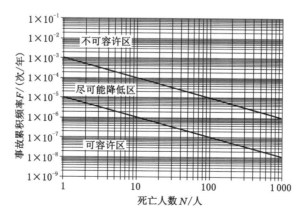

图 5-2　可容许社会风险标准(F-N)曲线

三、危险源风险评价方法

危险源风险评价是危险源控制的关键措施之一,为保证危险源评价的正确合理,危险源风险评价应遵循系统的思想和方法。

1. 危险源风险评价的一般程序

风险评价的一般程序主要包括以下几个步骤:

(1) 收集资料。明确评价的对象和范围,收集国内外相关法规和标准,了解同类设备、设施和工艺的生产和事故情况,评价对象的地理、气象条件及社会环境状况等。

(2) 危险、有害因素辨识与分析。根据所评价的设备、设施或场所的地理、气象条件、工程建设方案、工艺流程、装置布置、主要设备和仪表、原材料、中间体、产品的理化性质等辨识和分析可能发生的事故类型、事故发生的原因和机制。

(3) 评价过程。在上述危险分析的基础上,划分评价单元,根据评价目的和评价对象的复杂程度选择具体的一种或多种评价方法。对事故发生的可能性和严重程度进行定性或定量评价,在此基础上进行危险分级,以确定管理的重点。

(4) 提出降低和控制危险的安全对策措施。根据评价和分级结果,高于标准值的危险必须采取工程技术或组织管理措施,降低或控制危险。低于标准值的危险属于可接受或允许的危险,应建立检测措施,防止生产条件变更导致危险值增加,对不可排除的危险要采取防范措施。

2. 危险源风险评价的方法

危险源风险评价方法比较多,常见的评价方法有层次分析法、模糊评价法、BP 神经网络法、作业条件危险性评价法(LEC 法)、风险矩阵法等综合评价模型,这些方法的基本思路是通过建立企业、设备或项目的安全评价指标,然后运用不同的方法确定指标权重,最终得到其总体安全等级。这里重点介绍 LEC 法和风险矩阵法。

(1) LEC 法

LEC 法是美国的 K. J. 格雷厄姆和 G. F. 金尼研究了人们在具有潜在危险环境中作业的危险性,提出了以所评价的环境与某些作为参考环境的对比为基础,将作业任务条件的危险性作为因变量,事故发生的可能性、暴露于危险环境的频繁程度及事故产生的后果作为自变量,确定了它们之间的函数式。根据实际经验给出自变量在各种不同情况的分数值,采取对所评价的对象根据实际情况进行"打分"的办法,然后根据公式计算出其危险性分数值,再在按经验将危险性分数值划分的危险程度等级表或图上查出其危险性。

这是一种简单易行的评价作业条件危险性的方法,危险性大小采用下式计算:

$$D = L \times E \times C \qquad (5\text{-}3)$$

式中　L——事故发生的可能性;

　　　E——暴露于危险环境中的频繁程度;

　　　C——事故产生的后果;

　　　D——危险性。

式(5-3)中 3 个变量均反映了潜在危险性的作业条件,L、E、C 的取值分别见表 5-8、表 5-9、表 5-10。通常对照现场工程实践分别确定 L、E、C 分数值,再按式(5-3)进行计算,

即可得危险性 D 的分值。据此,要确定其危险性程度时,则按表 5-11 所表示的分值进行危险性等级的划分或评定。

表 5-8　事故发生的可能性(L)

分数值	事故发生的可能性
10	完全被预料
6	相当可能
3	可能,但不经常
1	可能性小,完全意外
0.5	很不可能,可以设想
0.2	极不可能
0.1	实际不可能

表 5-9　暴露于危险环境中的频繁程度(E)

分数值	暴露于危险环境中的频繁程度
10	连续暴露
6	每天工作时间暴露
3	每周一次暴露
2	每月一次暴露
1	每年几次暴露
0.5	非常罕见地暴露

表 5-10　事故产生的后果(C)

分数值	事故产生的后果
100	大灾难,许多人死亡
40	灾难,数人死亡
15	非常严重,一人死亡
7	严重,重伤
3	重大,致残
1	引人注目,需要救护

表 5-11　危险性(D)等级划分

分数值 F	危害程度	危险等级
$F \geqslant 320$	极其危险,不能继续作业	1
$160 \leqslant F < 320$	高度危险,要立即整改	2
$70 \leqslant F < 160$	显著危险,需要整改	3
$20 \leqslant F < 70$	一般危险,需要注意	4
$F < 20$	稍有危险,可以接受	5

（2）风险矩阵评估法

矩阵是一种集合的表现形式,风险矩阵就是将风险大小在矩阵中表现出来,从而整体反映工程设施的危险性。

风险矩阵法,又称为风险矩阵评估法,是由美国空军电子系统中心于 1995 年提出,在美国军方武器系统研制项目风险管理中得到了广泛应用。该方法以事故发生的可能性与后果的严重性为基础,对安全风险进行等级划分。它的具体内容包括风险概率等级、风险严重程度等级、风险等级的划分和风险矩阵分值对照表。

在危险化学品生产运营过程中,可以辨识出每个作业单元可能存在的危害,并判定出这种危害可能产生的后果及产生这种后果的可能性,通过二者相乘,可以确定风险值的大小。然后进行风险分级,根据不同级别的风险,采取相应的风险控制措施。

风险可用下式表示:

$$R = L \times S \tag{5-4}$$

式中　R——风险值;

　　　L——事故发生的可能性;

　　　S——事故产生后果的严重程度。

事故所造成的伤害,在企业生产过程中受到工程环境和条件复杂性等影响,需要综合分析,为了对可能出现的事故后果进行预测,本方法遵循以下原则:

① 最大危险原则。如果危险源具有多种危险物质或多种事故形态,按后果最严重的危险物质或事故形态考虑;如果一种危险物具有多种事故形态,且它们的事故后果相差悬殊,则按后果最严重的事故形态考虑。

② 概率求和原则。如果一种危险物具有多种事故形态,且它们的事故后果相差不太悬殊,则按统计平均原理估计总的事故后果。

风险矩阵评估法主要步骤如下:

首先,结合生产实际并参考行业安全生产统计,根据表 5-12 中有关分级规则,确定事故发生的可能性(L)的等级及估值。

表 5-12　事故发生的可能性(L)

事故情况描述	概率值 P	L 等级	L 估值
经常发生	$90\% \leqslant P \leqslant 100\%$	Ⅰ	5
较多情况下发生	$70\% \leqslant P < 90\%$	Ⅱ	4
某些情况下发生	$30\% \leqslant P < 70\%$	Ⅲ	3
极少情况下才会发生	$10\% \leqslant P < 30\%$	Ⅳ	2
一般情况下不会发生	$0 \leqslant P < 10\%$	Ⅴ	1

其次,根据危险形式导致的最终可能出现的人员伤亡、产品损坏和环境损害等方面的严重程度,确定事故产生后果的严重程度(S)的等级及估值。

在危险化学品相关行业,一般根据《风险管理 风险评估技术》(GB/T 27921—2011)的要求,从人员伤亡、财务损失、企业声誉受损等方面综合考虑,对事故产生后果的严重程度(S)进行分级,见表 5-13。

表 5-13　事故产生后果的严重程度(S)

人员伤亡	财务损失	企业声誉受损	S 等级	S 估值
3 人及以上死亡或 7 人及以上重伤	一次事故直接经济损失在 100 万元及以上	监管机构调查,公众关注,对企业声誉造成无法弥补的损害	I′	5
1～2 人死亡,或 3～6 人重伤,或 3～6 人患严重职业病	一次事故直接经济损失在 10 万元及以上,100 万元以下	负面影响在全国各地流传,对企业声誉造成重大损害	II′	4
1～2 人重伤或 3～6 人轻伤	一次事故直接经济损失在 1 万元及以上,10 万元以下	负面影响在某区域流传,对企业声誉造成中等损害	III′	3
1～2 人轻伤	一次事故直接经济损失在 5 000 元及以上,1 万元以下	负面影响在当地局部流传,对企业声誉造成轻微损害	IV′	2
一般无伤亡	一次事故直接经济损失在 5 000 元以下	负面影响在企业内部流传,对企业声誉没有造成损害	V′	1

最后,确定了 L 和 S 的等级及相应估值后,根据式(5-4)计算出风险值 R,即表 5-14 中行与列的交叉点,再对照风险等级划分规则确定风险等级。

表 5-14　风险值 R

S 估值	L 估值				
	1	2	3	4	5
1	1	2	3	4	5
2	2	4	6	8	10
3	3	6	9	12	15
4	4	8	12	16	20
5	5	10	15	20	25

参考生产安全事故等级划分,根据风险值 R 的大小可以将风险等级分为以下四级:

$R=L×S=17～25$:A 级,整体或者系统存在特大的安全风险因素,可能导致特大事故,或者灾害可能导致环境巨大破坏的,为特大风险等级(红色),需要立即暂停作业,或者采区措施后可降低为 C 级、D 级;

$R=L×S=10～16$:B 级,整体或者系统存在重大的安全风险因素,可能导致重大事故,或者灾害可能导致环境重大损失的,为重大风险等级(橙色),需要采取控制措施,可降低为 C 级、D 级;

$R=L×S=4～9$:C 级,局部或者系统存在较大安全风险因素,可能导致严重事故,或者灾害可能导致环境严重损失的,为较大风险等级(黄色),需要有限度管控,可降低为 D 级;

$R=L×S=1～3$:D 级,存在一定的安全风险因素,可能导致一般事故,或者灾害可能导致环境一般损失的,为一般风险等级(蓝色),需要跟踪监控或者风险可容许。

思 考 题

1. 什么是危险化学品重大危险源,如何判定与分级?
2. 企业如何进行危险化学品危险源辨识?
3. 生产经营企业危险化学品危险源管理的基本要求有哪些?
4. 危险化学品危险源风险评价的一般流程是什么?
5. 采用 LEC 法对宿舍(食堂、或图书馆)抽烟的危险性进行分析。
6. 编制一个评估加气站安全生产的风险矩阵。

第六章　危险化学品安全管理

第一节　危险化学品安全监管及相关法律法规

一、危险化学品的安全监管

在我国,国务院下辖的应急管理部是我国专职从事安全生产监督管理的行政机构,组织编制国家应急总体预案和规划,指导各地区各部门应对突发事件工作,推动应急预案体系建设和预案演练;建立灾情报告系统并统一发布灾情,统筹应急力量建设和物资储备并在救灾时统一调度,组织灾害救助体系建设,指导安全生产类、自然灾害类应急救援,承担国家应对特别重大灾害指挥部工作;指导火灾、水旱灾害、地质灾害等防治;负责安全生产综合监督管理和工矿商贸行业安全生产监督管理等。公安消防部队、武警森林部队转制后,与安全生产等应急救援队伍一并作为综合性常备应急骨干力量,由应急管理部管理,实行专门管理和政策保障。

在危险化学品安全监管机构设置方面,国家层面主要设立了危险化学品安全监督管理一司和危险化学品安全监督管理二司,其主要监管职能如下:

(1)危险化学品安全监督管理一司。承担化工(含石油化工)、医药、危险化学品生产安全监督管理工作,依法监督检查相关行业生产单位贯彻落实安全生产法律法规和标准情况;指导非药品类易制毒化学品生产经营监督管理工作。

(2)危险化学品安全监督管理二司。承担化工(含石油化工)、医药、危险化学品经营安全监督管理工作,以及烟花爆竹生产经营、石油开采安全生产监督管理工作,依法监督检查相关行业生产经营单位贯彻落实安全生产法律法规和标准情况;承担危险化学品安全监督管理综合工作,组织指导危险化学品目录编制和国内危险化学品登记;承担海洋石油安全生产综合监督管理工作。

目前,政府在危险化学品安全监管方面主要的工作内容如下:

(1)强化重大危险源风险管控。组织建立联合监管机制,开展联合检查;建立包保责任制办法,明确每一处重大危险源的企业主要负责人、技术负责人、操作负责人;利用危险化学品风险监测预警系统,实施"在线巡查+远程监管";制定重大危险源企业开车前风险评估报告制度。

(2)强化高危工艺风险管控。对涉及硝化等高危工艺新建项目,从设计、设备、人员资质等方面提出准入硬要求,由省级相关部门组织核查;对高危工艺分类制定隐患排查要点,对涉及氟化工艺的生产企业开展专家指导服务;推动高危工艺生产装置实现全流程自动化控制,加快推广应用微通道及管式反应器等先进技术方法。

（3）强化特别管控危险化学品风险管控。印发并严格执行进一步加强硝酸铵安全管理通知，深入落实"一企一策"；对涉及光气、有机硅的生产企业开展专家指导服务。

（4）强化精细化工风险管控。建立照单销号制度，对未按要求开展反应风险评估、未按时完成自动化改造、从业人员达不到规定水平、人员密集场所设置不符合要求四个方面问题实施"清零"行动。

二、中华人民共和国安全生产法

《中华人民共和国安全生产法》的制定是为了加强安全生产工作，防止和减少生产安全事故，保障人民群众生命和财产安全，促进经济社会持续健康发展。

《中华人民共和国安全生产法》于 2002 年 6 月 29 日第九届全国人民代表大会常务委员会第二十八次会议通过；2009 年 8 月 27 日，根据第十一届全国人民代表大会常务委员会第十次会议《全国人民代表大会常务委员会关于修改部分法律的决定》第一次修正；2014 年 8 月 31 日，根据第十二届全国人民代表大会常务委员会第十次会议《全国人民代表大会常务委员会关于修改〈中华人民共和国安全生产法〉的决定》第二次修正；2021 年 6 月 10 日，根据第十三届全国人民代表大会常务委员会第二十九次会议《全国人民代表大会常务委员会关于修改〈中华人民共和国安全生产法〉的决定》第三次修正。

《中华人民共和国安全生产法》中关于危险化学品管理方面的规定主要包括：

（1）矿山、金属冶炼、建筑施工、运输单位和危险物品的生产、经营、储存、装卸单位，应当设置安全生产管理机构或者配备专职安全生产管理人员。

（2）危险物品的生产、储存单位以及矿山、金属冶炼单位的安全生产管理人员的任免，应当告知主管的负有安全生产监督管理职责的部门。

（3）生产经营单位的主要负责人和安全生产管理人员必须具备与本单位所从事的生产经营活动相应的安全生产知识和管理能力。

危险物品的生产、经营、储存、装卸单位以及矿山、金属冶炼、建筑施工、运输单位的主要负责人和安全生产管理人员，应当由主管的负有安全生产监督管理职责的部门对其安全生产知识和管理能力考核合格。考核不得收费。

危险物品的生产、储存、装卸单位以及矿山、金属冶炼单位应当有注册安全工程师从事安全生产管理工作。鼓励其他生产经营单位聘用注册安全工程师从事安全生产管理工作。注册安全工程师按专业分类管理，具体办法由国务院人力资源和社会保障部门、国务院应急管理部门会同国务院有关部门制定。

（4）矿山、金属冶炼建设项目和用于生产、储存、装卸危险物品的建设项目，应当按照国家有关规定进行安全评价。

（5）建设项目安全设施的设计人、设计单位应当对安全设施设计负责。

矿山、金属冶炼建设项目和用于生产、储存、装卸危险物品的建设项目的安全设施设计应当按照国家有关规定报经有关部门审查，审查部门及其负责审查的人员对审查结果负责。

（6）生产经营单位使用的危险物品的容器、运输工具，以及涉及人身安全、危险性较大的海洋石油开采特种设备和矿山井下特种设备，必须按照国家有关规定，由专业生产单位生产，并经具有专业资质的检测、检验机构检测、检验合格，取得安全使用证或者安全标志，方可投入使用。检测、检验机构对检测、检验结果负责。

（7）生产、经营、运输、储存、使用危险物品或者处置废弃危险物品的，由有关主管部门依照有关法律、法规的规定和国家标准或者行业标准审批并实施监督管理。

（8）生产、经营、储存、使用危险物品的车间、商店、仓库不得与员工宿舍在同一座建筑物内，并应当与员工宿舍保持安全距离。

（9）矿山、金属冶炼建设项目和用于生产、储存、装卸危险物品的建设项目的施工单位应当加强对施工项目的安全管理，不得倒卖、出租、出借、挂靠或者以其他形式非法转让施工资质，不得将其承包的全部建设工程转包给第三人或者将其承包的全部建设工程支解以后以分包的名义分别转包给第三人，不得将工程分包给不具备相应资质条件的单位。

（10）应急管理部门和其他负有安全生产监督管理职责的部门依法开展安全生产行政执法工作，对生产经营单位执行有关安全生产的法律、法规和国家标准或者行业标准的情况进行监督检查，行使以下职权：对有根据认为不符合保障安全生产的国家标准或者行业标准的设施、设备、器材以及违法生产、储存、使用、经营、运输的危险物品予以查封或者扣押，对违法生产、储存、使用、经营危险物品的作业场所予以查封，并依法作出处理决定。

（11）危险物品的生产、经营、储存单位以及矿山、金属冶炼、城市轨道交通运营、建筑施工单位应当建立应急救援组织；生产经营规模较小的，可以不建立应急救援组织，但应当指定兼职的应急救援人员。

《中华人民共和国安全生产法》全部内容见附录一。

三、危险化学品安全管理条例

近年来，危险化学品安全管理中出现了一些新情况和新问题：① 2003 年、2008 年国务院进行了两次机构改革，有关部门在危险化学品安全管理方面的职责分工发生了变化；② 危险化学品安全管理中暴露出一些薄弱环节，如使用危险化学品从事生产的企业发生事故较多，可用于制造爆炸物品的危险化学品公共安全问题较为突出等；③ 执法实践中反映出现行条例的一些制度不够完善，如对有的违法行为的处罚机关规定不够明确，对有的违法行为的处罚与行为的性质和危害程度不能完全适应等。为了适应这些新情况和新问题，加强危险化学品的安全管理，预防和减少危险化学品事故，保障人民群众生命财产安全，保护环境，国家制定了《危险化学品安全管理条例》。

《危险化学品安全管理条例》于 2002 年 1 月 9 日国务院第 52 次常务会议通过；2011 年2 月 16 日，根据国务院第 144 次常务会议修订；2013 年 12 月 4 日，根据国务院第 32 次常务会议《国务院关于修改部分行政法规的决定》修正。

《危险化学品安全管理条例》的适用范围是危险化学品生产、储存、使用、经营和运输各环节的安全管理。废弃危险化学品的处置，依照有关环境保护的法律、行政法规和国家有关规定执行。该条例对生产、储存、使用、经营和运输危险化学品的一切自然人、法人和其他组织均适用，包括国有企业事业单位、集体所有制企业、股份制企业、中外合资经营企业、中外合作经营企业、外资企业、合伙企业、个人独资企业等，不论其经济性质和规模大小，只要从事生产、储存、使用、经营、运输危险化学品的活动，都必须遵守该条例的各项规定。

《危险化学品安全管理条例》的内容突出 4 项备案制度（企业责任）、5 项名单公告制度（政府责任）、7 项其他法律规章（企业责任、政府责任）、15 项审查和审批制度（企业责任、政府责任）。

《危险化学品安全管理条例》建立了危险化学品使用安全许可制度。化工企业生产的终端产品虽然不是危险化学品,但是在生产过程中使用了危险化学品,也必须依法申请办理危险化学品使用的安全许可证才能从事生产。

《危险化学品安全管理条例》适当下放了危险化学品经营许可审批权限,由过去的省级和市级应急管理部门下放到市级和县级应急管理部门。同时,完善了危险化学品内河运输的规定,有限制地适度放开危险化学品的内河运输,并实行分类管理。完善了危险化学品登记和鉴定的相关规定,补充了危险化学品环境管理的登记以及危险化学品物理危险性、环境危险性、毒理特性的鉴定。

《危险化学品安全管理条例》加大了对危险化学品生产经营非法违法行为行政处罚的力度,如第七十六条第一款规定:"未经安全条件审查,新建、改建、扩建生产、储存危险化学品的建设项目的,由安全生产监督管理部门责令停止建设,限期改正;逾期不改正的,处50万元以上100万元以下的罚款;构成犯罪的,依法追究刑事责任。"

《危险化学品安全管理条例》全部内容见附录二。

四、中华人民共和国消防法

《中华人民共和国消防法》的制定是为了预防火灾和减少火灾危害,加强应急救援工作,保护人身、财产安全,维护公共安全。

《中华人民共和国消防法》于1998年4月29日第九届全国人民代表大会常务委员会第二次会议通过;2008年10月28日,根据第十一届全国人民代表大会常务委员会第五次会议修订;2019年4月23日,根据第十三届全国人民代表大会常务委员会第十次会议《全国人民代表大会常务委员会关于修改〈中华人民共和国建筑法〉等八部法律的决定》第一次修正;2021年4月29日,根据第十三届全国人民代表大会常务委员会第二十八次会议《全国人民代表大会常务委员会关于修改〈中华人民共和国道路交通安全法〉等八部法律的决定》第二次修正。

《中华人民共和国消防法》中关于危险化学品管理方面的规定主要包括:

(1)生产、储存、经营易燃易爆危险品的场所不得与居住场所设置在同一建筑物内,并应当与居住场所保持安全距离。

生产、储存、经营其他物品的场所与居住场所设置在同一建筑物内的,应当符合国家工程建设消防技术标准。

(2)禁止在具有火灾、爆炸危险的场所吸烟、使用明火。因施工等特殊情况需要使用明火作业的,应当按照规定事先办理审批手续,采取相应的消防安全措施;作业人员应当遵守消防安全规定。

进行电焊、气焊等具有火灾危险作业的人员和自动消防系统的操作人员,必须持证上岗,并遵守消防安全操作规程。

(3)生产、储存、装卸易燃易爆危险品的工厂、仓库和专用车站、码头的设置,应当符合消防技术标准。易燃易爆气体和液体的充装站、供应站、调压站,应当设置在符合消防安全要求的位置,并符合防火防爆要求。

已经设置的生产、储存、装卸易燃易爆危险品的工厂、仓库和专用车站、码头,易燃易爆气体和液体的充装站、供应站、调压站,不再符合前款规定的,地方人民政府应当组织、协调有关部门、单位限期解决,消除安全隐患。

（4）生产、储存、运输、销售、使用、销毁易燃易爆危险品,必须执行消防技术标准和管理规定。

进入生产、储存易燃易爆危险品的场所,必须执行消防安全规定。禁止非法携带易燃易爆危险品进入公共场所或者乘坐公共交通工具。

储存可燃物资仓库的管理,必须执行消防技术标准和管理规定。

（5）下列单位应当建立单位专职消防队,承担本单位的火灾扑救工作:大型核设施单位、大型发电厂、民用机场、主要港口;生产、储存易燃易爆危险品的大型企业;储备可燃的重要物资的大型仓库、基地。

《中华人民共和国消防法》全部内容见附录三。

五、其他法律法规

其他相关法律法规包括《安全生产许可证条例》《生产安全事故报告和调查处理条例》《安全生产事故隐患排查治理暂行规定》《工作场所安全使用化学品规定》《爆炸危险场所安全规定》《中华人民共和国特种设备安全法》等。

第二节　危险化学品安全生产管理

危险化学品安全生产管理是指危险化学品从业单位对安全生产工作进行的管理和控制。安全生产管理部门按照"管生产同时管安全"的原则,组织督促本单位贯彻安全生产方针、政策、法规、标准。

一、安全生产管理的组织机构

危险化学品从业单位所设置的"安全生产管理组织机构"是指对安全生产工作进行的管理和控制的部门,主要责任是确定安全生产岗位责任制、安全生产规章制度、安全生产策划、安全生产教育、安全生产检查、安全技术措施计划等。安全生产管理组织机构如图 6-1 所示。

二、安全生产岗位责任制

《中华人民共和国安全生产法》第四条第一款规定:生产经营单位必须遵守本法和其他有关安全生产的法律、法规,加强安全生产管理,建立健全全员安全生产责任制和安全生产规章制度,加大对安全生产资金、物资、技术、人员的投入保障力度,改善安全生产条件,加强安全生产标准化建设、信息化建设,构建安全风险分级管控和隐患排查治理双重预防机制,健全风险防范化解机制,提高安全生产水平,确保安全生产。

安全生产责任制是企业中最基本的一项安全制度,是企业安全生产管理规章制度的基础与核心。为实施安全对策,必须首先明确由谁来实施的问题。在我国,推行全员安全管理的同时,实行安全生产责任制。所谓安全生产责任制就是各级领导应对本单位安全工作负总的领导责任,以及各级工程技术人员、职能科室和生产工人在各自的职责范围内,对安全工作应负的责任。

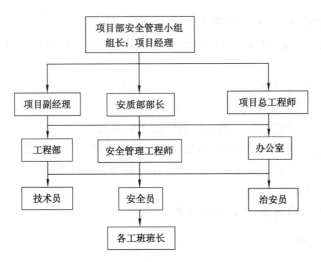

图 6-1　安全生产管理组织机构示意图

安全生产责任是根据"管生产的必须管安全"的原则,对企业各级领导和各类人员明确地规定了在生产中应负的安全责任。这是企业岗位责任制的一个组成部分,是企业中最基本的一项安全制度,是安全管理规章制度的核心。

（一）危险化学品从业单位各级领导的责任

危险化学品从业单位安全生产责任制的核心是实现安全生产的"五同时",即在计划、布置、检查、总结、评比生产的时候,同时计划、布置、检查、总结、评比安全工作。相关企业管理生产的同时,必须负责管理安全工作。安全工作必须由行政一把手负责,厂、车间、班、工段、小组的各级一把手都应负第一位责任。各级的副职根据各自分管业务工作范围负相应的责任。他们的任务是贯彻执行国家有关安全生产的法令、制度和保持管辖范围内的职工的安全和健康。

1. 厂长的安全生产职责

厂长是企业安全生产的第一责任者,对本单位的安全生产负总的责任,并要支持分管安全工作的副厂长做好分管范围的安全工作。

① 贯彻执行安全生产方针、政策、法规和标准;审定、颁发本单位的安全生产管理制度;提出本单位安全生产目标并组织实施;定期或不定期召开会议,研究、部署安全生产工作。

② 牢固树立"安全第一"的思想,在计划、布置、检查、总结、评比生产时,同时计划、布置、检查、总结、评比安全工作;对重要的经济技术决策,负责确定保证职工安全、健康的措施。

③ 审定本单位改善劳动条件的规划和年度安全技术措施计划,及时解决重大隐患,对本单位无力解决的重大隐患,应按规定权限向上级有关部门提出报告。

④ 在安排和审批生产建设计划时,应将安全技术、劳动保护措施纳入该计划,按规定提取和使用劳动保护措施经费;审定新的建设项目(包括挖潜、革新、改造项目)时,遵守和执行安全卫生设施与主体工程同时设计、同时施工和同时验收投产的"三同时"规定。

⑤ 组织对重大伤亡事故的调查分析,按"四不放过",即事故原因分析不清不放过、事故责任者和群众没有受到教育不放过、没有制定出防范措施不放过、事故责任者没有受到处理

不放过的原则严肃处理;并对所发生的伤亡事故调查、登记、统计和报告的正确性、及时性负责。

⑥ 组织有关部门对职工进行安全技术培训和考核。坚持新工人入厂后的厂、车间、班组三级安全教育和特种作业人员持证上岗作业。

⑦ 组织开展安全生产竞赛、评比活动,对安全生产的先进集体和先进个人予以表彰或奖励。

⑧ 接到劳动行政部门发出的《劳动保障监察限期整改指令书》后,在限期内妥善解决问题。

⑨ 有权拒绝和停止执行上级违反国家安全生产法规、政策的指令,并及时提出不能执行的理由和意见。

⑩ 主持召开安全生产例会,定期向职工代表大会报告安全生产工作情况,认真听取意见和建议,接受职工群众监督。搞好女工和未成年工的特殊保护工作,抓好职工个人防护用品的使用和管理工作。

2. 分管生产、安全工作的副厂长的安全生产职责

① 协助厂长做好本单位安全工作,对分管范围内的安全工作负直接领导责任;支持安全技术部门开展工作。

② 组织干部学习国家安全生产法规、标准及有关文件,结合本单位安全生产情况,制定保证安全生产的具体方案,并组织实施。

③ 协助厂长召开安全生产例会,对例会决定的事项负责组织贯彻落实。主持召开生产调度会,同时部署安全生产的有关事项。

④ 主持编制、审查年度安全技术措施计划,并组织实施。

⑤ 组织车间和有关部门定期开展专业性安全生产检查、季节性安全检查、安全操作检查。对重大隐患,组织有关人员到现场确定解决,或按规定权限向上级有关部门提出报告。在上报的同时,应制定可靠的临时安全措施。

⑥ 主持制定安全生产管理制度和安全技术操作规程,并组织实施,定期检查执行情况;负责推广安全生产先进经验。

⑦ 发生重伤及死亡事故后,应迅速察看现场,及时准确地向上级报告。同时主持事故调查,确定事故责任,提出对事故责任者的处理意见。

3. 其他副厂长的安全生产职责

分管计划、财务、设备、福利等工作的副厂长应对分管范围内的安全工作负直接领导责任。

① 督促所管辖部门的负责人落实安全生产职责。

② 主持分管部门会议,确定、解决安全生产方面存在的问题。

③ 参加分管部门重伤及死亡事故的调查处理。

4. 总工程师的安全生产职责

总工程师负责具体领导本单位的安全技术工作,对本单位的安全生产负技术领导责任。副总工程师在总工程师领导下,对其分管工作范围内的安全生产工作负责。

① 贯彻上级有关安全生产方针、政策、法令和规章制度,负责组织制定本单位安全技术

规程并认真执行。

②　定期主持召开车间、科室领导干部会议，分析本单位的安全生产形势，研究解决安全技术问题。

③　在采用新技术、新工艺时，研究和采取安全防护措施；设计、制造新的生产设备，要有符合要求的安全防护措施；新建工程项目，要做到安全措施与主体工程同时设计、同时施工、同时验收投产，把好设计审查和竣工验收关。

④　督促技术部门对新产品、新材料的使用、储存、运输等环节提出安全技术要求；组织有关部门研究解决生产过程中出现的安全技术问题。

⑤　定期布置和检查安全技术部门的工作。协助厂长组织安全大检查，对检查中发现的重大隐患，负责制定整改计划，组织有关部门实施。

⑥　参加重大事故调查，并做出技术鉴定。

⑦　对职工进行经常性的安全技术教育。

⑧　有权拒绝执行上级安排的严重危及安全生产的指令和意见。

5. 车间主任的安全生产职责

车间主任负责领导和组织本车间的安全工作，对本车间的安全生产负总的责任。

①　在组织管理本车间生产过程中，具体贯彻执行安全生产方针、政策、法令和本单位的规章制度。切实贯彻安全生产"五同时"，对本车间职工在生产中的安全健康负全面责任。

②　在总工程师领导下，制定各工种安全操作规程；检查安全规章制度的执行情况，保证工艺文件、技术资料和工具等符合安全方面的要求。

③　在进行生产、施工作业前，制定和贯彻作业规程、操作规程的安全措施，并经常检查执行情况。组织制定临时任务和大、中、小修的安全措施，经主管部门审查后执行，并负责现场指挥。

④　经常检查车间内生产建筑物、设备、工具和安全设施，组织整理工作场所，及时排除隐患，发现危及人身安全的紧急情况，立即下令停止作业，撤出人员。

⑤　经常向职工进行劳动纪律、规章制度和安全知识、操作技术教育。对特种作业人员要经考试合格，领取操作证后，方准独立操作；对新工人、调换工种人员在其上岗工作之前进行安全教育。

⑥　发生重伤、死亡事故，立即报告厂长，组织抢救，保护现场，参加事故调查。对轻伤事故，负责查清原因和制定改进措施。

⑦　召开安全生产例会，对所提出的问题应及时解决，或按规定权限向有关领导和部门提出报告。组织班组安全活动，支持车间安全员工作。

⑧　做好女工和未成年工特殊保护的具体工作。

⑨　教育职工正确使用个人劳动防护用品。

6. 工段长的安全生产职责

①　认真执行上级有关安全技术、工业卫生工作的各项规定，对本工段工人的安全、健康负责。

②　把安全工作贯穿到生产的每个具体环节中，保证在安全的条件下进行生产。

③　组织工人学习安全操作规程，检查执行情况，对严格遵守安全规章制度、避免事故

者,提出奖励;对违章蛮干造成事故者,提出惩罚。

④ 领导本工段班组开展安全活动,经常对工人进行安全生产教育,推广安全生产经验。

⑤ 发生重伤、死亡事故后,保护现场,立即上报,积极组织抢救,参加事故调查,提出防范措施。

⑥ 监督检查工人正确使用个体防护用品情况。

7. 班组长的安全生产职责

① 认真执行有关安全生产的各项规定,遵守安全操作规程,对本班组工人在生产中的安全和健康负责。

② 根据生产任务、生产环境和工人思想状况等特点,开展安全工作。对新调入的工人进行岗位安全教育,并在熟悉工作前指定专人负责其安全。

③ 组织本班组工人学习安全生产规程,检查执行情况,教育工人在任何情况下不违章蛮干。发现违章作业,立即制止。

④ 经常进行安全检查,发现问题及时解决。对根本不能解决的问题,要采取临时控制措施,并及时上报。

⑤ 认真执行交接班制度。遇有不安全问题,在未排除之前或责任未分清之前不交接。

⑥ 发生工伤事故,要保护现场,立即上报,详细记录,并组织全班组工人认真分析,吸取教训,提出防范措施。

⑦ 对安全工作中的好人好事及时表扬。

(二) 各业务部门的职责

企业单位中的生产计划、安全技术、技术设计、供销、运输、教育、卫生、基建、机动、情报、科研、质量检查、劳动工资、环保、人事组织、宣传、外办、企业管理、财务、设备动力等有关专职机构,都应在各自工作业务范围内,对实现安全生产的要求负责。

1. 安全技术部门的安全生产职责

安全技术部门是企业领导在安全工作方面的助手,负责组织、推动和检查督促本企业安全生产工作的开展。

① 监督检查本企业贯彻执行安全生产政策、法规、制度和开展安全工作的情况,定期研究分析伤亡事故、职业危害趋势和重大事故隐患,提出改进安全工作的意见。

② 制定本企业安全生产目标管理计划和安全生产目标值。安全生产目标值包括:千人重伤率;千人死亡率;尘、毒合格率;噪声合格率等。

③ 了解现场安全情况,定期进行安全生产检查,提出整改意见,督促有关部门及时解决不安全问题,有权制止违章指挥、违章作业。

④ 督促有关部门制定和贯彻安全技术规程和安全管理制度,检查各级干部、工程技术人员和工人对安全技术规程的熟悉情况。

⑤ 参与审查和汇总安全技术措施计划,监督检查安全技术措施经费使用和安全措施项目完成情况。

⑥ 参与审查新建、改建、扩建工程的设计及工程的验收和试运转工作。发现不符合安全规定的问题有权要求解决;有权提请安全监察机构和主管部门制止其施工和生产。

⑦ 组织安全生产竞赛,总结、推广安全生产经验,树立安全生产典型。

⑧ 组织三级安全教育和职工安全教育。配合安全监察机构进行特种作业人员的安全技术培训、考核、发证工作。

⑨ 制订年、季、月安全工作计划,并负责贯彻实施。

⑩ 负责伤亡事故统计、分析,参加事故调查,对造成伤亡事故的责任者提出处理意见。督促有关部门做好女职工和未成年工的劳动保护工作;对防护用品的质量和使用进行监督检查。组织开展科学研究,总结、推广安全生产科研成果和先进经验。在业务上接受地方劳动行政部门和上级安全机构的指导。在向行政领导报告工作的同时,向当地劳动行政部门和上级劳动机构如实反映情况。

2. 生产计划部门的安全生产职责

① 组织生产调度人员学习国家安全生产法规和安全生产管理制度。在召开生产调度会以及组织经济活动分析等各项工作中,应同时研究安全生产问题。

② 编制生产计划的同时,编制安全技术措施计划。在实施、检查生产计划时,应同时实施、检查安全技术措施计划完成情况。

③ 安排生产任务时,要考虑生产设备的承受能力,有节奏地均衡生产,控制加班加点。

④ 做好企业领导交办的有关安全生产工作。

3. 技术部门的安全生产职责

① 负责安全技术措施的设计。

② 在推广新技术、新材料、新工艺时,考虑可能出现的不安全因素和尘、毒、物理因素危害等问题;在组织试验过程中,制定相应的安全操作规程;在正式投入生产前,做出安全技术鉴定。

③ 在产品设计、工艺布置、工艺规程、工艺装备设计时,严格执行有关的安全标准和规程,充分考虑到操作人员的安全和健康。

④ 负责编制、审查安全技术规程、作业规程和操作规程,并监督检查实施情况。

⑤ 承担劳动安全科研任务,提供安全技术信息、资料,审查和采纳安全生产技术方面的合理化建议。

⑥ 协同有关部门加强对职工的技术教育与考核,推广安全技术方面的先进经验。

⑦ 参加重大伤亡事故的调查分析,从技术方面找出事故原因和防范措施。

4. 设备动力部门的安全生产职责

设备动力部门是企业领导在设备安全运行工作方面的参谋和助手,对全企业设备安全运行负有具体指导、检查责任。

① 负责本企业各种机械、起重、压力容器、锅炉、电气和动力等设备的管理,加强设备检查和定期保养,使之保持良好状态。

② 制定有关设备维修、保养的安全管理制度及安全操作规程,并负责贯彻实施。

③ 执行上级部门有关自制、改造设备的规定,对自制和改造设备的安全性能负责。

④ 确保机器设备的安全防护装置齐全、灵敏、有效。凡安装、改装、修理、搬迁机器设备时,安全防护装置必须完整有效,方可移交运行。

⑤ 负责安全技术措施项目所需的设备制造和安装。列入固定资产的设备,应按固定设备进行管理。

⑥ 参与重大伤亡事故的调查、分析,做出因设备缺陷或故障而造成事故的鉴定意见。

5. 劳动工资部门的安全生产职责

① 把安全技术作为对职工考核的内容之一,列入职工上岗、转正、定级、评奖、晋升的考核条件。在工资和奖金分配方案中,包含安全生产方面的要求。

② 做好特种作业人员的选拔及人员调动工作。

③ 参与重大伤亡事故调查,参加因工伤丧失劳动能力的人员的医务鉴定工作。

④ 关心职工身心健康,注意劳逸结合,严格审批加班加点。

⑤ 组织新录用职工进行体检;通知安全技术部门教育新职工,经三级安全教育后,方可分配上岗。

（三）生产操作工人的安全生产职责

① 遵守劳动纪律,执行安全规章制度和安全操作规程,听从指挥,和一切违章作业的现象做斗争。

② 保证本岗位工作地点和设备、工具的安全、整洁,不随便拆除安全防护装置,不使用自己不该使用的机械和设备,能正确使用防护用品。

③ 学习安全知识,提高操作技术水平,积极开展技术革新,提合理化建议,改善作业环境和劳动条件。

④ 及时反映、处理不安全问题,积极参加事故抢救工作。

⑤ 有权拒绝接受违章指挥,并对上级单位和领导忽视工人安全、健康的错误决定和行为提出批评或控告。

三、安全生产规章制度

安全生产规章制度是以安全生产责任制为核心的,指引和约束人们在安全生产方面的行为,是安全生产的行为准则。其作用是明确各岗位安全职责、规范安全生产行为、建立和维护安全生产秩序。

（一）安全生产规章制度的内容

安全生产规章制度包括安全生产责任制、安全操作规程和基本的安全生产管理制度。

1. 安全生产责任制

安全生产责任制是最基本的安全制度,是按照安全生产方针和"管生产必须管安全、谁主管谁负责"的原则,将各级负责人、各职能部门及其工作人员、各生产部门和各岗位生产工人在安全生产方面应做的事情及应负的责任加以明确规定的一种制度。其实质是"安全生产,人人有责",是安全制度的核心。

生产经营单位的主要负责人对本单位的安全生产全面负责,是本单位安全生产的第一责任人。分管安全生产的单位负责人,负主要领导责任;分管业务工作的负责人,对分管范围内的安全生产负直接领导责任。车间、班组的负责人对本车间、本班组的安全生产负全面责任;各职能部门在各自业务范围内,对实现安全生产负责。各岗位生产工人要自觉遵守安全制度、严格遵守操作规程,在本岗位上做好安全工作。

2. 安全操作规程

安全操作规程是生产工人操作设备、处置物料、进行生产作业时所必须遵守的安全规则。

安全操作规程应包括以下内容：

① 作业前安全检查的内容、方法和安全要求。

② 安全操作的步骤、要点和安全注意事项。

③ 作业过程中巡查设备运行的内容和安全要求。

④ 故障排除方法，事故应急处理措施。

⑤ 作业场所、作业位置、个人防护的安全要求。

⑥ 作业结束后现场的清理。

⑦ 特殊作业场所作业时的安全防护要求。

安全操作规程对防止生产操作中不安全行为有重要作用。

3. 基本的安全生产管理制度

为保证国家安全生产方针和安全生产法规得到认真贯彻，在管理与安全生产有关事项时要有一个行为准则，即企业应建立基本的安全管理制度。其主要内容如下：

① 职工安全守则。

② 安全生产教育制度。

③ 安全生产检查制度。

④ 事故管理制度。

⑤ 危险作业审批制度。

⑥ 特种设备、危险性大的设备、危险化学品运输工具和动力管线等的管理制度。

⑦ 安全生产值班制度。

⑧ 职业卫生管理、职业病危害因素监测及评价制度。

⑨ 劳动防护用品发放管理制度。

⑩ "三同时"评审与生产经营项目、场所、设备发包或出租合同安全评审制度。

⑪ 安全生产档案和职业健康监护档案管理制度。

⑫ 危险化学品包装物管理制度。

⑬ 危险化学品装卸、储存、运输和废弃处置安全规则。

⑭ 危险化学品销售管理制度。

⑮ 重大危险源安全监控制度。

⑯ 危险化学品托运安全管理制度。

⑰ 危险化学品生产、储存装置安全评价制度。

⑱ 本单位危险化学品事故应急救援和为危险化学品事故应急救援提供技术支援的制度。

（二）安全生产规章制度的制定

安全生产规章制度的建立与健全是企业安全生产管理工作的重要内容，制定制度是一项政策性很强的工作，制定安全生产规章制度时要注意以下问题。

1. 依法制定，结合实际

企业制定安全生产规章制度，必须以国家法律、法规和安全生产方针政策为依据。要根据法规的要求、结合企业的具体情况来制定。安全生产责任制的划分要按照企业生产管理模式,根据"管生产必须管安全,谁主管谁负责"的原则来确定。

2. 有章可循,衔接配套

企业安全生产规章制度应涵盖安全生产的方方面面,使与安全有关的事项都有章可循,同时又要注意制度之间的衔接配套,防止出现制度的空隙而无章可循或制度交叉重复又不一致而无所适从。

3. 科学合理,切实可行

制度是行为规范,必须符合客观规律,操作规程更是如此。如果制度不科学,将会误导人的行为;如果制度不合理,过于烦琐复杂将难以顺利执行。

4. 简明扼要,清晰具体

制度的条文、文字要简练,意思表达要清晰,要求规定要具体,以便于记忆、易于操作。

(三)安全生产规章制度的实施

制度的作用是规范行为,如果制度制定了不能认真执行,就失去了制定制度的意义。为使制度能得到很好的执行,成为广大职工的自觉行动,需要做好以下工作。

1. 教育先行,提高执行自觉性

制度的条文只是提出了行为的规范、操作的要求,即规定"怎么做";而"为什么要这么做",一般是不可能在条文中作详细的解释。要把一件事做好,那就必须使做事的人明白为什么要这样做,从而发挥其主观能动性。制度颁布后,必须进行相应的教育解释工作,使职工明白为什么要制定这样的制度,从而避免消极态度、抵触情绪,提高执行制度的自觉性。对于操作规程更要辅以一定的培训,对操作要领、安全要求给出详细的解释。

2. 检查督促,严格执行

制度是从整体、长远利益考虑而制定的、对个人的某些利益与自由必然会产生一定的约束和限制,因而不可能每一个人都能自觉地执行。要通过检查,了解执行情况并督促不执行或不认真执行的人改正,以保证制度的贯彻执行,维护其严肃性。

3. 违章必究,奖惩结合

为维护安全生产秩序和制度的严肃性,对违反制度的人必须追究,给予教育,责令改正,严重违章的予以处罚,对模范执行制度的应予以表彰奖励。

4. 总结经验,不断完备

任何制度都是人制定出来的,由于知识、经验的局限,制定制度时难免考虑不周,制度会存在这样或那样的不足之处,往往在制度执行过程中就暴露出来,这就需要总结经验、修改完善。此外,随着企业生产经营状况的改变,制度也要相应地做出调整以适应变化了的情况。安全生产管理水平提高了,管理的要求也要提高,这也需要进行相应调整。

四、安全生产教育

《中华人民共和国安全生产法》第二十八条第一款规定:生产经营单位应当对从业人员进行安全生产教育和培训,保证从业人员具备必要的安全生产知识,熟悉有关的安全生产规章制度和安全操作规程,掌握本岗位的安全操作技能,了解事故应急处理措施,知悉自身在安全生产方面的权利和义务。未经安全生产教育和培训合格的从业人员,不得上岗作业。

第二十九条规定：生产经营单位采用新工艺、新技术、新材料或者使用新设备，必须了解、掌握其安全技术特性，采取有效的安全防护措施，并对从业人员进行专门的安全生产教育和培训。第五十八条规定：从业人员应当接受安全生产教育和培训，掌握本职工作所需的安全生产知识，提高安全生产技能，增强事故预防和应急处理能力。

（一）安全生产教育的目的和作用

事故的直接原因有两个方面：一是物的不安全状况；二是人的不安全行为。对于物的不安全状况，深究其根本原因，有不少都可追溯到人为的失误（比如设计造成设备的缺陷）。从事故统计分析来看，70％以上的事故是由于违反安全管理规定、违章指挥、违章操作造成的。伤亡事故和职业危害主要发生在安全意识不强、安全知识缺乏的生产第一线工人身上，直接危及他们的安全与健康。而这又与生产经营单位负责人"重生产、轻安全"的经营思想和生产管理人员安全管理水平不高有直接关系。由此可见，提高生产经营单位负责人、生产管理人员和生产工人（统称生产者）的安全素质，对防止事故和职业危害，保护劳动者在生产过程中的安全与健康有极其重要的作用。

生产者的安全素质包括思想素质和技术素质。思想素质是指生产者的安全法治观念、安全意识和安全价值观念；技术素质是指对安全技术知识和技能的掌握、对安全管理知识的把握与运用。安全素质的提高首先要依靠教育，通过安全生产教育，一方面使生产者熟悉国家的安全生产法规和企业的安全生产规章制度，并能正确贯彻执行，对安全生产有较强的责任感，对法规的贯彻和制度的执行有较高的自觉性，能正确认识安全与生产的辩证关系，正确理解"安全第一、预防为主、综合治理"的方针，凡事首先考虑安全，确保安全才能进行生产，从而树立较强的安全法治观念、安全意识和"安全第一"的安全价值观念，自觉地遵章守法、主动地搞好安全生产。另一方面，使生产者掌握职业安全卫生的基本知识和与其所从事的生产相关的安全技术知识及操作技能，能够识别生产中的危害因素并掌握相应的防护措施，从而提高其预防事故、处理故障和事故应变能力；使生产经营单位负责人和生产管理人员具备安全生产管理知识和相关的安全技术知识，从而提高他们安全生产管理和安全决策的能力。

安全生产教育的目的是使生产者具备良好的安全素质并得到不断的提高，当生产者的安全素质得到普遍提高，每个人在思想上都重视安全生产，又懂得如何安全地进行生产时，就可避免因对安全的忽视或无知而产生的不安全行为，减少因人为失误而导致的事故。

（二）安全生产教育的内容

安全生产教育针对不同的教育对象和教育目的有不同的具体内容，大体上可分为安全生产法制教育和安全生产知识技能教育两大类。

1. 安全生产法制教育

安全生产法制教育是以提高安全思想素质为目标，主要学习国家的安全生产方针、政策、法规和企业的各项安全生产规章制度，使生产者了解国家对安全生产管理的要求，熟悉本企业安全生产管理的具体要求和工作程序，清楚自己在安全生产方面的职责。正确理解安全生产方针，增强遵章守纪的自觉性，克服重生产轻安全、麻痹大意、侥幸冒险等错误思想，强化安全意识和自我保护意识。

危险化学品生产企业特别要认真学习国家有关危险化学品安全管理的有关法规，熟悉国家有关危险化学品企业设立、改建、扩建的申报审批、生产、经营许可证申领,生产条件及安全防护,危险化学品登记、包装、储存、装卸、销售、运输,危险化学品事故应急救援等方面的规定。

2. 安全生产知识技能教育

安全知识技能教育是以提高安全技术素质为目标,教育的主要内容有基本的职业安全卫生知识(包括电气安全、机械安全、防火防爆、防尘防毒等)和与本企业、本岗位生产相关的安全技术知识和安全操作技能,以及安全生产管理等方面的知识。通过学习相关的知识使生产工人了解:生产中存在和可能产生哪些危险因素和有害因素;防止这些危险和有害因素造成人身伤害或设备损坏的安全防护措施,能够正确处置生产中的危险有害物料、正确操作生产设备和处理故障;发生事故时能正确应变,做到"三不伤害",即不伤害自己,不伤害他人,不被别人伤害。

使从事生产管理的人员熟悉安全管理的方法,在各自业务工作范围内搞好安全生产管理。

危险化学品的危险特性和危险化学品生产、储存、装卸、运输和废弃处置过程中的安全防护措施,以及发生危险化学品事故时的应急救援措施都是安全生产教育的重要内容。

在安全生产教育中应充分运用典型事故案例,案例教育是最具体、最形象、最生动和最有说服力的,能给人留下深刻的印象。

(三)安全生产教育的形式

根据教育的内容、对象和具体的教育目的,有多种教育的形式,主要内容如下。

1. 新工人入厂三级安全生产教育

新工人入厂后上岗前必须进行厂、车间、班组三级安全生产教育,时间不得少于 40 学时(加油工不得少于 56 学时),并经考核合格后方可上岗。

厂级安全生产教育由分管安全生产工作的企业领导负责,由企业安全生产管理部门组织实施,内容包括以下几项:

① 安全生产方针和安全生产的意义。

② 安全生产法规,重点是危险化学品安全管理方面的法规。

③ 企业的安全生产规章制度和劳动纪律,遵章守法的必要性。

④ 通用的安全技术、职业卫生基本知识,主要有防火防爆、火灾扑救和火场逃生、防尘防毒、电气安全、机械安全、触电与中毒现场急救等。

⑤ 企业的安全生产状况,所生产的危险化学品的危险特性,生产、包装、储存、装卸运输和废弃物处置的安全事项,企业生产中主要的危害因素及安全防护措施,重大危险源的状况,安全防护的重点部位。

⑥ 事故应急救援措施,典型事故案例。

厂级安全生产教育合格,分配到车间后,还须进行车间安全生产教育,车间安全生产教育由车间负责人组织实施,内容包括以下几项:

① 本车间安全生产制度,安全生产要求。

② 车间的安全生产状况,生产工艺及其特点,生产中的危害因素及安全防护措施和安全防护的重点部位。

③ 车间发生事故时的应急救援措施,典型事故案例。

车间安全生产教育合格后分配到班组上岗前还须进行班组安全生产教育,班组安全生产教育由班组长组织实施,内容包括以下几项:

① 本班组的安全生产制度,岗位安全职责,劳动纪律。

② 本班组的安全生产状况、生产特点、作业环境、设备状况、消防设施、危险部位及其安全防护要求,岗位间工作配合的安全事项,隐患报告办法。

③ 班组特别是本岗位生产中的危害因素及相应的安全防护措施,个人防护用品的性能及正确使用方法,岗位操作安全要求,作业场所安全要求。

④ 危险化学品泄漏、外溢、着火、爆炸时的具体应变措施,包括报警、防止事故扩大、灾害扑救、伤员现场救护处理以及逃生自救等。

厂级教育侧重法制教育,以增强遵章守纪的自觉性和安全意识,同时进行通用的安全知识教育,车间、班组教育侧重危害因素与危险部位的认知,安全操作技能的掌握和事故报警及应急救援的程序与方法,同时清楚讲解岗位的安全职责。三级安全生产教育是企业教育的重点。

2. 变换工种或离岗后复工的安全生产教育

工人变换工种调到新岗位上工作,对新岗位而言还是个新工人,并不了解新岗位有什么危害因素,没有掌握新的安全操作要求,所以上岗前还要进行班组安全生产教育,跨车间调岗位还要进行车间安全生产教育。离岗(病假、产假等)时间较长,对原工作已生疏,复工前要进行班组安全生产教育

3. 变动生产条件时的安全生产教育

变动生产条件是指工艺条件、生产设备、生产物料、作业环境发生改变时,新的生产条件会有新的危害因素,相应有新的防护措施、新的安全操作要求,而这些是工人原来不懂的必须针对生产条件改变而带来的新的安全问题对工人进行安全生产教育。

以上三种形式的安全生产教育都属于上岗前的安全生产教育。危险化学品企业的工人必须经过上岗前的安全生产教育,并考核合格方可上岗作业。

4. 特种作业人员安全生产教育

特种作业是指在劳动过程中容易发生伤亡事故,对操作者本人,尤其对他人和周围设施的安全有重大危害的作业。从事特种作业的人员称为特种作业人员,危险化学品企业中从事电工、焊工、制冷工、架子工等特种作业的人员所从事的作业是危险性比较大的,而且一旦作业失误会造成比较严重的后果。《中华人民共和国劳动法》规定特种作业人员"必须经过专门培训并取得特种作业资格"。对于已取得特种作业操作证的人员,还需不断增强安全意识,提高技术水平,所以还要定期对他们进行安全生产教育。危险化学品生产场所不安全因素多,对在这种危险性大的环境中从事特种作业的人员,要求他们有更高的安全素质,就更需要加强对他们的安全生产教育。

5. 企业负责人和安全生产管理人员的安全生产教育

企业负责人是企业生产经营的决策者、组织者,也是企业安全生产的责任人;安全管理人员具体负责企业安全生产的各项管理工作,他们的安全素质高低直接关系企业的安全管理水平,所以他们必须接受安全生产教育,按国家有关规定对他们的安全生产教育工作是由

政府安全生产综合管理部门负责组织,经安全生产教育并考核合格方能任职。企业负责人安全生产教育时间不得少于 40 学时,主要进行安全生产法制教育和安全生产管理知识的教育;安全管理人员教育时间不少于 120 学时,主要进行安全生产法制教育和安全生产知识教育。

6. 企业其他职能管理部门的安全生产教育

主要包括企业其他职能管理部门和生产车间负责人、工程技术人员、班组长的安全生产教育。

根据"管生产必须管安全,谁主管谁负责"的原则,职能部门和生产车间的负责人和班组长是本部门的安全生产责任人,应在各自的业务范围内对安全生产负责,工程技术人员直接管理生产中的技术工作,与安全生产有直接关系,所以他们都应该接受安全生产教育。安全生产教育内容包括国家安全生产法规、企业安全生产规章制度及本部门本岗位安全生产职责、安全管理和职业安全卫生知识、事故应急救援措施以及有关事故安全案例等。对他们的安全生产教育由分管安全生产的企业领导负责,安全生产管理部门组织实施。

7. 其他从业人员的安全生产教育

危险化学品企业中从事生产、经营、储存、运输(包括驾驶员、船员、装卸管理人员、押运人员)、使用危险化学品或处置废弃危险化学品活动的人员的安全生产教育。

按照《危险化学品安全管理条例》规定,这些人必须接受有关法律、法规、规章和安全知识,专业技术、职业卫生防护和应急救援知识的培训,并经考核合格,方可上岗作业。

培训的内容主要有以下几项:

① 有关危险化学品安全管理的法律、法规、规章和标准,以及本企业的有关制度。

② 危险化学品的危险特性及其他物理、化学性质、安全标签及安全技术说明书所提供的信息的含义。

③ 危险化学品安全使用、储存、搬运、操作处置、运输和废弃的程序及注意事项,岗位安全职责和安全操作规程。

④ 作业场所的安全要求,正确识别安全标志。

⑤ 危险化学品进入人体的途径及对人体的危害,作业人员的安全防护措施,个人防护用品的性能作用,正确使用方法及维护保管。

⑥ 危急情况和危险化学品事故应急措施与程序,伤员现场救护处理。

8. 经常性安全生产教育

人对知识有一个不断深化认识的过程,对技能掌握也有一个不断熟练的过程,随着生产的发展变化会产生新的安全问题,所以安全生产教育需要长期性、经常性地进行。经常性教育有多种形式,例如,班前会布置安全、班后会讲评安全、安全活动日、安全例会、事故现场会、观看安全录像及展览等。

(四)安全生产教育的方法

安全生产教育的方法主要有营造安全生产氛围、组织安全活动和安全培训三大类。

1. 营造安全生产氛围

利用各种宣传工具,通过报纸、广播、标语等宣传安全生产知识,先进经验以及事故教训,以营造浓郁的安全生产氛围,起到一种感染和潜移默化的作用,张挂警示标志和标语可以起到提醒和警示的作用。

2. 组织安全活动

通过组织各种生动活泼、吸引力强的安全活动,比如安全知识比赛、安全操作技能竞赛、消防体育运动会、安全文艺晚会、班组或车间之间的安全竞赛等,将安全生产教育寓于文娱体育活动中,吸引更多的人参与,这些活动也有利于形成良好的安全生产氛围。

3. 安全培训

通过课堂讲授安全技术知识与管理知识,分析典型事故案例,生产现场具体示范操作要求,指导学员进行实际操作训练,使学员较为系统地掌握安全理论知识和实际操作技能。

五、安全生产检查

(一)安全生产检查的目的与作用

安全生产的核心是防止事故,事故的原因可归结为人的不安全行为、物(生产设备、工具、物料、场所等)的不安全状态和管理的缺陷三种。预防事故是从防止人的不安全行为、防止物的不安全状态和完善安全生产管理三个方面着手。生产是一个动态过程,在生产过程中,正常运行的设备可能会出现故障,人的操作受其自身条件(安全意识、安全知识技能经验、健康与心理状况等)的影响可能会出差错,管理也可能有缺陷,如果不能及时发现这些问题并加以解决,就可能导致事故,所以必须及时了解生产中人和物以及管理的状况,以便及时纠正人的不安全行为、物的不安全状态和管理的缺陷。安全生产检查就是为了能及时地发现这些事故隐患,及时采取相应的措施消除这些事故隐患,从而保障生产安全进行。安全生产检查是安全生产管理的重要手段。

(二)安全生产检查的组织领导

安全检查要取得成效,不流于形式,不出现疏漏,必须做好检查的组织领导工作,使检查工作制度化、规范化、系统化。

首先,要明确检查职责。安全检查的面广、内容多、专业性强,有不同的检查主体和检查周期,如果职责不清,检查工作就难落实。要通过制度明确规定各项检查的责任人。比如,岗位日常检查工作可纳入岗位安全操作规程,由操作工负责,安全人员日常巡查工作在安全人员岗位责任制中具体规定。专业安全检查的职责可按"管生产必须管安全、谁主管谁负责"的原则,按设备设施的管辖确定检查职责,如工程管理的起重设备的专业检查应由工程部负责。

其次,检查要有计划,具体规定检查的目的、对象、范围、项目、内容、时间和检查人员,这样才能保证检查工作高效有序进行、避免漏检。检查计划由检查的组织者制订,检查的具体项目、内容、要求、方法等专业技术方面的事项应先编制安全检查表。检查时对照检查表逐项检查,作出检查记录,保证检查质量,提高工作效率,也避免了漏检。检查人员要熟悉业务,在现场检查中能识别危险源和事故隐患,并掌握相应的安全技术标准。

最后,要做好整改和分析总结工作,整改中发现的问题要定出具体的整改意见(包括整改内容、期限和责任人),并对整改结果进行复查和记录。要根据检查所了解的情况、发现的问题进行分析、研究、评估,以便对总体的安全状况、事故预防能力有一个正确的认识,制定进一步改善安全管理、提高安全防护能力的具体措施。

（三）安全生产检查的内容

针对检查的目的,安全生产检查的内容可分为以下几部分。

1. 检查物的状态是否安全

检查生产设备、工具、安全设施、个人防护用品、生产作业场所以及生产物料的存储是否符合安全要求,重点检查危险化学品生产与储存的设备、设施和危险化学品专用运输工具是否符合安全要求。在车间、库房等作业场所设置的监测、通风、防晒、调温、防火、灭火、防爆、泄压、防毒、消毒、中和、防潮、防雷、防静电、防腐蚀、防渗漏、防护围堤和隔离操作的安全设施是否符合安全运行的要求,通信和报警装置是否处于正常使用状态,危险化学品的包装是否安全可靠,生产装置与储存设施的周边防护距离是否符合国家的规定,事故救援器材、设备是否齐备、完好。

2. 检查人的行为是否安全

检查是否有违章指挥、违章操作、违反安全生产规章制度的行为。重点检查危险性大的生产岗位是否严格按操作规程作业,危险作业是否有执行审批程序等。

3. 检查安全管理制度是否完善

检查安全生产规章制度是否建立和健全,安全生产责任制是否落实,安全生产管理机构是否健全,安全生产目标和工作计划是否落实到各部门、各岗位,安全生产教育是否经常开展,使职工安全素质得到提高,安全生产检查是否制度化、规范化,检查发现的事故隐患是否及时整改,实施安全技术与措施计划的经费是否落实,是否按"四不放过"原则做好事故管理工作。重点检查所生产的危险化学品是否进行了注册登记和取得生产许可证,从事危险化学品生产、经营、储存、运输、废弃处置的人员和装卸管理人员是否经过安全培训并考核合格取得上岗资格,生产、储存危险化学品装置是否按要求定期进行安全评价并对评价报告提出的整改方案予以落实,危险化学品的销售、运输、装卸、出入库核查登记和剧毒化学品产量、流向、储量与销售记录,以及仓储保管与收发是否符合《危险化学品安全管理条例》的规定,是否制定了事故应急救援预案并定期组织救援人员进行演练。

（四）安全生产检查的形式

安全生产检查的形式要根据检查的对象、内容和生产管理模式来确定,可以有多种多样的形式,企业的安全生产检查形式主要有以下几类。

1. 生产岗位日常检查

生产岗位工人每天操作前,对自己岗位进行自检,确认安全才能操作,以检查物的状况是否安全为主,主要内容如下:

① 设备状态是否完好、安全,安全防护装置是否有效。

② 工具是否符合安全规定,个人防护用品是否齐备、可靠。

③ 作业场所和物品放置是否符合安全规定。

④ 安全措施是否完备,操作要求是否明确。

检查中发现的问题应解决后才能作业,如自己无法处理或无法把握的,应立即向班组长报告,待问题解决后方可作业。

2. 安全人员日常检查

注册安全主任、安全员等安全管理人员每日应深入生产现场巡视,检查安全生产情况,主要内容如下：

① 作业场所是否符合安全要求。

② 生产工人是否遵守安全操作规程，有没有违章违纪行为。

③ 协助生产岗位的工人解决安全生产方面的问题。

3. 定期综合性安全检查

从检查范围讲，包括厂组织对全厂各车间、部门进行检查和车间组织对本车间各班组进行检查，检查周期根据实际情况确定，一般全厂性的检查每年不少于 2 次，车间的检查每季度一次。全厂的综合性安全生产检查是以企业和车间、部门负责人为主，安全管理人员、职工代表参加检查组，按事先制订的检查计划进行，主要是检查各车间、部门的安全生产工作开展情况，以查管理为主，检查安全生产责任制的落实情况。查领导思想上是否重视安全工作，行动上是否认真贯彻"安全第一、预防为主、综合治理"的方针，查安全生产计划和安全措施计划的执行情况，安全目标管理的实施情况，各项安全管理工作（包括制度建设、宣传教育、安全检查、重大危险源安全监控、隐患整改等）开展情况，查各类事故（包括未遂事故）是否按"四不放过"的原则进行处理，事故应急救援预案是否落实，是否组织演练。同时也对生产设备的安全状况进行检查，对主要危险源、安全生产要害部位的安全状况要重点检查。检查应按事前编制好的安全检查表的内容逐项检查，对检查情况作出记录，对检查发现的隐患要发出整改通知，规定整改内容、期限和责任人，并对整改情况进行复查。检查组应针对检查中发现的问题进行分析，研究解决办法，同时根据检查所了解到的情况评估企业、车间的安全状况，研究改善安全生产管理的措施。车间对班组的检查也基本包括上述内容。

4. 专业安全检查

有些检查其内容专业技术性很强，须由懂得这方面知识的专业技术人员进行，比如锅炉、压力容器、起重机械等特种设备的安全检查，电气设备安全检查，消防安全检查等。这类检查往往还要依靠一些专业仪器来进行，检查的项目、内容一般是由相应的安全技术法规、安全标准作了规定的，这些法规、标准是专业安全检查的依据和安全评判的依据。专业安全检查可以单独组织，也可以定期进行综合性检查。

5. 季节性安全检查

不同季节的气候条件会给安全生产带来一定的影响，比如春季潮湿气候会使电气绝缘性能下降而导致触电、漏电起火、绝缘击穿短路等事故；夏季高温气候易发生中暑；秋冬季节风干物燥易发生火灾；雷雨季节易发生雷击事故。季节性检查是检查防止不利气候因素导致事故的预防措施是否落实，如雷雨季节将到前，检查防雷设施是否符合安全标准；夏季检查防暑降温措施是否落实等。

事故主要发生在生产岗位上，生产岗位日常检查和安全人员日常巡查其检查周期短、检查面广，能够很及时地发现生产岗位上的不安全问题，对预防事故有很重要的作用，须认真做好。

（五）安全检查表

安全检查表是安全检查的工具，是一份检查内容的清单，使用检查表进行检查有利于提高检查效率和保证检查质量，防止漏检、误检。

1. 检查表的种类

（1）按检查的内容可分如下几种：

① 检查安全管理状况的检查表。这类检查表还可细分为安全制度建设检查表、安全生产教育表、安全事故管理检查表等。主要检查国家安全生产法规贯彻执行情况、管理的现状、管理的措施和成效，以便发现管理缺陷。

② 检查安全技术防护状况的检查表。按专业还可分为机械安全检查表、电气安全检查表、消防安全检查表、职业危害检查表等。主要检查职业安全卫生标准执行情况，检查危险源是否采取了有效的安全防护措施，安全防护设施是否运转正常，使危险源得到可行的控制，以便发现物的不安全状况。

（2）按检查范围可分为全厂的检查表、车间的检查表、班组的检查表、岗位的检查表。

（3）按检查周期可分为日常检查的检查表和定期检查的检查表。

2. 检查表的编制

安全管理状况检查表是依据国家安全生产法规，并结合企业安全生产规章制度来编制的，检查内容就是法规对企业安全生产管理的要求，检查企业安全生产的各项管理工作是否都按法规的要求做好。

安全技术防护状况检查表的编制，是一项专业性很强的工作，要编制一个能全面识别各种危险性检查对象的检查表，需做好以下工作：

① 组织熟悉检查对象情况的人员，包括设备、工艺方面的专业技术人员、管理人员、操作人员共同参与编制工作；

② 全面详细了解检查对象的结构、功能、运行方式、工艺条件、操作程序、安全防护装置，以及常见故障和发生过的事故的过程、原因、后果。

③ 以检查对象为一个系统，按其结构、功能划分为若干个单元，逐个分析潜在危害因素，将危险源逐个识别出来并列出清单。

④ 依据安全技术法规、职业安全卫生标准、技术规范的要求，对识别出来的危险源逐个确定危害控制的安全要求、安全防护的措施以及危险状况识别判断的方法。

⑤ 综合危险源分布状况和危险源危害控制的要求列出检查表。安全检查时就是将列的全部危险源逐一检查，看其安全防护措施是否符合安全要求。不符合的予以整改，编制出的检查表还需经实践检验，不断完善。

（六）安全生产事故管理

安全生产事故管理是企业安全生产管理的重要内容。事故管理要坚持"四不放过"原则，在事故发生后必须查明原因，分清责任，落实防范措施，消除事故隐患，教育群众和处理责任人，防止同类事故再次发生。

1. 事故报告和应急救援

危险化学品企业应制定本单位事故应急救援预案，建立应急救援组织，配备应急救援人员和必要的应急救援器材、设备，并定期组织演练和做好器材、设备的日常维护保养工作，以保证救援装备在任何情况下都处于正常使用状态，保证救援队伍在任何情况下都可以迅速实施救援。

发生危险化学品事故，事故现场有关人员应立即报告本单位负责人，单位主要负责人应按本单位制定的应急救援预案,迅速采取有效措施,组织营救受害人员,控制危害源,监测危害状况,防止事故蔓延、扩大,减少人员伤亡和财产损失,并采取封闭、隔离等措施处置、消除危害造成的后果。同时,在事故救援过程中,要注意保护好现场,以利于调查找出事故原因,企业负责人应对此负责。故意破坏事故现场、毁灭有关证据的行为要被追究法律责任。

按照《危险化学品安全管理条例》第七十一条规定,发生危险化学品事故,事故单位主要负责人应当立即按照本单位危险化学品应急预案组织救援,并向当地应急管理部门和环境保护、公安、卫生主管部门报告;道路运输、水路运输过程中发生危险化学品事故的,驾驶人员、船员或者押运人员还应当向事故发生地交通运输主管部门报告。第五十一条规定,剧毒化学品、易制爆危险化学品在道路运输途中丢失、被盗、被抢或者出现流散、泄漏等情况的,驾驶人员、押运人员应当立即采取相应的警示措施和安全措施,并向当地公安机关报告。公安机关接到报告后,应当根据实际情况立即向应急管理部门、环境保护主管部门、卫生主管部门通报。有关部门应当采取必要的应急处置措施。《生产安全事故报告和调查处理条例》第九条规定,事故发生后,事故现场有关人员应当立即向本单位负责人报告;单位负责人接到报告后,应当于1 h内向事故发生地县级以上人民政府应急管理部门和其他负有安全生产监督管理职责的部门报告。《中华人民共和国职业病防治法》第三十七条规定,发生或者可能发生急性职业病危害事故时,用人单位应当立即采取应急救援和控制措施,并及时报告所在地卫生行政部门和有关部门。卫生行政部门接到报告后,应当及时会同有关部门组织调查处理;必要时,可以采取临时控制措施。

事故报告应当包括下列内容:

① 事故发生单位概况。

② 事故发生的时间、地点以及事故现场情况。

③ 事故的简要经过。

④ 事故已经造成或者可能造成的伤亡人数(包括下落不明的人数)和初步估计的直接经济损失。

⑤ 已经采取的措施。

⑥ 其他应当报告的情况。

2. 事故调查、处理和归档

事故发生后,要对事故进行调查处理,调查处理的目的是了解事故情况,掌握事实,查明事故原因,分清事故责任,拟订防范措施,防止同类事故再次发生。事故的调查由事故调查组负责,调查组成员的组成按国家有关规定组建,事故调查组履行下列职责:

① 查明事故发生的经过、原因、人员伤亡情况及直接经济损失。

② 认定事故的性质和事故责任。

③ 提出对事故责任者的处理建议。

④ 总结事故教训,提出防范和整改措施。

⑤ 提交事故调查报告。

事故调查应当按照实事求是、尊重科学的原则,及时、准确地查清事故原因,查明事故性质和责任,总结事故教训,提出整改措施,并对事故责任人提出处理意见。

事故有关单位和个人应积极主动配合事故的调查处理工作。任何单位与个人不得阻挠和干涉对事故的依法调查处理,否则要承担法律责任。

事故单位要认真吸取事故教训,教育广大群众,落实整改措施,防止同类事故再次发生,同时还要做好事故材料归档工作。将事故调查处理过程中形成的材料归入安全生产档案。

六、安全技术措施计划

（一）安全技术措施计划的基本内容

1. 安全技术措施计划的项目内容

安全技术措施计划的项目范围,包括改善劳动条件、防止事故、预防职业病、提高职工安全素质等技术措施,大体包括以下 4 个方面:

（1）安全技术措施指以防止工伤事故和减少事故损失为目的的一切技术措施,如安全防护、保险、信号等装置或设施。

（2）卫生技术措施指改善对职工身体健康有害的生产作业环境条件、防止职业中毒与职业病的技术措施,如防尘、防毒、防噪声及通风、降温、防寒等。

（3）辅助措施指保证工业卫生方面所必需的房屋及一切职业卫生保障措施,如尘毒作业人员的淋浴室、更衣室或者存衣箱、消毒室、休息室、急救室等。

（4）安全宣传教育措施指提高作业人员安全素质的有关宣传教育设备、仪器、教材和场所等,如劳动保护教育室、安全卫生教材、培训室、宣传画等。

2. 安全技术措施计划的编制内容

每一项安全技术措施至少应包括以下内容:
① 措施应用的单位或工作场所。
② 措施名称。
③ 措施内容与目的。
④ 经费预算及来源。
⑤ 负责施工单位或负责人。
⑥ 措施预期效果及检查验收。

（二）安全技术措施计划的编制依据

生产经营单位编制安全技术措施计划的主要依据归纳起来有以下 5 个方面:
① 安全生产方面的法律、法规、政策、技术标准。
② 安全检查中发现的隐患。
③ 职工提出的有关安全、职业卫生方面的合理化建议。
④ 针对工伤事故、职业病发生的主要原因所采取的措施。
⑤ 采用新技术、新工艺、新设备等应采取的安全措施。

（三）安全技术措施计划的编制原则

编制安全技术措施计划要根据企业实际综合考虑,对拟安排的安全技术措施项目要进行可行性分析,并根据安全效果好、费用尽可能低的原则综合选择确定。其编制原则应考虑以下 4 个方面:
① 当前的科学技术水平是否能够做到。
② 结合本单位生产技术、设备以及发展规划考虑。
③ 本单位人力、物力、财力是否允许。

④ 安全技术措施产生的安全效果和经济效益。

根据国家和地方政府的规定,生产经营单位安全技术措施经费按一定比例从生产经营单位更新改造资金中划拨出来。安全技术措施经费要在财务上单独立账,专款专用,不得挤占和挪用。

（四）安全技术措施计划的编制

计划编制时应根据本单位情况向各基层单位提出具体要求,进行布置。各基层单位负责人会同有关人员编制出所辖范围具体的安全技术措施计划。由企业安全管理部门审查汇总,生产计划部门负责综合平衡,在厂长召集有关部门领导、车间主任、工会主席或安全生产委员会参加的会议上明确项目、设计和施工负责人,规定完成期限,经单位主要负责人批准后正式下达计划。对于重大的安全措施项目,还应提请单位职工大会审议通过,然后报请上级主管部门核定批准后与生产计划同时下达到有关部门。

1. 确定措施计划编制时间

生产经营单位一般应在每年的第三季度开始着手编制下一年的生产、技术、财务、计划的同时,编制安全技术措施计划。

2. 布置措施计划编制工作

企业领导应根据本单位具体情况向下属单位或职能部门提出编制措施计划具体要求,并就有关工作进行布置。

3. 确定措施计划项目和内容

下属单位确定本单位的安全技术措施计划项目,并编制具体的计划和方案,经群众讨论后,报企业安全生产管理部门。安全生产管理部门联合技术、计划部门对上报的措施计划进行审查、平衡、汇总后,确定措施计划项目,并报有关领导审批。

4. 编制措施计划

安全技术措施计划项目经审批后,由安全管理部门和下属单位组织相关人员,编制具体的措施计划和方案,经讨论后,报安全、技术、计划等部门进行联合会审。

5. 审批措施计划

安全、技术、计划部门对上报的安全技术措施计划进行联合会审后,报有关领导审批。安全技术措施计划一般由总工程师审批。

6. 计划的下达

单位主要负责人根据总工程师的意见,召集有关部门负责人审查、核定计划。根据审查、核定结果,与生产计划同时下达到有关部门贯彻执行。

（五）安全技术措施计划的验收

已完成的计划项目要按规定组织竣工验收。交工验收时一般应注意:所有材料、成品等必须经检验部门检验;外购设备必须有质量证明书;负责单位应向安全技术部门填报交工验收单,由安全技术部门组织有关单位验收;验收合格后,由负责单位持交工验收单向计划部门报完工,并办理财务结算手续;使用单位应建立台账,按《企业劳动保护设施管理制度》进行维护管理。

七、案例分析

【案例一】　浙江某化学有限公司双氧水车间爆炸火灾事故

2004 年 4 月 22 日 8 时,浙江某化学有限公司双氧水车间发生爆炸火灾事故,造成 1 人死亡,1 人受伤,直接经济损失 302 万元。

1. 直接原因

双氧水车间内氧化残液分离器排液后,操作工未按规定打开罐顶的放空阀门,造成氧化残液分离器内残液中的双氧水分解产生的压力得不到及时有效的泄压,使之极度超压,导致氧化残液分离器发生爆炸;爆炸碎片同时击中氧化液气分离器、氧化塔下面的工作液进料管和白土床至循环工作储槽的管线,致使氢化液气分离器内的氢气和氢化液喷出,发生爆炸和燃烧,氧化塔内的氧化液喷出并烧灼,白土床口管内的工作液流出并燃烧,继而形成了双氧水车间的大面积火灾。

2. 间接原因

① 公司安全生产管理机构不健全,负责安全管理的干部没有经过专门培训,安全生产意识淡化。公司生产目标管理不够明确,安全责任制没有层层分解,对员工的安全教育和培训不到位,对员工中的违规操作现象监督不力,处理不严,导致职工违规操作,酿成事故。

② 生产工艺的技术改造,未按《危险化学品安全管理条例》的要求报有关部门审批,也没有经原设计单位确认,生产线改造后未能对设备设施运行情况及时进行有效监控。

③ 公司消防设备不完善,消防水源不足,自防自救能力差,制定的危险化学品事故应急救援预案不全面、不系统,平时演练不够。

【案例二】　宁远县某鞭炮厂爆炸事故

2011 年 12 月 27 日 18 时 30 分左右,宁远县某鞭炮厂发生一起火药爆炸较大事故,连成 4 人死亡,2 人受伤,直接经济损失 215.5 万元。

1. 直接原因

插引工黄某因作业过程中将物体跌落撞击散落在地面的引火线、药尘发生燃烧,继而引起已装药药饼发生爆炸,爆炸产生的冲击波将本工房内其他药饼引爆,并使工房墙体发生倒塌,从而导致事故的发生。

2. 间接原因

(1) 违法组织生产。宁远县某鞭炮厂在换证过程中,企业投资人余某、李某、周某等 3 人将厂区发包给不具备相应从业资质的欧某和乐某;在取得安全生产许可证后企业实际控制人欧某和乐某均未参加烟花爆竹生产企业主要负责人培训班并经考核合格,缺乏必要的安全管理知识和能力;未安排专职安全员驻厂管理,对生产现场的安全管理不到位;未及时向有关部门申请企业主要负责人变更手续,违法组织生产。

(2) 培训教育不到位。宁远县某鞭炮厂实际控制人欧某、乐某未落实本厂安全培训管理制度,对本企业新入厂员工未进行上岗前安全培训,未定期对本厂全体员工进行药物、工艺、操作规程、危险有害因素、防范措施等方面的安全知识培训。

(3) 政府履行职责不到位。宁远县人民政府对全县安全生产工作安排部署不到位,2011 年 11 月底,对全县烟花爆竹生产企业复产验收工作未进行监督检查,对全县烟花爆竹安全生产宣传教育不深入;宁远县禾亭镇人民政府依法履行乡镇政府安全生产责任不到位,对于辖区内的烟花爆竹生产企业,未制定严密的监管措施,安全生产宣传教育不深入。

(4)部门安全监管不力。2010年8月10日,欧某和乐某两人共同出资29.6万元以购买和租赁的形式取得了宁远县某鞭炮厂的经营权,在欧某和乐某两人未取得烟花爆竹生产企业主要负责人资格证的情况下,宁远县某鞭炮厂在2010年10月18日重新换取安全生产许可证时,宁远县安监局未及时向省、市安监局报告有关情况,在这以后的执法检查中也没有因欧某和乐某两人未取得烟花爆竹生产企业主要负责人资格证而暂扣宁远县某鞭炮厂的安全生产许可证,并向上级报告有关情况,违反了《烟花爆竹生产企业安全许可证实施办法》第八条、第三十四条和第四十四条的规定。2011年12月2日,宁远县安监局在对该厂的检查过程中,对生产现场进行了重点检查,并下发了《责令改正指令书》,但未对该厂安全培训制度落实情况进行检查,执法检查不细致。2011年12月4日,宁远县禾亭镇安监站在对该厂检查时,未发现任何安全隐患,也未对该厂安全培训制度落实等情况进行检查,在了解该厂已进行股份转让且实际控制人发生变更时,也未责令企业及时向有关部门申请企业主要负责人变更手续;全年对本镇范围内的3家烟花爆竹生产企业进行多次检查,但未排查出任何安全隐患,也未建立安全隐患台账,执法检查流于形式、走过场。

第三节 危险化学品安全生产标准化管理

一、企业安全生产标准化基本规范

1. 概述

《企业安全生产标准化基本规范》(GB/T 33000—2016)规定了企业安全生产标准化管理体系建立、保持与评定的原则和一般要求,以及目标职责、制度化管理、教育培训、现场管理、安全风险管控及隐患排查治理、应急管理、事故管理和持续改进8个体系要素的核心技术要求。适用于工矿商贸企业开展安全生产标准化建设工作,有关行业制定、修订安全生产标准化标准、评定标准,以及对安全生产标准化工作的咨询、服务、评审、科研、管理和规划等。其他企业和生产经营单位等可参照执行。企业通过落实企业安全生产主体责任,全员全过程参与,建立并保持安全生产管理体系,全面管控生产经营活动各环节的安全生产与职业卫生工作,实现安全健康管理系统化、岗位操作行为规范化、设备设施本质安全化、作业环境器具定置化,并持续改进。

2. 核心要求

(1)目标职责

目标指企业应根据自身安全生产实际,制定文件化的总体和年度安全生产与职业卫生目标,并纳入企业总体生产经营目标。明确目标的制定、分解、实施、检查、考核等环节要求,并按照所属基层单位和部门在生产经营活动中所承担的职能,将目标分解为指标,确保落实。

职责的含义包括企业主要负责人全面负责安全生产和职业卫生工作,并履行相应责任和义务;分管负责人应对各自职责范围内的安全生产和职业卫生工作负责;各级管理人员应按照安全生产和职业卫生责任制的相关要求,履行其安全生产和职业卫生职责。

（2）制度化管理

主要包括法规标准识别、规章制度、操作规程和文档管理。

企业应建立安全生产和职业卫生法律法规、标准规范的管理制度,明确主管部门,确定获取的渠道、方式,及时识别和获取适用、有效的法律法规、标准规范,建立安全生产和职业卫生法律法规、标准规范清单和文本数据库等;应建立健全安全生产和职业卫生规章制度,并征求工会及从业人员意见和建议,规范安全生产和职业卫生管理工作;应按照有关规定,结合本企业生产工艺、作业任务特点以及岗位作业安全风险与职业病防护要求,编制齐全适用的岗位安全生产和职业卫生操作规程,发放到相关岗位员工,并严格执行。

（3）教育培训

企业应建立健全安全教育培训制度,按照有关规定进行培训。培训大纲、内容、时间应满足有关标准的规定。企业安全教育培训应包括安全生产和职业卫生的内容。企业应明确安全教育培训主管部门,定期识别安全教育培训需求,制定、实施安全教育培训计划,并保证必要的安全教育培训资源。企业应如实记录全体从业人员的安全教育培训情况,建立安全教育培训档案和从业人员个人安全教育培训档案,并对培训效果进行评估和改进。

人员教育培训的对象包括主要负责人、安全生产管理人员、从业人员和外来人员。

（4）现场管理

现场管理包括设备设施管理、作业安全管理、职业健康管理和警示标志管理。

设备设施管理包括设备设施建设、设备设施验收、设备设施运行、设备设施检维修、设备设施检测检验、设备设施拆除及报废。作业安全管理包括作业环境及条件、作业行为、岗位达标与相关方等方面的管理。职业健康管理包括基本要求、职业病危害告知、职业病危害申报、职业病危害检测及评价等方面的管理。警示标志管理是按照工作场所安全风险特点,设置明显的、符合有关规定要求的安全警示标志和职业危害警示标志,并定期对警示标志进行检查维护,确保其完好有效。

（5）安全风险管控及隐患排查治理

安全风险辨识范围应覆盖本单位的所有活动及区域,并考虑正常、异常和紧急三种状态及过去、现在和将来三种时态。企业应选择合适的安全风险评估方法,定期对所辨识出的存在安全风险的作业活动、设备设施、物料等进行评估;在进行安全风险评估时,至少应从影响人、财产和环境三个方面的可能性和严重程度进行分析;并根据安全风险评估结果及生产经营状况等,确定相应的安全风险等级,对其进行分级分类管理,实施安全风险差异化动态管理,制定并落实相应的安全风险控制措施。

企业应按照有关规定,结合安全生产的需要和特点,采用综合检查、专业检查、季节性检查、节假日检查、日常检查等不同方式进行隐患排查。对排查出的隐患,按照隐患的等级进行记录,建立隐患信息档案,并按照职责分工实施监控治理。组织有关人员对本企业可能存在的重大隐患做出认定,并按照有关规定进行管理。企业应根据隐患排查的结果,制定隐患治理方案,对隐患及时进行治理。

（6）应急管理

应急管理包括应急准备、应急处置和应急评估。应急准备包括应急救援组织,应急预案,应急设施、装备、物资,应急演练,应急救援信息系统建设。

（7）事故管理

事故管理包括事故报告、调查处理与管理。企业应按照《企业职工伤亡事故分类》（GB 6441—1986）、《事故伤害损失工作日标准》（GB/T 15499—1995）的有关规定和国家、行业确定的事故统计指标开展事故统计分析。

（8）持续改进

企业每年至少应对安全生产标准化管理体系的运行情况进行一次自评，验证各项安全生产制度措施的适宜性、充分性和有效性，检查安全生产和职业卫生管理目标、指标的完成情况。同时，企业应根据安全生产标准化管理体系的自评结果和安全生产预测预警系统所反映的趋势，以及绩效评定情况，客观分析企业安全生产标准化管理体系的运行质量，及时调整完善相关制度文件和过程管控，持续改进，不断提高安全生产绩效。

二、危险化学品从业单位安全标准化通用规范

《危险化学品从业单位安全标准化通用规范》（AQ 3013—2008）规定了危险化学品从业单位（以下简称企业）开展安全标准化的总体原则、过程和要求，其中规定的重点管理要素如下：

（1）安全生产职责；

（2）识别和获取适用的安全生产法律法规、标准及其他要求；

（3）安全生产会议管理；

（4）安全生产费用；

（5）安全生产奖惩管理；

（6）管理制度评审和修订；

（7）安全培训教育；

（8）特种作业人员管理；

（9）管理部门、基层班组安全活动管理；

（10）风险评价；

（11）隐患治理；

（12）重大危险源管理；

（13）变更管理；

（14）事故管理；

（15）防火、防爆管理，包括禁烟管理；

（16）消防管理；

（17）仓库、罐区安全管理；

（18）关键装置、重点部位安全管理；

（19）生产设施管理，包括安全设施、特种设备等管理；

（20）监视和测量设备管理；

（21）安全作业管理，包括动火作业、进入受限空间作业、临时用电作业、高处作业、起重吊装作业、破土作业、断路作业、设备检维修作业、高温作业、盲板抽堵作业管理等；

（22）危险化学品安全管理，包括剧毒化学品安全管理及危险化学品储存、出入库、运输、装卸等；

（23）检维修管理；

（24）生产设施拆除和报废管理；

（25）承包商管理；

（26）供应商管理；

（27）职业卫生管理，包括防尘、防毒管理；

（28）劳动防护用品（具）和保健品管理；

（29）作业场所职业危害因素检测管理；

（30）应急救援管理；

（31）安全检查管理；

（32）自评等。

三、危险化学品从业单位安全生产标准化评审标准

《国家安全生产监督管理总局关于印发危险化学品从业单位安全生产标准化评审标准的通知》（安监总管三〔2011〕93号）中明确了申请安全生产标准化达标评审的条件，具体如下：

（1）申请安全生产标准化三级企业达标评审的条件

① 已依法取得有关法律、行政法规规定的相应安全生产行政许可；

② 已开展安全生产标准化工作1年（含）以上，并按规定进行自评，自评得分在80分（含）以上，且每个A级要素自评得分均在60分（含）以上；

③ 至申请之日前1年内未发生人员死亡的生产安全事故或者造成1000万元以上直接经济损失的爆炸、火灾、泄漏、中毒事故。

（2）申请安全生产标准化二级企业达标评审的条件

① 已通过安全生产标准化三级企业评审并持续运行2年（含）以上，或者安全生产标准化三级企业评审得分在90分（含）以上，并经市级应急管理部门同意，均可申请安全生产标准化二级企业评审；

② 从事危险化学品生产、储存、使用（使用危险化学品从事生产并且使用量达到一定数量的化工企业）、经营活动5年（含）以上且至申请之日前3年内未发生人员死亡的生产安全事故，或者10人以上重伤事故，或者1000万元以上直接经济损失的爆炸、火灾、泄漏、中毒事故。

（3）申请安全生产标准化一级企业达标评审的条件

① 已通过安全生产标准化二级企业评审并持续运行2年（含）以上，或者装备设施和安全管理达到国内先进水平，经集团公司推荐、省级应急管理部门同意，均可申请一级企业评审；

② 至申请之日前5年内未发生人员死亡的生产安全事故（含承包商事故），或者10人以上重伤事故（含承包商事故），或者1000万元以上直接经济损失的爆炸、火灾、泄漏、中毒事故（含承包商事故）。

《危险化学品从业单位安全生产标准化评审标准》规定的危险化学品从业单位安全生产标准化评审评分标准不再详细罗列。

第四节　危险化学品企业精细化管理

一、企业精细化管理意义

对于经营单位而言,精细管理是一种对战略和目标进行分解、细化和落实的过程,是让企业的战略规划能有效贯彻到每个环节并发挥作用的过程,同时也是提升企业整体执行能力的一个重要途径。一个企业在确立了建设"精细管理工程"这一带有方向性的思路后,重要的就是结合企业的现状,按照"精细化"的思路,找准关键问题、薄弱环节,分阶段进行,每阶段性完成一个体系,便实施运转、完善一个体系,并牵动修改相关体系,只有这样才能最终整合全部体系,实现精细化管理工程在企业发展中的功能、效果和作用。

(1) 精细化管理是一种理念,一种文化。它是社会分工精细化以及服务质量精细化对现代管理的必然要求。现代管理学认为,科学化管理有三个层次:第一个层次是规范化,第二个层次是精细化,第三个层次是个性化。

(2) 精细化管理就是落实管理责任,将管理责任具体化、明确化,它要求每一个管理者都要做到位、尽职。第一次就把工作做到位,工作要日清日结,每天都要对当天的情况进行检查,发现问题及时纠正,及时处理等。

对于化工企业,我国涉及危险化学品的重点产业规模总量大、行业领域多、分布范围广以及管理环节多等特点,并存在概念多样、现行危险化学品法规层次不高、安全监管体制不健全、企业安全主体责任不落实、应急救援管理体系不完善等问题。在化工生产质量管理控制中,运用精细化管理手段,是非常有必要的。

(1) 化工行业与其他产业不同,对技术先进和精密生产的要求更高,但受传统的质量控制管理模式影响,管理不及时、不规范等问题常有发生,而精细化管理可以有效地控制或解决这些问题,提高化工企业的生产质量。

(2) 化工企业在引进先进的技术手段后规模和经济效益都有一定程度的提高,质量控制管理的内容也不只是检测产品等内容,新增了综合性管理指标的评定等,需要对各个细节、部门和业务精细化管理。

(3) 以往的粗放式管理模式使得化工企业的产品质量问题时有发生,严重地破坏了化工企业的形象和发展的稳定性,急需对每个环节的监管和控制,也就是进行高标准、重细节和具体化的管理。

危险化学品企业生产设备诸多,流程操作烦琐,工艺连锁复杂,这就需要企业管理人员、操作人员具备较高综合素养,装置现场及机具管理达到一定的管理水平,"5S"管理是精细化管理的重要手段。

二、"5S"管理方法

"5S"管理方法起源于日本,"5S"管理模式在现场生产中,由整理(seiri)、整顿(seiton)、清扫(seiso)、清洁(seiketsu)、素养(shitsuke) 5 个要素构成。"5S"管理的各要素之间是互相呼应的,企业实施"5S"管理,并结合 PDCA 循环管理,或企业标准化管理的要求综合提升企业管理水平。

（一）"5S"管理基本要求

1. 整理

整理阶段主要是对生产现场的机具、原材料、设备等进行整理、改善,使得生产现场的人、设备、环境能够有机结合。化工企业基层班组应根据装置内生产需要将现场的所有物品分为必要与非必要两类,根据企业的生产特点,固定生产设备及塔器等,班组应及时将装置内临时使用的隔膜泵、水带、催化剂或其他化工剂等物品进行分类,将暂时不使用的物品归置到相关库房,从而使生产装置内无杂乱物品。通过登记在册的方式管理收入库房的物品,从而便于使用时能快速找到。

2. 整顿

整顿工作与化工企业现阶段推广的定制化管理部分内容相似,将有用的物品进行合理的归类和放置,并添加标识,使得生产现场、班组工具柜和应急设备间内的物品能够一目了然,有效缩短寻找时间,从而提高各项操作的工作效率。与此同时,将整顿的各项要求应用至操作室内,通过将各项物品进行定制化摆放创造出有序的工作环境。整顿不仅是为了摆放整齐、好看,更是为了使物品摆放科学、合理、规范,为提高生产效率创造条件。

3. 清扫

清扫阶段主要是将装置现场及各类班组活动空间清扫干净,为装置内生产工作和人员休息区域创造一个良好的环境。就化工企业基层班组而言,需要清扫各区域内的机泵、油站、压缩机等机械设备和平台与地面卫生。针对化工生产装置的实际特点,制定与之匹配的清扫方案,确定检查周期和方法,并设置专业人员对程控阀、仪表、电气等设备进行清扫,避免设备被遗漏清扫或损坏等。

4. 清洁

清洁从字面上看是个形容词,描述了一种现象或状态。在"5S"管理中本阶段主要是通过标准化与目视化管理对装置及操作室内整理、整顿和清扫的达标情况进行监督和管理,切实根据制定的标准与制度对不达标情况做出相应的措施,并不断提出改善方法,追求每周有进步,每月有成果,不断有新的改进、新的面貌。

5. 素养

企业班组员工的素养往往是企业文化的体现,一个有礼貌、有精神、能团结的队伍才能更可靠地完成各项工作。本阶段主要是通过有计划的培训和教育提高人员的业务水平、业务素养和个人精神面貌等,不断养成良好的工作态度和行为习惯,建立较强的责任心、上进心和团结心。只有工作人员具备良好的素养,才能够更加努力地开展工作,进而提高装置操作的准确性,保证工作的质量和效率。

（二）"5S"管理模式在基层班组的应用

1. 现场管理制度中纳入"5S"内容

（1）实施培训与成果分享。现代化工企业运行班组实现 24 h 轮换值班,以及班长带班统一管理的方法,因此在"5S"管理模式的运用过程中要充分考虑到倒班轮休的特殊性。在前期动员和思想建立期间,根据运行班组轮休的特殊性,需要分批开展培训工作,将思想理念辐射到全体班组成员,让全体班组成员建立对"5S"管理的认识。通过班组成员间的讨论活动、班组安全活动等方式,倡导员工结合日常工作中存在的问题共同思考和商讨改善措施,并动手加以改进,通过树立先进个人、典型班组、总结宣传和成果展示等方式使员工建立存在感、成就感和自豪感。

(2) 实践与重点提升。技术管理人员与各班班长在"5S"各项管理措施推进前系统性统计工作量的增减,通过工作调研和身临其境的感受,深刻体会措施推进过程中班组人员的感受,从而及时调整工作方法,避免短时间内工作量骤增,造成员工抵触影响持续性的工作提升。同时,班组长作为班组的"领头羊",在班组工作和管理提升过程中起着至关重要的作用。通过对班组长的重点培训,使其对企业管理理念和公司精神得到更加深入的贯彻,不仅可全面提升核心人员素养,还可积极发挥其表率与标杆作用。

(3) 建制与奖惩机制。基层管理人员往往将某些制度直接拿来使用,而上级管理部门制定的制度与标准具有普遍性,缺乏对班组的针对性。基层管理人员应当与班组成员及时沟通,在上级规定和相关制度的基础上制定符合本部门特点的管理制度,建立切实有效的奖惩机制。

2. 现场"5S"管理应用

(1) "5S"管理在装置区内的应用。化工企业班组承担着装置内的日常清理、清扫与维护工作,多数员工受过良好的技能培训,具备优良的专业知识,能够准确地进行参数调整与设备操作。但往往忽视或疲于对装置内临时设施的整理,导致某些情况下化工试剂废桶未按要求在规定位置堆放,装置内临时使用的蒸汽胶带、水带未及时盘好,工具间内使用的器械虽分类管理但未按大里、小外、轻上、重下的规格尺寸进行顺序排列。

通过利用"5S"管理中整理、整顿和清扫三个要素将装置内非必要的物品进行清理,及时做好标识进行入库管理;将需要的物品、承包商施工机具和设备按照定点、定量的方式进行合理归置。对装置现场的机泵与核心机组建立监督检查机制,通过党员先锋设备、红旗设备等方式促进员工主动工作的积极性;通过班前检查、周检查等方式将现场发现的问题及时提出、及时整改,保证隐患治理及时性;建立正激励奖励制度,通过制度激发员工潜能不断提高自身标准。"5S"管理的实施不仅可以从表面上解决装置现场和承包商的管理问题,而且还可以从根本上提高人的能动性。

(2) "5S"管理在操作室、设备间的应用。内操室是化工企业进行DCS控制和报警管理的核心位置,操作台上复位按键、紧急切断按键、参数输入键盘等电子设备众多。未实施"5S"管理和标准化要求时操作台上经常放置零食、水杯等物品,零食碎屑落入键盘、仪器缝隙等部位严重影响了室内标准化水平,更有甚者水杯跌倒有可能导致键盘短路,从而造成操作波动的风险。外操室是员工日常休息、班组培训的场所,以往由于习惯原因经常将各类扳手、管钳、为员工配置的便携报警仪、员工定位仪等设备随意放置,造成设备丢失或使用时难以找到的现象。

随着"5S"管理的逐步深入,内操室、外操室和设备间内实施了标准化定制摆放,通过在操作台、桌面上划定区域,在不同区域内放置规定类别的物品;通过员工素养的提升,及时将使用过的器械主动归位管理。通过张贴标识,将设备间内的物品进行目视化管理,从而便于各类物品的寻找。实施"5S"管理后,持续的改进为员工创造了更加洁净与整齐的生产环境,提供了一个自我约束、自我提升的场所。

思 考 题

1. 如何理解危险化学品安全生产责任制？
2. 安全技术部门的安全生产职责有哪些？
3. 安全生产教育的目的和作用有哪些？
4. 安全教育的内容和形式有哪些？
5. 安全生产检查的内容和形式包括哪些方面？
6. 简述企业建立并实施安全生产标准化的意义。
7. 举例说明生产现场如何进行精细化管理。

第七章　危险化学品事故应急救援

第一节　危险化学品事故应急救援的要求

一、国家对危险化学品事故应急救援的要求

《中华人民共和国安全生产法》第八十二条规定,危险物品的生产、经营、储存单位以及矿山、金属冶炼、城市轨道交通运营、建筑施工单位应当建立应急救援组织;生产经营规模较小的,可以不建立应急救援组织,但应当指定兼职的应急救援人员。危险物品的生产、经营、储存、运输单位以及矿山、金属冶炼、城市轨道交通运营、建筑施工单位应当配备必要的应急救援器材、设备和物资,并进行经常性维护、保养,保证正常运转。

《中华人民共和国突发事件应对法》第二十三条规定,矿山、建筑施工单位和易燃易爆物品、危险化学品、放射性物品等危险物品的生产、经营、储运、使用单位,应当制定具体应急预案,并对生产经营场所、有危险物品的建筑物、构筑物及周边环境开展隐患排查,及时采取措施消除隐患,防止发生突发事件。

《危险化学品安全管理条例》第六十九条规定,县级以上地方人民政府应急管理部门应当会同工业和信息化、环境保护、公安、卫生、交通运输、铁路、质量监督检验检疫等部门,根据本地区实际情况,制定危险化学品事故应急预案,报本级人民政府批准。第七十条规定,危险化学品单位应当制定本单位危险化学品事故应急预案,配备应急救援人员和必要的应急救援器材、设备,并定期组织应急救援演练。危险化学品单位应当将其危险化学品事故应急预案报所在地设区的市级人民政府应急管理部门备案。第七十一条规定,发生危险化学品事故,事故单位主要负责人应当立即按照本单位危险化学品应急预案组织救援,并向当地应急管理部门和环境保护、公安、卫生主管部门报告;道路运输、水路运输过程中发生危险化学品事故的,驾驶人员、船员或者押运人员还应当向事故发生地交通运输主管部门报告。第七十二条第一款规定,发生危险化学品事故,有关地方人民政府应当立即组织应急管理、环境保护、公安、卫生、交通运输等有关部门,按照本地区危险化学品事故应急预案组织实施救援,不得拖延、推诿。

《企业安全生产标准化基本规范》规定,企业应按照有关规定建立应急管理组织机构或指定专人负责应急管理工作,建立与本企业安全生产特点相适应的专(兼)职应急救援队伍。按照有关规定可以不单独建立应急救援队伍的,应指定兼职救援人员,并与邻近专业应急救援队伍签订应急救援服务协议。企业应在开展安全风险评估和应急资源调查的基础上,建立生产安全事故应急预案体系,制定生产安全事故应急预案,同时,按照规定设置应急设施,配备应急装备,储备应急物资,建立管理台账,安排专人管理,并定期检查、维护、保养,确保

其完好、可靠,还需按要求实施应急演练。

二、危险化学品事故应急救援的基本原则、任务和形式

1. 基本原则

危险化学品事故应急救援是指危险化学品由于各种原因造成或可能造成众多人员伤亡及其他较大社会危害时,为及时控制危险源,抢救受害人员,评估事故危害程度和组织群众撤离,清除危害后果而组织的救援活动。危险化学品事故最常见的模式是发生泄漏而导致的火灾、爆炸、中毒事故,其特点有突发性、群体性、紧迫性、复杂性、快速性和高度致命性。它作用时间长,所造成危害极大,给民众带来的心理恐慌大,远期效应明显,在瞬间即可能出现大批化学中毒的伤员,处理困难。应急救援工作应在预防为主的前提下,贯彻统一指挥、分级负责、区域为主、单位自救与社会救援相结合的原则,其中事故预防工作是危险化学品事故应急救援工作的基础,平时落实好救援工作的各项准备措施,当发生事故时就能及时实施救援。针对事故发生突然、扩散迅速、危害途径多、作用范围广的可能性,救援工作要求迅速、准确和有效,为达到这一目的,实行统一指挥下的分级负责制,以区域为主,并根据事故的发展情况,采取单位自救与社会救援相结合的形式,将会有效地实现救援的目的。

危险化学品事故应急救援也是一项涉及面广、专业性很强的工作,靠某一个部门是很难完成的,必须把各方面的力量组织起来,形成统一的救援指挥部门,在指挥部门的统一指挥下,应急管理、公安、消防、化工、环保、卫生、劳动等部门密切配合,协同作战,迅速、有效地组织和实施应急救援,尽可能地避免和减少损失。

2. 基本任务

危险化学品事故应急救援的基本任务包含以下 4 方面:

(1) 控制危险源。及时控制造成事故的危险源是应急救援工作的首要任务,只有及时控制危险源,防止事故的继续扩展,才能及时、有效地进行救援。特别对发生在城市或人口稠密地区的危险化学品事故,应尽快组织工程抢险队与事故单位技术人员一起堵源,防止事故危害扩大和次生、衍生灾害发生。

(2) 抢救受害人员。抢救受害人员是应急救援的重要任务。在应急救援行动中,及时、有序、有效地实施现场急救与安全转送伤员是降低伤亡率、减少事故损失的关键。

(3) 评估事故危害程度,组织群众撤离。由于危险化学品事故发生突然、扩散迅速、涉及范围广、危害大,因此应科学合理评估事故危害程度,并及时指导和组织群众采取各种措施进行自身防护,并向上风方向迅速撤离出危险区或可能受到危害的区域。在撤离过程中应积极组织群众开展自救和互救工作。

(4) 做好现场清洁,消除危害后果。对事故外逸的有毒有害物质和可能对人和环境继续造成危害的物质,应及时组织人员予以清除,消除危害后果。

3. 基本形式

危险化学品事故应急救援按事故波及范围及其危害程度,可采取单位自救和社会救援两种形式。

(1) 单位自救。事故单位自救是危险化学品事故应急救援最基本、最重要的救援形式,这是因为事故单位最了解事故的现场情况,即使事故危害已经扩大到事故单位以外区域,事

故单位仍须全力组织自救,特别是尽快控制危险源。

《危险化学品安全管理条例》第七十一条规定,发生危险化学品事故,事故单位主要负责人应当立即按照本单位危险化学品应急预案组织救援,并向当地应急管理部门和环境保护、公安、卫生主管部门报告。第七十二条第一款规定,发生危险化学品事故,有关地方人民政府应当立即组织应急管理、环境保护、公安、卫生、交通运输等有关部门,按照本地区危险化学品事故应急预案组织实施救援,不得拖延、推诿。

(2)社会救援。对事故单位的社会救援主要是指重大或灾害性危险化学品事故的危害虽然局限于事故单位内,但危害程度较大或危害范围已经影响周围邻近地区,依靠本单位以及消防部门的力量不能控制事故或不能及时消除事故后果而组织的社会救援。

《中华人民共和国安全生产法》第七十九条规定,鼓励生产经营单位和其他社会力量建立应急救援队伍,配备相应的应急救援装备和物资,提高应急救援的专业化水平。

第二节 危险化学品事故应急救援的准备与实施

一、应急救援的准备

应急救援准备内容主要由思想理念、组织与职责、法律法规、风险评估、预案管理、监测与预警、教育培训与演练、值班值守、信息管理、装备设施、救援队伍建设、应急处置与救援、应急准备恢复、经费保障等要素构成。每个要素由若干项目组成。

(1)思想理念。思想理念是应急准备工作的源头和指引。危险化学品企业要坚持以人为本、安全发展,生命至上、科学救援理念,树立安全发展的红线意识和风险防控的底线思维,依法依规开展应急准备工作。思想理念包括安全发展红线意识,风险防控底线思维,应急管理法制化,生命至上、科学救援四个项目。

(2)组织与职责。组织健全、职责明确是企业开展应急准备工作的组织保障。危险化学品企业主要负责人要对本单位的生产安全事故应急工作全面负责,建立健全应急管理机构,明确应急响应、指挥、处置、救援、恢复等各环节的职责分工,细化落实到岗位。组织与职责包括应急组织和职责任务两个项目。

(3)法律法规。现行法律法规制度是企业开展应急准备的主要依据。危险化学品企业要及时识别最新的安全生产法律法规、标准规范和有关文件,将其要求转化为企业应急管理的规章制度、操作规程、检测规范和管理工具等,依法依规开展应急准备工作。法律法规包括法律法规识别、法律法规转化和建立应急管理制度三个项目。

(4)风险评估。风险评估是企业开展应急准备和救援能力建设的基础。危险化学品企业要运用底线思维,全面辨识各类安全风险,选用科学方法进行风险分析和评价,做到风险辨识全面,风险分析深入,风险评估科学,风险分级准确,预防和应对措施有效。运用情景构建技术,准确揭示本企业小概率、高后果的"巨灾事故",开展有针对性的应急准备工作。风险评估包括风险辨识、风险分析、风险评价和情景构建四个项目。

(5)预案管理。针对性和操作性强的应急预案是企业开展应急准备和救援能力建设的"规划蓝图"、从业人员应急救援培训的"专门教材"、救援行动的"作战指导方案"。危险化学品企业要组建应急预案编制组,开展风险评估、应急资源普查、救援能力评估,编制应急预案;要加强预案管理,严格预案评审、签署、公布与备案;及时评估和修订预案,增强预案的针对性、实用性和可操作性。预案管理包括预案编制、预案管理和能力提升三个项目。

(6)监测与预警。监测与预警是企业生产安全事故预防与应急的重要措施。监测是及时做好事故预警,有效预防、减少事故,减轻、消除事故危害的基础。预警是根据事故预测信息和风险评估结果,依据事故可能的危害程度、波及范围、紧急程度和发展态势,确定预警等级,制定预警措施,及时发布实施。监测与预警包括监测、预警分级和预警措施三个项目。

(7)教育培训与演练。教育培训与演练是企业普及应急知识,从业人员提高应急处置技能、熟练掌握应急预案的有效措施。危险化学品企业应对从业人员(包含承包商、救援协议方)开展针对性知识教育、技能培训和预案演练,使从业人员掌握必要的应急知识、与岗位相适应的风险防范技能和应急处置措施。要建立从业人员应急教育培训考核档案,如实记录教育培训的时间、地点、人员、内容、师资和考核的结果。教育培训与演练包括应急教育培训、应急演练和演练评估三个项目。

(8)值班值守。值班值守是企业保障事故信息畅通、应急响应迅速的重要措施,是企业应急管理的重要环节。危险化学品企业要设立应急值班值守机构,建立健全值班值守制度,设置固定办公场所、配齐工作设备设施,配足专门人员、全天候值班值守,确保应急信息畅通、指挥调度高效。规模较大、危险性较高的危险化学品生产、经营、储存企业应当成立应急处置技术组,实行 24 h 值班。值班值守包括应急值班、事故信息接报和对外通报三个项目。

(9)信息管理。应急信息是企业快速预测、研判事故,及时启动应急预案,迅速调集应急资源,实施科学救援的技术支撑。危险化学品企业要收集整理法律法规、企业基本情况、生产工艺、风险、重大危险源、危险化学品安全技术说明书、应急资源、应急预案、事故案例、辅助决策等信息,建立互联共享的应急信息系统。信息管理包括应急救援信息和信息保障两个项目。

(10)装备设施。装备设施是企业应急处置和救援行动的"作战武器",是应急救援行动的重要保障。危险化学品企业应按照有关标准、规范和应急预案要求,配足配齐应急装备、设施,加强维护管理,保证装备、设施处于完好可靠状态。经常开展装备使用训练,熟练掌握装备性能和使用方法。装备设施包括应急设施、应急物资装备和维护管理三个项目。

(11)救援队伍建设。救援队伍是企业开展应急处置和救援行动的专业队和主力军。危险化学品企业要按现行法律法规制度建立应急救援队伍(或者指定兼职救援人员、签订救援服务协议),配齐必需的人员、装备、物资,加强教育培训和业务训练,确保救援人员具备必要的专业知识、救援技能、防护技能、身体素质和心理素质。救援队伍建设包括队伍设置、能力要求、队伍管理、对外公布与调动四个项目。

(12)应急处置与救援。应急处置与救援是事故发生后的首要任务,包括企业自救、外部助救两个方面。危险化学品企业要建立统一领导的指挥协调机制,精心组织,严格程序,措施正确,科学施救,做到迅速、有力、有序、有效。要坚持救早救小,关口前移,着力抓好岗位紧急处置,避免人员伤亡、事故扩大升级。要加强教育培训,杜绝盲目施救、冒险处置等蛮干行为。应急处置与救援包括应急指挥与救援组织、应急救援基本原则、响应分级、总体响应程序、岗位应急程序、现场应急措施、重点监控危险化学品应急处置、配合政府应急处置八个项目。

(13)应急准备恢复。事故的发生,打破了企业原有的生产秩序和应急准备常态。危险化学品企业应在事故救援结束后,开展应急资源消耗评估,及时进行维修、更新、补充,恢复到应急准备常态。应急准备恢复包括事后风险评估、应急准备恢复和应急处置评估三个项目。

(14) 经费保障。经费保障是做好应急准备工作的重要前提条件。危险化学品企业要重视并加强事前投入,保障并落实监测预警、教育培训、物资装备、预案管理、应急演练等各环节所需的资金预算。要依法对外部救援队伍参与救援所耗费用予以偿还。经费保障包括应急资金预算和救援费用承担两个项目。

二、应急救援的实施

危险化学品事故的应急救援过程一般包括应急响应、警戒隔离、人员防护与救护、现场处置、现场监测、洗消和现场清理七个方面。

1. 应急响应

(1) 事故单位应立即启动应急预案,组织成立现场指挥部,制定科学、合理的救援方案,并统一指挥实施。

(2) 事故单位在开展自救的同时,应按照有关规定向当地政府部门报告。

(3) 政府有关部门在接到事故报告后,应立即启动相关预案,赶赴事故现场(或应急指挥中心),成立总指挥部,明确总指挥、副总指挥及有关成员单位或人员职责分工。

(4) 现场指挥部根据情况,划定本单位警戒隔离区域,抢救、撤离遇险人员,制定现场处置措施(工艺控制、工程抢险、防范次生及衍生事故),及时将现场情况及应急救援进展报告总指挥部,向总指挥部提出外部救援力量、技术、物资支持、疏散公众等请求和建议。

(5) 总指挥部根据现场指挥部提供的情况对应急救援进行指导,划定事故单位周边警戒隔离区域,根据现场指挥部请求调集有关资源、下达应急疏散指令。

(6) 外部救援力量根据事故单位的需求和总指挥部的协调安排,与事故单位合力开展救援。

(7) 现场指挥部和总指挥部应及时了解事故现场情况,主要了解下列内容:

① 遇险人员伤亡、失踪、被困情况。

② 危险化学品危险特性、数量、应急处置方法等信息。

③ 周边建筑、居民、地形、电源、火源等情况。

④ 事故可能导致的后果及对周围区域的可能影响范围和危害程度。

⑤ 应急救援设备、物资、器材、队伍等应急力量情况。

⑥ 有关装置、设备、设施损毁情况。

(8) 现场指挥部和总指挥部根据情况变化,对救援行动及时做出相应调整。

2. 警戒隔离

(1) 根据现场危险化学品自身及燃烧产物的毒害性、扩散趋势、火焰辐射热和爆炸、泄漏所涉及的范围等相关内容对危险区域进行评估,确定警戒隔离区。

(2) 在警戒隔离区边界设警示标志,并设专人负责警戒。

(3) 对通往事故现场的道路实行交通管制,严禁无关车辆进入。清理主要交通干道,保证道路畅通。

（4）合理设置出入口，除应急救援人员外，严禁无关人员进入。

（5）根据事故发展、应急处置和动态监测情况，适当调整警戒隔离区。

3．人员防护与救护

（1）应急救援人员防护

① 调集所需安全防护装备。现场应急救援人员应针对不同的危险特性，采取相应安全防护措施后，方可进入现场救援。

② 控制、记录进入现场救援人员的数量。

③ 现场安全监测人员若遇直接危及应急人员生命安全的紧急情况，应立即报告救援队伍负责人和现场指挥部，救援队伍负责人、现场指挥部应当迅速做出撤离决定。

（2）遇险人员救护

① 救援人员应携带救生器材迅速进入现场，将遇险受困人员转移到安全区。

② 将警戒隔离区内与事故应急处理无关人员撤离至安全区，撤离要选择正确方向和路线。

③ 对救出人员进行现场急救和登记后，交专业医疗卫生机构处置。

（3）公众安全防护

① 总指挥部根据现场指挥部疏散人员的请求，决定并发布疏散指令。

② 应选择安全的疏散路线，避免横穿危险区。

③ 根据危险化学品的危害特性，指导疏散人员就地取材（如毛巾、湿布、口罩），采取简易有效的措施保护自己。

4．现场处置

（1）火灾爆炸事故处置

① 扑灭现场明火应坚持先控制后扑灭的原则。依危险化学品性质、火灾大小采用冷却、堵截、突破、夹攻、合击、分割、围歼、破拆、封堵、排烟等方法进行控制与灭火。

② 根据危险化学品特性，选用正确的灭火剂。禁止用水、泡沫等含水灭火剂扑救遇水放出易燃气体的物质和易于自燃的物质产生的火灾；禁用直流水冲击扑灭粉末状、易沸溅危险化学品火灾；禁用沙土盖压扑灭爆炸品火灾；宜使用低压水流或雾状水扑灭腐蚀性物质火灾，避免腐蚀性物质溅出；禁止对液态轻烃强行灭火。

③ 有关生产部门监控装置工艺变化情况，做好应急状态下生产方案的调整和相关装置的生产平衡，优先保证应急救援所需的水、电、汽、交通运输车辆和工程机械。

④ 根据现场情况和预案要求，及时决定有关设备、装置、单元或系统紧急停车，避免事故扩大。

（2）泄漏事故处置

① 控制泄漏源

a．在生产过程中发生泄漏，事故单位应根据生产和事故情况，及时采取控制措施，防止事故扩大。采取停车、局部打循环、改走副线或降压堵漏等措施。

b．在其他储存、使用等过程中发生泄漏，应根据事故情况，采取转料、套装、堵漏等控制措施。

② 控制泄漏物

a. 泄漏物控制应与泄漏源控制同时进行。

b. 对气体泄漏物可采取喷雾状水、释放惰性气体、加入中和剂等措施,降低泄漏物的浓度或燃爆危害。喷水稀释时,应筑堤收容产生的废水,防止水体污染。

c. 对液体泄漏物可采取容器盛装、吸附、筑堤、挖坑、泵吸等措施进行收集、阻挡或转移。若液体具有挥发及可燃性,可用适当的泡沫覆盖泄漏液体。

(3) 中毒窒息事故处置

① 立即将染毒者转移至上风向或侧上风向空气无污染区域,并进行紧急救治。

② 经现场紧急救治,伤势严重者立即送医院观察治疗。

(4) 其他处置要求

① 现场指挥人员发现危及人身生命安全的紧急情况,应迅速发出紧急撤离信号。

② 若因火灾、爆炸引发泄漏中毒事故,或因泄漏引发火灾、爆炸事故,应统筹考虑,优先采取保障人员生命安全,防止灾害扩大的救援措施。

③ 维护现场救援秩序,防止救援过程中发生车辆碰撞、车辆伤害、物体打击、高处坠落等事故。

5. 现场监测

(1) 对可燃、有毒有害危险化学品的浓度、扩散等情况进行动态监测。

(2) 测定风向、风力、气温等气象数据。

(3) 确认装置、设施、建(构)筑物已经受到的破坏或潜在的威胁。

(4) 监测现场及周边污染情况。

(5) 现场指挥部和总指挥部根据现场动态监测信息,适时调整救援行动方案。

6. 洗消

(1) 在危险区与安全区交界处设立洗消站。

(2) 使用相应的洗消药剂,对所有染毒人员及工具、装备进行洗消。

7. 现场清理

(1) 彻底清除事故现场各处残留的有毒有害气体。

(2) 对泄漏液体、固体应统一收集处理。

(3) 对污染地面进行彻底清洗,确保不留残液。

(4) 对事故现场空气、水源、土壤污染情况进行动态监测,并将监测信息及时报告现场指挥部和总指挥部。

(5) 洗消污水应集中净化处理,严禁直接外排。

(6) 若空气、水源、土壤出现污染,应及时采取相应处置措施。

第三节　危险化学品事故应急预案的编制

危险化学品事故应急预案是针对可能发生的事故,为最大限度减小事故损害而预先制定的应急准备工作方案。生产、经营、储存、运输、使用危险化学品和处置废弃化学品的单位,都应组织制定并实施危险化学品事故应急处理预案,以减轻危险化学品事故的后果。

一、应急预案体系

依据《生产经营单位生产安全事故应急预案编制导则》(GB/T 29639—2020),生产经营单位的应急预案体系主要由综合应急预案、专项应急预案和现场处置方案构成。

1．综合应急预案

综合应急预案是生产经营单位为应对各种生产安全事故而制定的综合性工作方案,是本单位应对生产安全事故的总体工作程序、措施和应急预案体系的总纲。

2．专项应急预案

专项应急预案是生产经营单位为应对某一种或者多种类型生产安全事故,或者针对重要生产设施、重大危险源、重大活动防止生产安全事故而制定的专项性工作方案。

3．现场处置方案

现场处置方案是生产经营单位根据不同生产安全事故类型,针对具体场所、装置或者设施所制定的应急处置措施。

二、应急预案的编制原则及依据

1．编制的原则

(1) 政府统一领导原则。各级政府是本行政区域内应急救援预案编制工作的主体,各有关部门在本级政府的统一领导下参与和协助本行政区域内应急救援预案的编制工作。

(2) 依法依规原则。在应急救援预案的编制依据和编制内容上,严格遵守《中华人民共和国安全生产法》《中华人民共和国消防法》《生产安全事故应急条例》等法律法规的相关规定。

(3) 实用原则。预案必须从实际出发,具有针对性和可操作性,这是编制、审查预案的重点。

(4) 部门分工及责任明确原则。按照"一岗双责"的原则,明确各部门在预案编制过程中和实施应急救援工作中的职责分工。

2．编制的依据

危险化学品应急救援预案的编制依据为《中华人民共和国安全生产法》《中华人民共和国突发事件应对法》《危险化学品安全管理条例》《生产安全事故应急条例》《生产经营单位生产安全事故应急预案编制导则》《生产安全事故应急预案管理办法》等法律法规、标准与规章的规定。

三、应急预案的编制程序及内容

1．编制的程序

生产经营单位应急预案编制程序包括成立应急预案编制工作组、资料收集、风险评估、应急资源调查、应急预案编制、桌面推演、应急预案评审和批准实施8个步骤。

(1) 成立应急预案编制工作组

应急预案编制单位成立以单位有关负责人为组长,单位相关部门人员(如生产、技术、设备、安全、行政、人事、财务人员)参加的应急预案编制工作组,明确工作职责和任务分工,制订工作计划,组织开展应急预案编制工作。

（2）资料收集

应急预案编制工作组应收集下列相关资料：

① 适用的法律法规、部门规章、地方性法规和政府规章、技术标准及规范性文件；

② 企业周边地质、地形、环境情况及气象、水文、交通资料；

③ 企业现场功能区划分、建（构）筑物平面布置及安全距离资料；

④ 企业工艺流程、工艺参数、作业条件、设备装置及风险评估资料；

⑤ 本企业历史事故与隐患、国内外同行业事故资料；

⑥ 属地政府及周边企业、单位应急预案。

（3）风险评估

开展生产安全事故风险评估,撰写评估报告,其内容包括但不限于：

① 辨识生产经营单位存在的危险有害因素,确定可能发生的生产安全事故类别；

② 分析各种事故类别发生的可能性、危害后果和影响范围；

③ 评估确定相应事故类别的风险等级。

（4）应急资源调查

全面调查和客观分析本单位以及周边单位和政府部门可请求援助的应急资源状况,撰写应急资源调查报告,其内容包括但不限于：

① 本单位可调用的应急队伍、装备、物资、场所；

② 针对生产过程及存在的风险可采取的监测、监控、报警手段；

③ 上级单位、当地政府及周边企业可提供的应急资源；

④ 可协调使用的医疗、消防、专业抢险救援机构及其他社会化应急救援力量。

（5）应急预案编制

应急预案编制应当遵循以人为本、依法依规、符合实际、注重实效的原则,以应急处置为核心,体现自救互救和先期处置的特点,做到职责明确、程序规范、措施科学,尽可能简明化、图表化、流程化。

（6）桌面推演

按照应急预案明确的职责分工和应急响应程序,结合有关经验教训,相关部门及其人员可采取桌面演练的形式,模拟生产安全事故应对过程,逐步分析讨论并形成记录,检验应急预案的可行性,并进一步完善应急预案。

（7）应急预案评审

应急预案编制完成后,生产经营单位应按法律法规有关规定组织评审或论证。参加应急预案评审的人员可包括有关安全生产及应急管理方面的、有现场处置经验的专家。应急预案论证可通过推演的方式开展。评审内容主要包括：风险评估和应急资源调查的全面性、应急预案体系设计的针对性、应急组织体系的合理性、应急响应程序和措施的科学性、应急保障措施的可行性、应急预案的衔接性。评审程序包括评审准备、组织评审、修改完善。

（8）应急预案的批准实施

通过评审的应急预案,由生产经营单位主要负责人签发实施。

2. 应急预案的内容

危险化学品事故应急预案的内容如下。

（1）基本情况

主要包括单位的地址、经济性质、从业人数、隶属关系、主要产品、产量等内容,周边区域的单位、社区、重要基础设施、道路等情况。危险化学品运输单位运输车辆情况及主要的运输产品、运量、运地、行车路线等内容。

（2）危险目标及其危险特性、对周围的影响

① 危险目标的确定。可选择对以下材料辨识的事故类别、综合分析的危害程度,确定危险目标:

a. 生产、储存、使用危险化学品装置、设施现状的安全评价报告;

b. 健康、安全、环境管理体系文件;

c. 职业安全健康管理体系文件;

d. 重大危险源辨识结果;

e. 其他。

② 根据确定的危险目标,明确其危险特性及对周边的影响。

（3）危险目标周围可利用的安全、消防、个体防护的设备、器材及其分布

这些设备和器材主要包括:清水泵、消防胶管、消防水枪、灭火器等消防设备和器材;风机、风筒、绳梯等安全保障设备和器材;防护服、安全带、救生绳等个体防护器材;等等。

（4）应急救援组织机构、组成人员和职责划分

① 应急救援组织机构设置

依据危险化学品事故危害程度的级别设置分级应急救援组织机构。

② 组成人员

主要负责人、有关管理人员及现场指挥人员等。

③ 主要职责

a. 组织制定危险化学品事故应急救援预案;

b. 负责人员、资源配置、应急队伍的调动;

c. 确定现场指挥人员;

d. 协调事故现场有关工作;

e. 批准本预案的启动与终止;

f. 事故状态下各级人员的职责;

g. 危险化学品事故信息的上报工作;

h. 接受政府的指令和调动;

i. 组织应急预案的演练;

j. 负责保护事故现场及相关数据。

（5）报警、通信联络方式

依据现有资源的评估结果,确定以下内容:

① 24 h 有效的报警装置;

② 24 h 有效的内部、外部通信联络手段;

③ 运输危险化学品的驾驶员、押运员报警及与本单位、生产厂家、托运方联系的方式、方法。

（6）事故发生后应采取的处理措施

① 根据工艺规程、操作规程的技术要求,确定采取的紧急处理措施;

② 根据安全运输卡提供的应急措施及与本单位、生产厂家、托运方联系后获得的信息而采取的应急措施。

(7) 人员紧急疏散、撤离

依据对可能发生危险化学品事故场所、设施及周围情况的分析结果,确定以下内容:

① 事故现场人员清点,撤离的方式、方法;

② 非事故现场人员紧急疏散的方式、方法;

③ 抢救人员在撤离前、撤离后的报告;

④ 周边区域的单位、社区人员疏散的方式、方法。

(8) 危险区的隔离

依据可能发生的危险化学品事故类别、危害程度级别,确定以下内容:

① 危险区的设定;

② 事故现场隔离区的划定方式、方法;

③ 事故现场隔离方法;

④ 事故现场周边区域的道路隔离或交通疏导办法。

(9) 检测、抢险、救援及控制措施

依据有关国家标准和现有资源的评估结果,确定以下内容:

① 检测的方式、方法及检测人员防护、监护措施;

② 抢险、救援方式、方法及人员的防护、监护措施;

③ 现场实时监测及异常情况下抢险人员的撤离条件、方法;

④ 应急救援队伍的调度;

⑤ 控制事故扩大的措施;

⑥ 事故可能扩大后的应急措施。

(10) 受伤人员现场救护、救治与医院救治

依据事故分类、分级,附近疾病控制与医疗救治机构的设置和处理能力,制定具有可操作性的处置方案,应包括以下内容:

① 接触人群检伤分类方案及执行人员;

② 依据检伤结果对患者进行分类现场紧急抢救方案;

③ 接触者医学观察方案;

④ 患者转运及转运中的救治方案;

⑤ 患者治疗方案;

⑥ 入院前和医院救治机构确定及处置方案;

⑦ 信息、药物、器材储备信息。

(11) 现场保护与现场洗消

① 事故现场的保护措施;

② 明确事故现场洗消工作的负责人和专业队伍。

(12) 应急救援保障

① 内部保障

依据现有资源的评估结果,确定以下内容:

　　a. 确定应急队伍,包括抢修、现场救护、医疗、治安、消防、交通管理、通信、供应、运输、后勤等人员;

　　b. 消防设施配置图、工艺流程图、现场平面布置图和周围地区图、气象资料、危险化学品安全技术说明书、互救信息等存放地点、保管人;

　　c. 应急通信系统;

　　d. 应急电源、照明;

　　e. 应急救援装备、物资、药品等;

　　f. 危险化学品运输车辆的安全、消防设备、器材及人员防护装备;

　　g. 保障制度目录。主要有:责任制;值班制度;培训制度;危险化学品运输单位检查运输车辆实际运行制度(包括行驶时间、路线,停车地点等内容);应急救援装备、物资、药品等检查、维护制度(包括危险化学品运输车辆的安全、消防设备、器材及人员防护装备检查、维护);安全运输卡制度(安全运输卡包括运输的危险化学品性质、危害性、应急措施、注意事项及本单位、生产厂家、托运方应急联系电话等内容。每种危险化学品配备一张安全运输卡,并在每次运输前,运输单位向驾驶员、押运员告知安全运输卡上有关内容,并将安全卡交驾驶员、押运员各一份);演练制度。

　　② 外部救援

　　依据对外部应急救援能力的分析结果,确定以下内容:

　　a. 单位互助的方式;

　　b. 请求政府协调应急救援力量;

　　c. 应急救援信息咨询;

　　d. 专家信息。

　　(13) 预案分级响应条件

　　依据危险化学品事故的类别、危害程度的级别和从业人员的评估结果,可能发生的事故现场情况分析结果,设定预案的启动条件。

　　(14) 事故应急救援终止程序

　　① 确定事故应急救援工作结束;

　　② 通知本单位相关部门、周边社区及人员事故危险已解除。

　　(15) 应急培训计划

　　依据对从业人员能力的评估和社区或周边人员素质的分析结果,确定以下内容:

　　① 应急救援人员的培训;

　　② 员工应急响应的培训;

　　③ 社区或周边人员应急响应知识的宣传。

　　(16) 演练计划

　　依据现有资源的评估结果,确定以下内容:

　　① 演练准备;

　　② 演练范围与频次;

　　③ 演练组织。

　　(17) 附件

　　① 组织机构名单;

② 值班联系电话；

③ 组织应急救援有关人员联系电话；

④ 危险化学品生产单位应急咨询服务电话；

⑤ 外部救援单位联系电话；

⑥ 政府有关部门联系电话；

⑦ 本单位平面布置图；

⑧ 消防设施配置图；

⑨ 周边区域道路交通示意图和疏散路线、交通管制示意图；

⑩ 周边区域的单位、社区、重要基础设施分布图及有关联系方式，供水、供电单位的联系方式；

⑪ 保障制度。

四、应急预案的演练及检查

1. 应急预案的演练

应急预案的演练是检验、评价和提高应急能力的一种重要手段。其重要作用突出地体现在：可在事故真正发生前暴露预案和程序的缺陷；发现应急资源的不足（包括人力和设备等）；改善各应急部门、机构人员之间的协调；增强应对突发重大事故救援的信心和应急意识；提高应急人员的技术水平和熟练程度；进一步明确各自的岗位与职责；提高各级预案之间的协调性；提高整体应急反应能力。

演练前需要对以下项目进行检查：① 组织上的落实（确定指挥部、抢救队、急救队、后勤保障的第一、第二梯队乃至后备人选）；② 制度的落实；③ 硬件的落实（各类器材、装置配套齐全，定期检验，淘汰过期、残存的失效药品、器材）。

演练结束后应认真总结，肯定成绩，表彰先进，强化应急意识，对发现的不足、缺陷等采取纠正措施，以进一步完善预案。

2. 应急预案的检查

对于事故应急预案的检查应参照《生产经营单位生产安全事故应急预案编制导则》进行检查，重点检查预案程序和预案内容。

（1）预案程序检查

① 风险评估过程检查。主要是危险源辨识，其流程是首先找出可能引发事故的物料、系统、生产过程、设施或能量（电、磁、射线）等，分析可能发生事故的后果（伤害、损失、环境破坏），并分析可能引发事故的原因；其次，将危险分层次，确定最危险的关键单元，进而确定是否属于重大危险源，对属于重大危险源以及危险度高的单元，进行事故严重度评价；最后，对危险源进行全面评估分级。

② 事故预防程序的检查。遵循事故预防 PDCA 循环的基本过程，即计划（plan）、实施（do）、检查（check）、处理（action），包括：通过安全检查掌握危险源的现状；分析产生危险的原因；拟定控制对策；对策的实施；实施效果的确认；保持效果并将其标准化，防止反复；持续改进，提高安全水平。

③ 应急救援程序的检查。要求根据危险源模拟事故状态，制定出每种事故状态下的应

急救援方案,不能遗漏。大型生产经营单位的应急救援程序应将单元(车间)应急救援程序汇编在内,不能出现盲点。重点检查事项包括:事故应急救援指挥部启动程序;指挥部发布和解除应急救援命令、信号的程序及通信网络;抢险救灾程序(救援行动方案);工程抢险抢修程序;现场医疗救护及伤员转送程序;人员紧急疏散程序;事故处理程序图;事故上报程序等。

（2）预案内容的检查

预案内容的检查重点主要包含以下几方面:

① 组织方案。检查应急组织构成、职责分工及行动任务分工的合理性。

② 责任制。检查应急职责分工能否保证信息畅通、报警及警告信号有效、实施救援队伍分工明确,以及能否保证必备的救援器材配备齐全与救援队伍的专业性等。

③ 报警及信息系统。检查事故发生的报警信号系统、报警方式、接警流程是否符合要求。

④ 重大危险源。检查是否对确认属于重大危险源的部位或场所编制专项应急预案。

⑤ 紧急状态下抢险救援的实施。检查内容主要是要求生产经营单位可以在发生重大事故后立即采取必要措施,并将事故基本情况进行报告,发出事故警报或信号;事故指挥系统可以立即采取措施,启动事故专家系统,输入事故现场数据信息,对事故救援提供可行性方案,组织和指挥救援队伍实施救援,并报告有关部门和单位,对事故进行抢险或救援。

思 考 题

1. 危险化学品事故应急救援的基本任务有哪些?
2. 危险化学品事故应急救援过程包含哪几个方面?
3. 危险化学品火灾爆炸事故处置方式包含哪些内容?
4. 危险化学品泄漏处置的主要方法有哪几种?
5. 危险化学品事故应急预案的编制程序包含哪几个步骤?

参 考 文 献

[1] 毕明树,周一卉,孙洪玉.化工安全工程[M].北京:化学工业出版社,2014.

[2] 崔政斌,石方惠,周礼庆.危险化学品企业应急救援[M].北京:化学工业出版社,2017.

[3] 范红俊.还原反应中合成苯胺的危险性及事故防范措施的研究[J].合成材料老化与应用,2017,46(4):95-98.

[4] 付林.危险化学品安全生产检查[M].北京:化学工业出版社,2015.

[5] 葛及,郭迪.基于风险矩阵法的化工企业综合安全评价模型及其应用[J].安全与环境学报,2016,16(5):21-24.

[6] 顾明华.化工行业危险化学品生产事故的问题及对策[J].化工管理,2020(25):95-96.

[7] 郭江勇,刘建龙,柴志玲."5S"管理模式在炼化企业基层班组的应用[J].化工管理,2019(10):14-16.

[8] 贾占云.关于化工行业危险化学品安全管理措施的分析[J].化工管理,2020(3):79.

[9] 蒋军成.危险化学品安全技术与管理[M].3版.北京:化学工业出版社,2015.

[10] 蒋清民,刘新奇.危险化学品安全管理[M].3版.北京:化学工业出版社,2015.

[11] 李榕,黄星海,杨杰,等.基于风险矩阵法的厨房用电器缺陷产品风险评估模型的建立[J].标准科学,2020(4):96-99.

[12] 刘世友,吕先富.硝化过程中的安全生产技术[J].河北化工,2010,33(3):69-70.

[13] 瑞文网.事故应急救援预案检查[EB/OL].(2018-08-07)[2021-8-31].https://www.ruiwen.com/yingjiyuan/1863808.html.

[14] 田敏.危险化学品从业单位安全生产标准化发展历程及前景[J].安全、健康和环境,2011,11(12):2-4.

[15] 王凯全.安全管理学[M].北京:化学工业出版社,2011.

[16] 王凯全.化工生产事故分析与预防[M].北京:中国石化出版社,2008.

[17] 王凯全.危险化学品运输与储存[M].北京:化学工业出版社,2017.

[18] 王小辉.危险化学品安全技术与管理[M].北京:化学工业出版社,2016.

[19] 谢全安,赵奇.煤化工安全与案例分析[M].北京:化学工业出版社,2011.

[20] 徐勃,孟龙.化学工业的生产特点及化工产品的营销策略研究[J].山东化工,2014,43(12):181-182.

[21] 佚名.化学事故应急救援基本要求[J].职业卫生与应急救援,2007,25(5):240-241.

[22] 佚名.美英等国如何加强危险品安全管理[J].安全与健康,2013(4):29-30.

[23] 佚名.我国危险化学品事故应急救援的基本原则[J].职业卫生与应急救援,2007,25(4):178.

[24] 岳茂兴,周培根,李瑛,等.危险化学品事故现场救援[C]//中国毒理学会.2016中国中

毒救治首都论坛:暨第八届全国中毒及危重症救治学术会议论文集.北京:中国毒理学会,2016:215-218.

[25] 张立红.矽肺 36 例死因分析[J].中国煤炭工业医学杂志,2011,14(5):712-713.

[26] 朱彦.我国危化品安全管理及其策略探源[J].今日农药,2017(10):340-341.

附　　录

附录一　中华人民共和国安全生产法

（中华人民共和国主席令第八十八号）

第一章　总则

第一条　为了加强安全生产工作,防止和减少生产安全事故,保障人民群众生命和财产安全,促进经济社会持续健康发展,制定本法。

第二条　在中华人民共和国领域内从事生产经营活动的单位(以下统称生产经营单位)的安全生产,适用本法;有关法律、行政法规对消防安全和道路交通安全、铁路交通安全、水上交通安全、民用航空安全以及核与辐射安全、特种设备安全另有规定的,适用其规定。

第三条　安全生产工作坚持中国共产党的领导。

安全生产工作应当以人为本,坚持人民至上、生命至上,把保护人民生命安全摆在首位,树牢安全发展理念,坚持安全第一、预防为主、综合治理的方针,从源头上防范化解重大安全风险。

安全生产工作实行管行业必须管安全、管业务必须管安全、管生产经营必须管安全,强化和落实生产经营单位主体责任与政府监管责任,建立生产经营单位负责、职工参与、政府监管、行业自律和社会监督的机制。

第四条　生产经营单位必须遵守本法和其他有关安全生产的法律、法规,加强安全生产管理,建立健全全员安全生产责任制和安全生产规章制度,加大对安全生产资金、物资、技术、人员的投入保障力度,改善安全生产条件,加强安全生产标准化、信息化建设,构建安全风险分级管控和隐患排查治理双重预防机制,健全风险防范化解机制,提高安全生产水平,确保安全生产。

平台经济等新兴行业、领域的生产经营单位应当根据本行业、领域的特点,建立健全并落实全员安全生产责任制,加强从业人员安全生产教育和培训,履行本法和其他法律、法规规定的有关安全生产义务。

第五条　生产经营单位的主要负责人是本单位安全生产第一责任人,对本单位的安全生产工作全面负责。其他负责人对职责范围内的安全生产工作负责。

第六条　生产经营单位的从业人员有依法获得安全生产保障的权利,并应当依法履行安全生产方面的义务。

第七条　工会依法对安全生产工作进行监督。

生产经营单位的工会依法组织职工参加本单位安全生产工作的民主管理和民主监督，维护职工在安全生产方面的合法权益。生产经营单位制定或者修改有关安全生产的规章制度，应当听取工会的意见。

第八条　国务院和县级以上地方各级人民政府应当根据国民经济和社会发展规划制定安全生产规划，并组织实施。安全生产规划应当与国土空间规划等相关规划相衔接。

各级人民政府应当加强安全生产基础设施建设和安全生产监管能力建设，所需经费列入本级预算。

县级以上地方各级人民政府应当组织有关部门建立完善安全风险评估与论证机制，按照安全风险管控要求，进行产业规划和空间布局，并对位置相邻、行业相近、业态相似的生产经营单位实施重大安全风险联防联控。

第九条　国务院和县级以上地方各级人民政府应当加强对安全生产工作的领导，建立健全安全生产工作协调机制，支持、督促各有关部门依法履行安全生产监督管理职责，及时协调、解决安全生产监督管理中存在的重大问题。

乡镇人民政府和街道办事处，以及开发区、工业园区、港区、风景区等应当明确负责安全生产监督管理的有关工作机构及其职责，加强安全生产监管力量建设，按照职责对本行政区域或者管理区域内生产经营单位安全生产状况进行监督检查，协助人民政府有关部门或者按照授权依法履行安全生产监督管理职责。

第十条　国务院应急管理部门依照本法，对全国安全生产工作实施综合监督管理；县级以上地方各级人民政府应急管理部门依照本法，对本行政区域内安全生产工作实施综合监督管理。

国务院交通运输、住房和城乡建设、水利、民航等有关部门依照本法和其他有关法律、行政法规的规定，在各自的职责范围内对有关行业、领域的安全生产工作实施监督管理；县级以上地方各级人民政府有关部门依照本法和其他有关法律、法规的规定，在各自的职责范围内对有关行业、领域的安全生产工作实施监督管理。对新兴行业、领域的安全生产监督管理职责不明确的，由县级以上地方各级人民政府按照业务相近的原则确定监督管理部门。

应急管理部门和对有关行业、领域的安全生产工作实施监督管理的部门，统称负有安全生产监督管理职责的部门。负有安全生产监督管理职责的部门应当相互配合、齐抓共管、信息共享、资源共用，依法加强安全生产监督管理工作。

第十一条　国务院有关部门应当按照保障安全生产的要求，依法及时制定有关的国家标准或者行业标准，并根据科技进步和经济发展适时修订。

生产经营单位必须执行依法制定的保障安全生产的国家标准或者行业标准。

第十二条　国务院有关部门按照职责分工负责安全生产强制性国家标准的项目提出、组织起草、征求意见、技术审查。国务院应急管理部门统筹提出安全生产强制性国家标准的立项计划。国务院标准化行政主管部门负责安全生产强制性国家标准的立项、编号、对外通报和授权批准发布工作。国务院标准化行政主管部门、有关部门依据法定职责对安全生产强制性国家标准的实施进行监督检查。

第十三条　各级人民政府及其有关部门应当采取多种形式，加强对有关安全生产的法律、法规和安全生产知识的宣传，增强全社会的安全生产意识。

第十四条　有关协会组织依照法律、行政法规和章程，为生产经营单位提供安全生产方面的信息、培训等服务,发挥自律作用,促进生产经营单位加强安全生产管理。

第十五条 依法设立的为安全生产提供技术、管理服务的机构,依照法律、行政法规和执业准则,接受生产经营单位的委托为其安全生产工作提供技术、管理服务。

生产经营单位委托前款规定的机构提供安全生产技术、管理服务的,保证安全生产的责任仍由本单位负责。

第十六条 国家实行生产安全事故责任追究制度,依照本法和有关法律、法规的规定,追究生产安全事故责任单位和责任人员的法律责任。

第十七条 县级以上各级人民政府应当组织负有安全生产监督管理职责的部门依法编制安全生产权力和责任清单,公开并接受社会监督。

第十八条 国家鼓励和支持安全生产科学技术研究和安全生产先进技术的推广应用,提高安全生产水平。

第十九条 国家对在改善安全生产条件、防止生产安全事故、参加抢险救护等方面取得显著成绩的单位和个人,给予奖励。

第二章 生产经营单位的安全生产保障

第二十条 生产经营单位应当具备本法和有关法律、行政法规和国家标准或者行业标准规定的安全生产条件;不具备安全生产条件的,不得从事生产经营活动。

第二十一条 生产经营单位的主要负责人对本单位安全生产工作负有下列职责:

(一)建立健全并落实本单位全员安全生产责任制,加强安全生产标准化建设;

(二)组织制定并实施本单位安全生产规章制度和操作规程;

(三)组织制定并实施本单位安全生产教育和培训计划;

(四)保证本单位安全生产投入的有效实施;

(五)组织建立并落实安全风险分级管控和隐患排查治理双重预防工作机制,督促、检查本单位的安全生产工作,及时消除生产安全事故隐患;

(六)组织制定并实施本单位的生产安全事故应急救援预案;

(七)及时、如实报告生产安全事故。

第二十二条 生产经营单位的全员安全生产责任制应当明确各岗位的责任人员、责任范围和考核标准等内容。

生产经营单位应当建立相应的机制,加强对全员安全生产责任制落实情况的监督考核,保证全员安全生产责任制的落实。

第二十三条 生产经营单位应当具备的安全生产条件所必需的资金投入,由生产经营单位的决策机构、主要负责人或者个人经营的投资人予以保证,并对由于安全生产所必需的资金投入不足导致的后果承担责任。

有关生产经营单位应当按照规定提取和使用安全生产费用,专门用于改善安全生产条件。安全生产费用在成本中据实列支。安全生产费用提取、使用和监督管理的具体办法由国务院财政部门会同国务院应急管理部门征求国务院有关部门意见后制定。

第二十四条 矿山、金属冶炼、建筑施工、运输单位和危险物品的生产、经营、储存、装卸单位,应当设置安全生产管理机构或者配备专职安全生产管理人员。

前款规定以外的其他生产经营单位,从业人员超过一百人的,应当设置安全生产管理机构或者配备专职安全生产管理人员；从业人员在一百人以下的，应当配备专职或者兼职的安全生产管理人员。

第二十五条　生产经营单位的安全生产管理机构以及安全生产管理人员履行下列职责：

（一）组织或者参与拟订本单位安全生产规章制度、操作规程和生产安全事故应急救援预案；

（二）组织或者参与本单位安全生产教育和培训，如实记录安全生产教育和培训情况；

（三）组织开展危险源辨识和评估，督促落实本单位重大危险源的安全管理措施；

（四）组织或者参与本单位应急救援演练；

（五）检查本单位的安全生产状况，及时排查生产安全事故隐患，提出改进安全生产管理的建议；

（六）制止和纠正违章指挥、强令冒险作业、违反操作规程的行为；

（七）督促落实本单位安全生产整改措施。

生产经营单位可以设置专职安全生产分管负责人，协助本单位主要负责人履行安全生产管理职责。

第二十六条　生产经营单位的安全生产管理机构以及安全生产管理人员应当恪尽职守，依法履行职责。

生产经营单位作出涉及安全生产的经营决策，应当听取安全生产管理机构以及安全生产管理人员的意见。

生产经营单位不得因安全生产管理人员依法履行职责而降低其工资、福利等待遇或者解除与其订立的劳动合同。

危险物品的生产、储存单位以及矿山、金属冶炼单位的安全生产管理人员的任免，应当告知主管的负有安全生产监督管理职责的部门。

第二十七条　生产经营单位的主要负责人和安全生产管理人员必须具备与本单位所从事的生产经营活动相应的安全生产知识和管理能力。

危险物品的生产、经营、储存、装卸单位以及矿山、金属冶炼、建筑施工、运输单位的主要负责人和安全生产管理人员，应当由主管的负有安全生产监督管理职责的部门对其安全生产知识和管理能力考核合格。考核不得收费。

危险物品的生产、储存、装卸单位以及矿山、金属冶炼单位应当有注册安全工程师从事安全生产管理工作。鼓励其他生产经营单位聘用注册安全工程师从事安全生产管理工作。注册安全工程师按专业分类管理，具体办法由国务院人力资源和社会保障部门、国务院应急管理部门会同国务院有关部门制定。

第二十八条　生产经营单位应当对从业人员进行安全生产教育和培训，保证从业人员具备必要的安全生产知识，熟悉有关的安全生产规章制度和安全操作规程，掌握本岗位的安全操作技能，了解事故应急处理措施，知悉自身在安全生产方面的权利和义务。未经安全生产教育和培训合格的从业人员，不得上岗作业。

生产经营单位使用被派遣劳动者的，应当将被派遣劳动者纳入本单位从业人员统一管理，对被派遣劳动者进行岗位安全操作规程和安全操作技能的教育和培训。劳务派遣单位应当对被派遣劳动者进行必要的安全生产教育和培训。

生产经营单位接收中等职业学校、高等学校学生实习的,应当对实习学生进行相应的安全生产教育和培训,提供必要的劳动防护用品。学校应当协助生产经营单位对实习学生进行安全生产教育和培训。

生产经营单位应当建立安全生产教育和培训档案,如实记录安全生产教育和培训的时间、内容、参加人员以及考核结果等情况。

第二十九条 生产经营单位采用新工艺、新技术、新材料或者使用新设备,必须了解、掌握其安全技术特性,采取有效的安全防护措施,并对从业人员进行专门的安全生产教育和培训。

第三十条 生产经营单位的特种作业人员必须按照国家有关规定经专门的安全作业培训,取得相应资格,方可上岗作业。

特种作业人员的范围由国务院应急管理部门会同国务院有关部门确定。

第三十一条 生产经营单位新建、改建、扩建工程项目(以下统称建设项目)的安全设施,必须与主体工程同时设计、同时施工、同时投入生产和使用。安全设施投资应当纳入建设项目概算。

第三十二条 矿山、金属冶炼建设项目和用于生产、储存、装卸危险物品的建设项目,应当按照国家有关规定进行安全评价。

第三十三条 建设项目安全设施的设计人、设计单位应当对安全设施设计负责。

矿山、金属冶炼建设项目和用于生产、储存、装卸危险物品的建设项目的安全设施设计应当按照国家有关规定报经有关部门审查,审查部门及其负责审查的人员对审查结果负责。

第三十四条 矿山、金属冶炼建设项目和用于生产、储存、装卸危险物品的建设项目的施工单位必须按照批准的安全设施设计施工,并对安全设施的工程质量负责。

矿山、金属冶炼建设项目和用于生产、储存、装卸危险物品的建设项目竣工投入生产或者使用前,应当由建设单位负责组织对安全设施进行验收;验收合格后,方可投入生产和使用。负有安全生产监督管理职责的部门应当加强对建设单位验收活动和验收结果的监督核查。

第三十五条 生产经营单位应当在有较大危险因素的生产经营场所和有关设施、设备上,设置明显的安全警示标志。

第三十六条 安全设备的设计、制造、安装、使用、检测、维修、改造和报废,应当符合国家标准或者行业标准。

生产经营单位必须对安全设备进行经常性维护、保养,并定期检测,保证正常运转。维护、保养、检测应当作好记录,并由有关人员签字。

生产经营单位不得关闭、破坏直接关系生产安全的监控、报警、防护、救生设备、设施,或者篡改、隐瞒、销毁其相关数据、信息。

餐饮等行业的生产经营单位使用燃气的,应当安装可燃气体报警装置,并保障其正常使用。

第三十七条 生产经营单位使用的危险物品的容器、运输工具,以及涉及人身安全、危险性较大的海洋石油开采特种设备和矿山井下特种设备,必须按照国家有关规定,由专业生产单位生产,并经具有专业资质的检测、检验机构检测、检验合格,取得安全使用证或者安全标志,方可投入使用。检测、检验机构对检测、检验结果负责。

第三十八条　国家对严重危及生产安全的工艺、设备实行淘汰制度,具体目录由国务院应急管理部门会同国务院有关部门制定并公布。法律、行政法规对目录的制定另有规定的,适用其规定。

省、自治区、直辖市人民政府可以根据本地区实际情况制定并公布具体目录,对前款规定以外的危及生产安全的工艺、设备予以淘汰。

生产经营单位不得使用应当淘汰的危及生产安全的工艺、设备。

第三十九条　生产、经营、运输、储存、使用危险物品或者处置废弃危险物品的,由有关主管部门依照有关法律、法规的规定和国家标准或者行业标准审批并实施监督管理。

生产经营单位生产、经营、运输、储存、使用危险物品或者处置废弃危险物品,必须执行有关法律、法规和国家标准或者行业标准,建立专门的安全管理制度,采取可靠的安全措施,接受有关主管部门依法实施的监督管理。

第四十条　生产经营单位对重大危险源应当登记建档,进行定期检测、评估、监控,并制定应急预案,告知从业人员和相关人员在紧急情况下应当采取的应急措施。

生产经营单位应当按照国家有关规定将本单位重大危险源及有关安全措施、应急措施报有关地方人民政府应急管理部门和有关部门备案。有关地方人民政府应急管理部门和有关部门应当通过相关信息系统实现信息共享。

第四十一条　生产经营单位应当建立安全风险分级管控制度,按照安全风险分级采取相应的管控措施。

生产经营单位应当建立健全并落实生产安全事故隐患排查治理制度,采取技术、管理措施,及时发现并消除事故隐患。事故隐患排查治理情况应当如实记录,并通过职工大会或者职工代表大会、信息公示栏等方式向从业人员通报。其中,重大事故隐患排查治理情况应当及时向负有安全生产监督管理职责的部门和职工大会或者职工代表大会报告。

县级以上地方各级人民政府负有安全生产监督管理职责的部门应当将重大事故隐患纳入相关信息系统,建立健全重大事故隐患治理督办制度,督促生产经营单位消除重大事故隐患。

第四十二条　生产、经营、储存、使用危险物品的车间、商店、仓库不得与员工宿舍在同一座建筑物内,并应当与员工宿舍保持安全距离。

生产经营场所和员工宿舍应当设有符合紧急疏散要求、标志明显、保持畅通的出口、疏散通道。禁止占用、锁闭、封堵生产经营场所或者员工宿舍的出口、疏散通道。

第四十三条　生产经营单位进行爆破、吊装、动火、临时用电以及国务院应急管理部门会同国务院有关部门规定的其他危险作业,应当安排专门人员进行现场安全管理,确保操作规程的遵守和安全措施的落实。

第四十四条　生产经营单位应当教育和督促从业人员严格执行本单位的安全生产规章制度和安全操作规程;并向从业人员如实告知作业场所和工作岗位存在的危险因素、防范措施以及事故应急措施。

生产经营单位应当关注从业人员的身体、心理状况和行为习惯,加强对从业人员的心理疏导、精神慰藉,严格落实岗位安全生产责任,防范从业人员行为异常导致事故发生。

第四十五条　生产经营单位必须为从业人员提供符合国家标准或者行业标准的劳动防护用品,并监督、教育从业人员按照使用规则佩戴、使用。

第四十六条　生产经营单位的安全生产管理人员应当根据本单位的生产经营特点,对安全生产状况进行经常性检查;对检查中发现的安全问题,应当立即处理;不能处理的,应当及时报告本单位有关负责人,有关负责人应当及时处理。检查及处理情况应当如实记录在案。

生产经营单位的安全生产管理人员在检查中发现重大事故隐患,依照前款规定向本单位有关负责人报告,有关负责人不及时处理的,安全生产管理人员可以向主管的负有安全生产监督管理职责的部门报告,接到报告的部门应当依法及时处理。

第四十七条　生产经营单位应当安排用于配备劳动防护用品、进行安全生产培训的经费。

第四十八条　两个以上生产经营单位在同一作业区域内进行生产经营活动,可能危及对方生产安全的,应当签订安全生产管理协议,明确各自的安全生产管理职责和应当采取的安全措施,并指定专职安全生产管理人员进行安全检查与协调。

第四十九条　生产经营单位不得将生产经营项目、场所、设备发包或者出租给不具备安全生产条件或者相应资质的单位或者个人。

生产经营项目、场所发包或者出租给其他单位的,生产经营单位应当与承包单位、承租单位签订专门的安全生产管理协议,或者在承包合同、租赁合同中约定各自的安全生产管理职责;生产经营单位对承包单位、承租单位的安全生产工作统一协调、管理,定期进行安全检查,发现安全问题的,应当及时督促整改。

矿山、金属冶炼建设项目和用于生产、储存、装卸危险物品的建设项目的施工单位应当加强对施工项目的安全管理,不得倒卖、出租、出借、挂靠或者以其他形式非法转让施工资质,不得将其承包的全部建设工程转包给第三人或者将其承包的全部建设工程支解以后以分包的名义分别转包给第三人,不得将工程分包给不具备相应资质条件的单位。

第五十条　生产经营单位发生生产安全事故时,单位的主要负责人应当立即组织抢救,并不得在事故调查处理期间擅离职守。

第五十一条　生产经营单位必须依法参加工伤保险,为从业人员缴纳保险费。

国家鼓励生产经营单位投保安全生产责任保险;属于国家规定的高危行业、领域的生产经营单位,应当投保安全生产责任保险。具体范围和实施办法由国务院应急管理部门会同国务院财政部门、国务院保险监督管理机构和相关行业主管部门制定。

第三章　从业人员的安全生产权利义务

第五十二条　生产经营单位与从业人员订立的劳动合同,应当载明有关保障从业人员劳动安全、防止职业危害的事项,以及依法为从业人员办理工伤保险的事项。

生产经营单位不得以任何形式与从业人员订立协议,免除或者减轻其对从业人员因生产安全事故伤亡依法应承担的责任。

第五十三条　生产经营单位的从业人员有权了解其作业场所和工作岗位存在的危险因素、防范措施及事故应急措施,有权对本单位的安全生产工作提出建议。

第五十四条　从业人员有权对本单位安全生产工作中存在的问题提出批评、检举、控告;有权拒绝违章指挥和强令冒险作业。

生产经营单位不得因从业人员对本单位安全生产工作提出批评、检举、控告或者拒绝违章指挥、强令冒险作业而降低其工资、福利等待遇或者解除与其订立的劳动合同。

第五十五条　从业人员发现直接危及人身安全的紧急情况时,有权停止作业或者在采取可能的应急措施后撤离作业场所。

生产经营单位不得因从业人员在前款紧急情况下停止作业或者采取紧急撤离措施而降低其工资、福利等待遇或者解除与其订立的劳动合同。

第五十六条　生产经营单位发生生产安全事故后,应当及时采取措施救治有关人员。

因生产安全事故受到损害的从业人员,除依法享有工伤保险外,依照有关民事法律尚有获得赔偿的权利的,有权提出赔偿要求。

第五十七条　从业人员在作业过程中,应当严格落实岗位安全责任,遵守本单位的安全生产规章制度和操作规程,服从管理,正确佩戴和使用劳动防护用品。

第五十八条　从业人员应当接受安全生产教育和培训,掌握本职工作所需的安全生产知识,提高安全生产技能,增强事故预防和应急处理能力。

第五十九条　从业人员发现事故隐患或者其他不安全因素,应当立即向现场安全生产管理人员或者本单位负责人报告;接到报告的人员应当及时予以处理。

第六十条　工会有权对建设项目的安全设施与主体工程同时设计、同时施工、同时投入生产和使用进行监督,提出意见。

工会对生产经营单位违反安全生产法律、法规,侵犯从业人员合法权益的行为,有权要求纠正;发现生产经营单位违章指挥、强令冒险作业或者发现事故隐患时,有权提出解决的建议,生产经营单位应当及时研究答复;发现危及从业人员生命安全的情况时,有权向生产经营单位建议组织从业人员撤离危险场所,生产经营单位必须立即作出处理。

工会有权依法参加事故调查,向有关部门提出处理意见,并要求追究有关人员的责任。

第六十一条　生产经营单位使用被派遣劳动者的,被派遣劳动者享有本法规定的从业人员的权利,并应当履行本法规定的从业人员的义务。

第四章　安全生产的监督管理

第六十二条　县级以上地方各级人民政府应当根据本行政区域内的安全生产状况,组织有关部门按照职责分工,对本行政区域内容易发生重大生产安全事故的生产经营单位进行严格检查。

应急管理部门应当按照分类分级监督管理的要求,制定安全生产年度监督检查计划,并按照年度监督检查计划进行监督检查,发现事故隐患,应当及时处理。

第六十三条　负有安全生产监督管理职责的部门依照有关法律、法规的规定,对涉及安全生产的事项需要审查批准(包括批准、核准、许可、注册、认证、颁发证照等,下同)或者验收的,必须严格依照有关法律、法规和国家标准或者行业标准规定的安全生产条件和程序进行审查;不符合有关法律、法规和国家标准或者行业标准规定的安全生产条件的,不得批准或者验收通过。对未依法取得批准或者验收合格的单位擅自从事有关活动的,负责行政审批的部门发现或者接到举报后应当立即予以取缔,并依法予以处理。对已经依法取得批准的单位,负责行政审批的部门发现其不再具备安全生产条件的,应当撤销原批准。

第六十四条　负有安全生产监督管理职责的部门对涉及安全生产的事项进行审查、验收,不得收取费用;不得要求接受审查、验收的单位购买其指定品牌或者指定生产、销售单位的安全设备、器材或者其他产品。

第六十五条 应急管理部门和其他负有安全生产监督管理职责的部门依法开展安全生产行政执法工作,对生产经营单位执行有关安全生产的法律、法规和国家标准或者行业标准的情况进行监督检查,行使以下职权:

(一)进入生产经营单位进行检查,调阅有关资料,向有关单位和人员了解情况;

(二)对检查中发现的安全生产违法行为,当场予以纠正或者要求限期改正;对依法应当给予行政处罚的行为,依照本法和其他有关法律、行政法规的规定作出行政处罚决定;

(三)对检查中发现的事故隐患,应当责令立即排除;重大事故隐患排除前或者排除过程中无法保证安全的,应当责令从危险区域内撤出作业人员,责令暂时停产停业或者停止使用相关设施、设备;重大事故隐患排除后,经审查同意,方可恢复生产经营和使用;

(四)对有根据认为不符合保障安全生产的国家标准或者行业标准的设施、设备、器材以及违法生产、储存、使用、经营、运输的危险物品予以查封或者扣押,对违法生产、储存、使用、经营危险物品的作业场所予以查封,并依法作出处理决定。

监督检查不得影响被检查单位的正常生产经营活动。

第六十六条 生产经营单位对负有安全生产监督管理职责的部门的监督检查人员(以下统称安全生产监督检查人员)依法履行监督检查职责,应当予以配合,不得拒绝、阻挠。

第六十七条 安全生产监督检查人员应当忠于职守,坚持原则,秉公执法。

安全生产监督检查人员执行监督检查任务时,必须出示有效的行政执法证件;对涉及被检查单位的技术秘密和业务秘密,应当为其保密。

第六十八条 安全生产监督检查人员应当将检查的时间、地点、内容、发现的问题及其处理情况,作出书面记录,并由检查人员和被检查单位的负责人签字;被检查单位的负责人拒绝签字的,检查人员应当将情况记录在案,并向负有安全生产监督管理职责的部门报告。

第六十九条 负有安全生产监督管理职责的部门在监督检查中,应当互相配合,实行联合检查;确需分别进行检查的,应当互通情况,发现存在的安全问题应当由其他有关部门进行处理的,应当及时移送其他有关部门并形成记录备查,接受移送的部门应当及时进行处理。

第七十条 负有安全生产监督管理职责的部门依法对存在重大事故隐患的生产经营单位作出停产停业、停止施工、停止使用相关设施或者设备的决定,生产经营单位应当依法执行,及时消除事故隐患。生产经营单位拒不执行,有发生生产安全事故的现实危险的,在保证安全的前提下,经本部门主要负责人批准,负有安全生产监督管理职责的部门可以采取通知有关单位停止供电、停止供应民用爆炸物品等措施,强制生产经营单位履行决定。通知应当采用书面形式,有关单位应当予以配合。

负有安全生产监督管理职责的部门依照前款规定采取停止供电措施,除有危及生产安全的紧急情形外,应当提前二十四小时通知生产经营单位。生产经营单位依法履行行政决定、采取相应措施消除事故隐患的,负有安全生产监督管理职责的部门应当及时解除前款规定的措施。

第七十一条 监察机关依照监察法的规定,对负有安全生产监督管理职责的部门及其工作人员履行安全生产监督管理职责实施监察。

第七十二条 承担安全评价、认证、检测、检验职责的机构应当具备国家规定的资质条件,并对其作出的安全评价、认证、检测、检验结果的合法性、真实性负责。资质条件由国务院应急管理部门会同国务院有关部门制定。

承担安全评价、认证、检测、检验职责的机构应当建立并实施服务公开和报告公开制度,不得租借资质、挂靠、出具虚假报告。

第七十三条　负有安全生产监督管理职责的部门应当建立举报制度,公开举报电话、信箱或者电子邮件地址等网络举报平台,受理有关安全生产的举报;受理的举报事项经调查核实后,应当形成书面材料;需要落实整改措施的,报经有关负责人签字并督促落实。对不属于本部门职责,需要由其他有关部门进行调查处理的,转交其他有关部门处理。

涉及人员死亡的举报事项,应当由县级以上人民政府组织核查处理。

第七十四条　任何单位或者个人对事故隐患或者安全生产违法行为,均有权向负有安全生产监督管理职责的部门报告或者举报。

因安全生产违法行为造成重大事故隐患或者导致重大事故,致使国家利益或者社会公共利益受到侵害的,人民检察院可以根据民事诉讼法、行政诉讼法的相关规定提起公益诉讼。

第七十五条　居民委员会、村民委员会发现其所在区域内的生产经营单位存在事故隐患或者安全生产违法行为时,应当向当地人民政府或者有关部门报告。

第七十六条　县级以上各级人民政府及其有关部门对报告重大事故隐患或者举报安全生产违法行为的有功人员,给予奖励。具体奖励办法由国务院应急管理部门会同国务院财政部门制定。

第七十七条　新闻、出版、广播、电影、电视等单位有进行安全生产公益宣传教育的义务,有对违反安全生产法律、法规的行为进行舆论监督的权利。

第七十八条　负有安全生产监督管理职责的部门应当建立安全生产违法行为信息库,如实记录生产经营单位及其有关从业人员的安全生产违法行为信息;对违法行为情节严重的生产经营单位及其有关从业人员,应当及时向社会公告,并通报行业主管部门、投资主管部门、自然资源主管部门、生态环境主管部门、证券监督管理机构以及有关金融机构。有关部门和机构应当对存在失信行为的生产经营单位及其有关从业人员采取加大执法检查频次、暂停项目审批、上调有关保险费率、行业或者职业禁入等联合惩戒措施,并向社会公示。

负有安全生产监督管理职责的部门应当加强对生产经营单位行政处罚信息的及时归集、共享、应用和公开,对生产经营单位作出处罚决定后七个工作日内在监督管理部门公示系统予以公开曝光,强化对违法失信生产经营单位及其有关从业人员的社会监督,提高全社会安全生产诚信水平。

第五章　生产安全事故的应急救援与调查处理

第七十九条　国家加强生产安全事故应急能力建设,在重点行业、领域建立应急救援基地和应急救援队伍,并由国家安全生产应急救援机构统一协调指挥;鼓励生产经营单位和其他社会力量建立应急救援队伍,配备相应的应急救援装备和物资,提高应急救援的专业化水平。

国务院应急管理部门牵头建立全国统一的生产安全事故应急救援信息系统,国务院交通运输、住房和城乡建设、水利、民航等有关部门和县级以上地方人民政府建立健全相关行业、领域、地区的生产安全事故应急救援信息系统,实现互联互通、信息共享,通过推行网上安全信息采集、安全监管和监测预警,提升监管的精准化、智能化水平。

第八十条　县级以上地方各级人民政府应当组织有关部门制定本行政区域内生产安全事故应急救援预案,建立应急救援体系。

乡镇人民政府和街道办事处,以及开发区、工业园区、港区、风景区等应当制定相应的生产安全事故应急救援预案,协助人民政府有关部门或者按照授权依法履行生产安全事故应急救援工作职责。

第八十一条　生产经营单位应当制定本单位生产安全事故应急救援预案,与所在地县级以上地方人民政府组织制定的生产安全事故应急救援预案相衔接,并定期组织演练。

第八十二条　危险物品的生产、经营、储存单位以及矿山、金属冶炼、城市轨道交通运营、建筑施工单位应当建立应急救援组织;生产经营规模较小的,可以不建立应急救援组织,但应当指定兼职的应急救援人员。

危险物品的生产、经营、储存、运输单位以及矿山、金属冶炼、城市轨道交通运营、建筑施工单位应当配备必要的应急救援器材、设备和物资,并进行经常性维护、保养,保证正常运转。

第八十三条　生产经营单位发生生产安全事故后,事故现场有关人员应当立即报告本单位负责人。

单位负责人接到事故报告后,应当迅速采取有效措施,组织抢救,防止事故扩大,减少人员伤亡和财产损失,并按照国家有关规定立即如实报告当地负有安全生产监督管理职责的部门,不得隐瞒不报、谎报或者迟报,不得故意破坏事故现场、毁灭有关证据。

第八十四条　负有安全生产监督管理职责的部门接到事故报告后,应当立即按照国家有关规定上报事故情况。负有安全生产监督管理职责的部门和有关地方人民政府对事故情况不得隐瞒不报、谎报或者迟报。

第八十五条　有关地方人民政府和负有安全生产监督管理职责的部门的负责人接到生产安全事故报告后,应当按照生产安全事故应急救援预案的要求立即赶到事故现场,组织事故抢救。

参与事故抢救的部门和单位应当服从统一指挥,加强协同联动,采取有效的应急救援措施,并根据事故救援的需要采取警戒、疏散等措施,防止事故扩大和次生灾害的发生,减少人员伤亡和财产损失。

事故抢救过程中应当采取必要措施,避免或者减少对环境造成的危害。

任何单位和个人都应当支持、配合事故抢救,并提供一切便利条件。

第八十六条　事故调查处理应当按照科学严谨、依法依规、实事求是、注重实效的原则,及时、准确地查清事故原因,查明事故性质和责任,评估应急处置工作,总结事故教训,提出整改措施,并对事故责任单位和人员提出处理建议。事故调查报告应当依法及时向社会公布。事故调查和处理的具体办法由国务院制定。

事故发生单位应当及时全面落实整改措施,负有安全生产监督管理职责的部门应当加强监督检查。

负责事故调查处理的国务院有关部门和地方人民政府应当在批复事故调查报告后一年内,组织有关部门对事故整改和防范措施落实情况进行评估,并及时向社会公开评估结果;

对不履行职责导致事故整改和防范措施没有落实的有关单位和人员,应当按照有关规定追究责任。

第八十七条 生产经营单位发生生产安全事故,经调查确定为责任事故的,除了应当查明事故单位的责任并依法予以追究外,还应当查明对安全生产的有关事项负有审查批准和监督职责的行政部门的责任,对有失职、渎职行为的,依照本法第九十条的规定追究法律责任。

第八十八条 任何单位和个人不得阻挠和干涉对事故的依法调查处理。

第八十九条 县级以上地方各级人民政府应急管理部门应当定期统计分析本行政区域内发生生产安全事故的情况,并定期向社会公布。

第六章 法律责任

第九十条 负有安全生产监督管理职责的部门的工作人员,有下列行为之一的,给予降级或者撤职的处分;构成犯罪的,依照刑法有关规定追究刑事责任:

(一)对不符合法定安全生产条件的涉及安全生产的事项予以批准或者验收通过的;

(二)发现未依法取得批准、验收的单位擅自从事有关活动或者接到举报后不予取缔或者不依法予以处理的;

(三)对已经依法取得批准的单位不履行监督管理职责,发现其不再具备安全生产条件而不撤销原批准或者发现安全生产违法行为不予查处的;

(四)在监督检查中发现重大事故隐患,不依法及时处理的。

负有安全生产监督管理职责的部门的工作人员有前款规定以外的滥用职权、玩忽职守、徇私舞弊行为的,依法给予处分;构成犯罪的,依照刑法有关规定追究刑事责任。

第九十一条 负有安全生产监督管理职责的部门,要求被审查、验收的单位购买其指定的安全设备、器材或者其他产品的,在对安全生产事项的审查、验收中收取费用的,由其上级机关或者监察机关责令改正,责令退还收取的费用;情节严重的,对直接负责的主管人员和其他直接责任人员依法给予处分。

第九十二条 承担安全评价、认证、检测、检验职责的机构出具失实报告的,责令停业整顿,并处三万元以上十万元以下的罚款;给他人造成损害的,依法承担赔偿责任。

承担安全评价、认证、检测、检验职责的机构租借资质、挂靠、出具虚假报告的,没收违法所得;违法所得在十万元以上的,并处违法所得二倍以上五倍以下的罚款,没有违法所得或者违法所得不足十万元的,单处或者并处十万元以上二十万元以下的罚款;对其直接负责的主管人员和其他直接责任人员处五万元以上十万元以下的罚款;给他人造成损害的,与生产经营单位承担连带赔偿责任;构成犯罪的,依照刑法有关规定追究刑事责任。

对有前款违法行为的机构及其直接责任人员,吊销其相应资质和资格,五年内不得从事安全评价、认证、检测、检验等工作;情节严重的,实行终身行业和职业禁入。

第九十三条 生产经营单位的决策机构、主要负责人或者个人经营的投资人不依照本法规定保证安全生产所必需的资金投入,致使生产经营单位不具备安全生产条件的,责令限期改正,提供必需的资金;逾期未改正的,责令生产经营单位停产停业整顿。

有前款违法行为,导致发生生产安全事故的,对生产经营单位的主要负责人给予撤职处分,对个人经营的投资人处二万元以上二十万元以下的罚款;构成犯罪的,依照刑法有关规定追究刑事责任。

第九十四条　生产经营单位的主要负责人未履行本法规定的安全生产管理职责的,责令限期改正,处二万元以上五万元以下的罚款;逾期未改正的,处五万元以上十万元以下的罚款,责令生产经营单位停产停业整顿。

生产经营单位的主要负责人有前款违法行为,导致发生生产安全事故的,给予撤职处分;构成犯罪的,依照刑法有关规定追究刑事责任。

生产经营单位的主要负责人依照前款规定受刑事处罚或者撤职处分的,自刑罚执行完毕或者受处分之日起,五年内不得担任任何生产经营单位的主要负责人;对重大、特别重大生产安全事故负有责任的,终身不得担任本行业生产经营单位的主要负责人。

第九十五条　生产经营单位的主要负责人未履行本法规定的安全生产管理职责,导致发生生产安全事故的,由应急管理部门依照下列规定处以罚款:

（一）发生一般事故的,处上一年年收入百分之四十的罚款;

（二）发生较大事故的,处上一年年收入百分之六十的罚款;

（三）发生重大事故的,处上一年年收入百分之八十的罚款;

（四）发生特别重大事故的,处上一年年收入百分之一百的罚款。

第九十六条　生产经营单位的其他负责人和安全生产管理人员未履行本法规定的安全生产管理职责的,责令限期改正,处一万元以上三万元以下的罚款;导致发生生产安全事故的,暂停或者吊销其与安全生产有关的资格,并处上一年年收入百分之二十以上百分之五十以下的罚款;构成犯罪的,依照刑法有关规定追究刑事责任。

第九十七条　生产经营单位有下列行为之一的,责令限期改正,处十万元以下的罚款;逾期未改正的,责令停产停业整顿,并处十万元以上二十万元以下的罚款,对其直接负责的主管人员和其他直接责任人员处二万元以上五万元以下的罚款:

（一）未按照规定设置安全生产管理机构或者配备安全生产管理人员、注册安全工程师的;

（二）危险物品的生产、经营、储存、装卸单位以及矿山、金属冶炼、建筑施工、运输单位的主要负责人和安全生产管理人员未按照规定经考核合格的;

（三）未按照规定对从业人员、被派遣劳动者、实习学生进行安全生产教育和培训,或者未按照规定如实告知有关的安全生产事项的;

（四）未如实记录安全生产教育和培训情况的;

（五）未将事故隐患排查治理情况如实记录或者未向从业人员通报的;

（六）未按照规定制定生产安全事故应急救援预案或者未定期组织演练的;

（七）特种作业人员未按照规定经专门的安全作业培训并取得相应资格,上岗作业的。

第九十八条　生产经营单位有下列行为之一的,责令停止建设或者停产停业整顿,限期改正,并处十万元以上五十万元以下的罚款,对其直接负责的主管人员和其他直接责任人员处二万元以上五万元以下的罚款;逾期未改正的,处五十万元以上一百万元以下的罚款,对其直接负责的主管人员和其他直接责任人员处五万元以上十万元以下的罚款;构成犯罪的,依照刑法有关规定追究刑事责任:

（一）未按照规定对矿山、金属冶炼建设项目或者用于生产、储存、装卸危险物品的建设项目进行安全评价的;

（二）矿山、金属冶炼建设项目或者用于生产、储存、装卸危险物品的建设项目没有安全设施设计或者安全设施设计未按照规定报经有关部门审查同意的；

（三）矿山、金属冶炼建设项目或者用于生产、储存、装卸危险物品的建设项目的施工单位未按照批准的安全设施设计施工的；

（四）矿山、金属冶炼建设项目或者用于生产、储存、装卸危险物品的建设项目竣工投入生产或者使用前，安全设施未经验收合格的。

第九十九条　生产经营单位有下列行为之一的，责令限期改正，处五万元以下的罚款；逾期未改正的，处五万元以上二十万元以下的罚款，对其直接负责的主管人员和其他直接责任人员处一万元以上二万元以下的罚款；情节严重的，责令停产停业整顿；构成犯罪的，依照刑法有关规定追究刑事责任：

（一）未在有较大危险因素的生产经营场所和有关设施、设备上设置明显的安全警示标志的；

（二）安全设备的安装、使用、检测、改造和报废不符合国家标准或者行业标准的；

（三）未对安全设备进行经常性维护、保养和定期检测的；

（四）关闭、破坏直接关系生产安全的监控、报警、防护、救生设备、设施，或者篡改、隐瞒、销毁其相关数据、信息的；

（五）未为从业人员提供符合国家标准或者行业标准的劳动防护用品的；

（六）危险物品的容器、运输工具，以及涉及人身安全、危险性较大的海洋石油开采特种设备和矿山井下特种设备未经具有专业资质的机构检测、检验合格，取得安全使用证或者安全标志，投入使用的；

（七）使用应当淘汰的危及生产安全的工艺、设备的；

（八）餐饮等行业的生产经营单位使用燃气未安装可燃气体报警装置的。

第一百条　未经依法批准，擅自生产、经营、运输、储存、使用危险物品或者处置废弃危险物品的，依照有关危险物品安全管理的法律、行政法规的规定予以处罚；构成犯罪的，依照刑法有关规定追究刑事责任。

第一百零一条　生产经营单位有下列行为之一的，责令限期改正，处十万元以下的罚款；逾期未改正的，责令停产停业整顿，并处十万元以上二十万元以下的罚款，对其直接负责的主管人员和其他直接责任人员处二万元以上五万元以下的罚款；构成犯罪的，依照刑法有关规定追究刑事责任：

（一）生产、经营、运输、储存、使用危险物品或者处置废弃危险物品，未建立专门安全管理制度、未采取可靠的安全措施的；

（二）对重大危险源未登记建档，未进行定期检测、评估、监控，未制定应急预案，或者未告知应急措施的；

（三）进行爆破、吊装、动火、临时用电以及国务院应急管理部门会同国务院有关部门规定的其他危险作业，未安排专门人员进行现场安全管理的；

（四）未建立安全风险分级管控制度或者未按照安全风险分级采取相应管控措施的；

（五）未建立事故隐患排查治理制度，或者重大事故隐患排查治理情况未按照规定报告的。

第一百零二条　生产经营单位未采取措施消除事故隐患的，责令立即消除或者限期消除,处五万元以下的罚款;生产经营单位拒不执行的,责令停产停业整顿,对其直接负责的主管人员和其他直接责任人员处五万元以上十万元以下的罚款;构成犯罪的,依照刑法有关规定追究刑事责任。

第一百零三条　生产经营单位将生产经营项目、场所、设备发包或者出租给不具备安全生产条件或者相应资质的单位或者个人的,责令限期改正,没收违法所得;违法所得十万元以上的,并处违法所得二倍以上五倍以下的罚款;没有违法所得或者违法所得不足十万元的,单处或者并处十万元以上二十万元以下的罚款;对其直接负责的主管人员和其他直接责任人员处一万元以上二万元以下的罚款;导致发生生产安全事故给他人造成损害的,与承包方、承租方承担连带赔偿责任。

生产经营单位未与承包单位、承租单位签订专门的安全生产管理协议或者未在承包合同、租赁合同中明确各自的安全生产管理职责,或者未对承包单位、承租单位的安全生产统一协调、管理的,责令限期改正,处五万元以下的罚款,对其直接负责的主管人员和其他直接责任人员处一万元以下的罚款;逾期未改正的,责令停产停业整顿。

矿山、金属冶炼建设项目和用于生产、储存、装卸危险物品的建设项目的施工单位未按照规定对施工项目进行安全管理的,责令限期改正,处十万元以下的罚款,对其直接负责的主管人员和其他直接责任人员处二万元以下的罚款;逾期未改正的,责令停产停业整顿。以上施工单位倒卖、出租、出借、挂靠或者以其他形式非法转让施工资质的,责令停产停业整顿,吊销资质证书,没收违法所得;违法所得十万元以上的,并处违法所得二倍以上五倍以下的罚款;没有违法所得或者违法所得不足十万元的,单处或者并处十万元以上二十万元以下的罚款;对其直接负责的主管人员和其他直接责任人员处五万元以上十万元以下的罚款;构成犯罪的,依照刑法有关规定追究刑事责任。

第一百零四条　两个以上生产经营单位在同一作业区域内进行可能危及对方安全生产的生产经营活动,未签订安全生产管理协议或者未指定专职安全生产管理人员进行安全检查与协调的,责令限期改正,处五万元以下的罚款,对其直接负责的主管人员和其他直接责任人员处一万元以下的罚款;逾期未改正的,责令停产停业。

第一百零五条　生产经营单位有下列行为之一的,责令限期改正,处五万元以下的罚款,对其直接负责的主管人员和其他直接责任人员处一万元以下的罚款;逾期未改正的,责令停产停业整顿;构成犯罪的,依照刑法有关规定追究刑事责任:

(一)生产、经营、储存、使用危险物品的车间、商店、仓库与员工宿舍在同一座建筑内,或者与员工宿舍的距离不符合安全要求的;

(二)生产经营场所和员工宿舍未设有符合紧急疏散需要、标志明显、保持畅通的出口、疏散通道,或者占用、锁闭、封堵生产经营场所或者员工宿舍出口、疏散通道的。

第一百零六条　生产经营单位与从业人员订立协议,免除或者减轻其对从业人员因生产安全事故伤亡依法应承担的责任的,该协议无效;对生产经营单位的主要负责人、个人经营的投资人处二万元以上十万元以下的罚款。

第一百零七条　生产经营单位的从业人员不落实岗位安全责任,不服从管理,违反安全生产规章制度或者操作规程的,由生产经营单位给予批评教育,依照有关规章制度给予处分;构成犯罪的,依照刑法有关规定追究刑事责任。

第一百零八条　违反本法规定,生产经营单位拒绝、阻碍负有安全生产监督管理职责的部门依法实施监督检查的,责令改正;拒不改正的,处二万元以上二十万元以下的罚款;对其直接负责的主管人员和其他直接责任人员处一万元以上二万元以下的罚款;构成犯罪的,依照刑法有关规定追究刑事责任。

第一百零九条　高危行业、领域的生产经营单位未按照国家规定投保安全生产责任保险的,责令限期改正,处五万元以上十万元以下的罚款;逾期未改正的,处十万元以上二十万元以下的罚款。

第一百一十条　生产经营单位的主要负责人在本单位发生生产安全事故时,不立即组织抢救或者在事故调查处理期间擅离职守或者逃匿的,给予降级、撤职的处分,并由应急管理部门处上一年年收入百分之六十至百分之一百的罚款;对逃匿的处十五日以下拘留;构成犯罪的,依照刑法有关规定追究刑事责任。

生产经营单位的主要负责人对生产安全事故隐瞒不报、谎报或者迟报的,依照前款规定处罚。

第一百一十一条　有关地方人民政府、负有安全生产监督管理职责的部门,对生产安全事故隐瞒不报、谎报或者迟报的,对直接负责的主管人员和其他直接责任人员依法给予处分;构成犯罪的,依照刑法有关规定追究刑事责任。

第一百一十二条　生产经营单位违反本法规定,被责令改正且受到罚款处罚,拒不改正的,负有安全生产监督管理职责的部门可以自作出责令改正之日的次日起,按照原处罚数额按日连续处罚。

第一百一十三条　生产经营单位存在下列情形之一的,负有安全生产监督管理职责的部门应当提请地方人民政府予以关闭,有关部门应当依法吊销其有关证照。生产经营单位主要负责人五年内不得担任任何生产经营单位的主要负责人;情节严重的,终身不得担任本行业生产经营单位的主要负责人:

(一)存在重大事故隐患,一百八十日内三次或者一年内四次受到本法规定的行政处罚的;

(二)经停产停业整顿,仍不具备法律、行政法规和国家标准或者行业标准规定的安全生产条件的;

(三)不具备法律、行政法规和国家标准或者行业标准规定的安全生产条件,导致发生重大、特别重大生产安全事故的;

(四)拒不执行负有安全生产监督管理职责的部门作出的停产停业整顿决定的。

第一百一十四条　发生生产安全事故,对负有责任的生产经营单位除要求其依法承担相应的赔偿等责任外,由应急管理部门依照下列规定处以罚款:

(一)发生一般事故的,处三十万元以上一百万元以下的罚款;

(二)发生较大事故的,处一百万元以上二百万元以下的罚款;

(三)发生重大事故的,处二百万元以上一千万元以下的罚款;

(四)发生特别重大事故的,处一千万元以上二千万元以下的罚款。

发生生产安全事故,情节特别严重、影响特别恶劣的,应急管理部门可以按照前款罚款数额的二倍以上五倍以下对负有责任的生产经营单位处以罚款。

第一百一十五条　本法规定的行政处罚,由应急管理部门和其他负有安全生产监督管理职责的部门按照职责分工决定;其中,根据本法第九十五条、第一百一十条、第一百一十四条的规定应当给予民航、铁路、电力行业的生产经营单位及其主要负责人行政处罚的,也可以由主管的负有安全生产监督管理职责的部门进行处罚。予以关闭的行政处罚,由负有安全生产监督管理职责的部门报请县级以上人民政府按照国务院规定的权限决定;给予拘留的行政处罚,由公安机关依照治安管理处罚的规定决定。

第一百一十六条　生产经营单位发生生产安全事故造成人员伤亡、他人财产损失的,应当依法承担赔偿责任;拒不承担或者其负责人逃匿的,由人民法院依法强制执行。

生产安全事故的责任人未依法承担赔偿责任,经人民法院依法采取执行措施后,仍不能对受害人给予足额赔偿的,应当继续履行赔偿义务;受害人发现责任人有其他财产的,可以随时请求人民法院执行。

第七章　附则

第一百一十七条　本法下列用语的含义:

危险物品,是指易燃易爆物品、危险化学品、放射性物品等能够危及人身安全和财产安全的物品。

重大危险源,是指长期地或者临时地生产、搬运、使用或者储存危险物品,且危险物品的数量等于或者超过临界量的单元(包括场所和设施)。

第一百一十八条　本法规定的生产安全一般事故、较大事故、重大事故、特别重大事故的划分标准由国务院规定。

国务院应急管理部门和其他负有安全生产监督管理职责的部门应当根据各自的职责分工,制定相关行业、领域重大危险源的辨识标准和重大事故隐患的判定标准。

第一百一十九条　本法自 2002 年 11 月 1 日起施行。

附录二　危险化学品安全管理条例

（中华人民共和国国务院令第 645 号）

第一章　总则

第一条　为了加强危险化学品的安全管理,预防和减少危险化学品事故,保障人民群众生命财产安全,保护环境,制定本条例。

第二条　危险化学品生产、储存、使用、经营和运输的安全管理,适用本条例。

废弃危险化学品的处置,依照有关环境保护的法律、行政法规和国家有关规定执行。

第三条　本条例所称危险化学品,是指具有毒害、腐蚀、爆炸、燃烧、助燃等性质,对人体、设施、环境具有危害的剧毒化学品和其他化学品。

危险化学品目录,由国务院安全生产监督管理部门会同国务院工业和信息化、公安、环境保护、卫生、质量监督检验检疫、交通运输、铁路、民用航空、农业主管部门,根据化学品危险特性的鉴别和分类标准确定、公布,并适时调整。

第四条　危险化学品安全管理,应当坚持安全第一、预防为主、综合治理的方针,强化和落实企业的主体责任。

生产、储存、使用、经营、运输危险化学品的单位（以下统称危险化学品单位）的主要负责人对本单位的危险化学品安全管理工作全面负责。

危险化学品单位应当具备法律、行政法规规定和国家标准、行业标准要求的安全条件,建立、健全安全管理规章制度和岗位安全责任制度,对从业人员进行安全教育、法制教育和岗位技术培训。从业人员应当接受教育和培训,考核合格后上岗作业;对有资格要求的岗位,应当配备依法取得相应资格的人员。

第五条　任何单位和个人不得生产、经营、使用国家禁止生产、经营、使用的危险化学品。

国家对危险化学品的使用有限制性规定的,任何单位和个人不得违反限制性规定使用危险化学品。

第六条　对危险化学品的生产、储存、使用、经营、运输实施安全监督管理的有关部门（以下统称负有危险化学品安全监督管理职责的部门）,依照下列规定履行职责:

（一）安全生产监督管理部门负责危险化学品安全监督管理综合工作,组织确定、公布、调整危险化学品目录,对新建、改建、扩建生产、储存危险化学品（包括使用长输管道输送危险化学品,下同）的建设项目进行安全条件审查,核发危险化学品安全生产许可证、危险化学品安全使用许可证和危险化学品经营许可证,并负责危险化学品登记工作。

（二）公安机关负责危险化学品的公共安全管理,核发剧毒化学品购买许可证、剧毒化学品道路运输通行证,并负责危险化学品运输车辆的道路交通安全管理。

（三）质量监督检验检疫部门负责核发危险化学品及其包装物、容器（不包括储存危险化学品的固定式大型储罐,下同）生产企业的工业产品生产许可证,并依法对其产品质量实施监督,负责对进出口危险化学品及其包装实施检验。

（四）环境保护主管部门负责废弃危险化学品处置的监督管理,组织危险化学品的环境危害性鉴定和环境风险程度评估,确定实施重点环境管理的危险化学品,负责危险化学品环境管理登记和新化学物质环境管理登记;依照职责分工调查相关危险化学品环境污染事故和生态破坏事件,负责危险化学品事故现场的应急环境监测。

（五）交通运输主管部门负责危险化学品道路运输、水路运输的许可以及运输工具的安全管理,对危险化学品水路运输安全实施监督,负责危险化学品道路运输企业、水路运输企业驾驶人员、船员、装卸管理人员、押运人员、申报人员、集装箱装箱现场检查员的资格认定。铁路监管部门负责危险化学品铁路运输及其运输工具的安全管理。

（六）卫生主管部门负责危险化学品毒性鉴定的管理,负责组织、协调危险化学品事故受伤人员的医疗卫生救援工作。

（七）工商行政管理部门依据有关部门的许可证件,核发危险化学品生产、储存、经营、运输企业营业执照,查处危险化学品经营企业违法采购危险化学品的行为。

（八）邮政管理部门负责依法查处寄递危险化学品的行为。

第七条　负有危险化学品安全监督管理职责的部门依法进行监督检查,可以采取下列措施:

（一）进入危险化学品作业场所实施现场检查,向有关单位和人员了解情况,查阅、复制有关文件、资料;

（二）发现危险化学品事故隐患,责令立即消除或者限期消除;

（三）对不符合法律、行政法规、规章规定或者国家标准、行业标准要求的设施、设备、装置、器材、运输工具,责令立即停止使用;

（四）经本部门主要负责人批准,查封违法生产、储存、使用、经营危险化学品的场所,扣押违法生产、储存、使用、经营、运输的危险化学品以及用于违法生产、使用、运输危险化学品的原材料、设备、运输工具;

（五）发现影响危险化学品安全的违法行为,当场予以纠正或者责令限期改正。

负有危险化学品安全监督管理职责的部门依法进行监督检查,监督检查人员不得少于2人,并应当出示执法证件;有关单位和个人对依法进行的监督检查应当予以配合,不得拒绝、阻碍。

第八条　县级以上人民政府应当建立危险化学品安全监督管理工作协调机制,支持、督促负有危险化学品安全监督管理职责的部门依法履行职责,协调、解决危险化学品安全监督管理工作中的重大问题。

负有危险化学品安全监督管理职责的部门应当相互配合、密切协作,依法加强对危险化学品的安全监督管理。

第九条　任何单位和个人对违反本条例规定的行为,有权向负有危险化学品安全监督管理职责的部门举报。负有危险化学品安全监督管理职责的部门接到举报,应当及时依法处理;对不属于本部门职责的,应当及时移送有关部门处理。

第十条　国家鼓励危险化学品生产企业和使用危险化学品从事生产的企业采用有利于提高安全保障水平的先进技术、工艺、设备以及自动控制系统,鼓励对危险化学品实行专门储存、统一配送、集中销售。

第二章　生产、储存安全

第十一条　国家对危险化学品的生产、储存实行统筹规划、合理布局。

国务院工业和信息化主管部门以及国务院其他有关部门依据各自职责,负责危险化学品生产、储存的行业规划和布局。

地方人民政府组织编制城乡规划,应当根据本地区的实际情况,按照确保安全的原则,规划适当区域专门用于危险化学品的生产、储存。

第十二条　新建、改建、扩建生产、储存危险化学品的建设项目(以下简称建设项目),应当由安全生产监督管理部门进行安全条件审查。

建设单位应当对建设项目进行安全条件论证,委托具备国家规定的资质条件的机构对建设项目进行安全评价,并将安全条件论证和安全评价的情况报告报建设项目所在地设区的市级以上人民政府安全生产监督管理部门;安全生产监督管理部门应当自收到报告之日起 45 日内作出审查决定,并书面通知建设单位。具体办法由国务院安全生产监督管理部门制定。

新建、改建、扩建储存、装卸危险化学品的港口建设项目,由港口行政管理部门按照国务院交通运输主管部门的规定进行安全条件审查。

第十三条　生产、储存危险化学品的单位,应当对其铺设的危险化学品管道设置明显标志,并对危险化学品管道定期检查、检测。

进行可能危及危险化学品管道安全的施工作业,施工单位应当在开工的 7 日前书面通知管道所属单位,并与管道所属单位共同制定应急预案,采取相应的安全防护措施。管道所属单位应当指派专门人员到现场进行管道安全保护指导。

第十四条　危险化学品生产企业进行生产前,应当依照《安全生产许可证条例》的规定,取得危险化学品安全生产许可证。

生产列入国家实行生产许可证制度的工业产品目录的危险化学品的企业,应当依照《中华人民共和国工业产品生产许可证管理条例》的规定,取得工业产品生产许可证。

负责颁发危险化学品安全生产许可证、工业产品生产许可证的部门,应当将其颁发许可证的情况及时向同级工业和信息化主管部门、环境保护主管部门和公安机关通报。

第十五条　危险化学品生产企业应当提供与其生产的危险化学品相符的化学品安全技术说明书,并在危险化学品包装(包括外包装件)上粘贴或者拴挂与包装内危险化学品相符的化学品安全标签。化学品安全技术说明书和化学品安全标签所载明的内容应当符合国家标准的要求。

危险化学品生产企业发现其生产的危险化学品有新的危险特性的,应当立即公告,并及时修订其化学品安全技术说明书和化学品安全标签。

第十六条　生产实施重点环境管理的危险化学品的企业,应当按照国务院环境保护主管部门的规定,将该危险化学品向环境中释放等相关信息向环境保护主管部门报告。环境保护主管部门可以根据情况采取相应的环境风险控制措施。

第十七条　危险化学品的包装应当符合法律、行政法规、规章的规定以及国家标准、行业标准的要求。

危险化学品包装物、容器的材质以及危险化学品包装的型式、规格、方法和单件质量(重量），应当与所包装的危险化学品的性质和用途相适应。

第十八条　生产列入国家实行生产许可证制度的工业产品目录的危险化学品包装物、容器的企业，应当依照《中华人民共和国工业产品生产许可证管理条例》的规定，取得工业产品生产许可证；其生产的危险化学品包装物、容器经国务院质量监督检验检疫部门认定的检验机构检验合格，方可出厂销售。

运输危险化学品的船舶及其配载的容器，应当按照国家船舶检验规范进行生产，并经海事管理机构认定的船舶检验机构检验合格，方可投入使用。

对重复使用的危险化学品包装物、容器，使用单位在重复使用前应当进行检查；发现存在安全隐患的，应当维修或者更换。使用单位应当对检查情况作出记录，记录的保存期限不得少于2年。

第十九条　危险化学品生产装置或者储存数量构成重大危险源的危险化学品储存设施（运输工具加油站、加气站除外），与下列场所、设施、区域的距离应当符合国家有关规定：

（一）居住区以及商业中心、公园等人员密集场所；

（二）学校、医院、影剧院、体育场（馆）等公共设施；

（三）饮用水源、水厂以及水源保护区；

（四）车站、码头（依法经许可从事危险化学品装卸作业的除外）、机场以及通信干线、通信枢纽、铁路线路、道路交通干线、水路交通干线、地铁风亭以及地铁站出入口；

（五）基本农田保护区、基本草原、畜禽遗传资源保护区、畜禽规模化养殖场（养殖小区）、渔业水域以及种子、种畜禽、水产苗种生产基地；

（六）河流、湖泊、风景名胜区、自然保护区；

（七）军事禁区、军事管理区；

（八）法律、行政法规规定的其他场所、设施、区域。

已建的危险化学品生产装置或者储存数量构成重大危险源的危险化学品储存设施不符合前款规定的，由所在地设区的市级人民政府安全生产监督管理部门会同有关部门监督其所属单位在规定期限内进行整改；需要转产、停产、搬迁、关闭的，由本级人民政府决定并组织实施。

储存数量构成重大危险源的危险化学品储存设施的选址，应当避开地震活动断层和容易发生洪灾、地质灾害的区域。

本条例所称重大危险源，是指生产、储存、使用或者搬运危险化学品，且危险化学品的数量等于或者超过临界量的单元（包括场所和设施）。

第二十条　生产、储存危险化学品的单位，应当根据其生产、储存的危险化学品的种类和危险特性，在作业场所设置相应的监测、监控、通风、防晒、调温、防火、灭火、防爆、泄压、防毒、中和、防潮、防雷、防静电、防腐、防泄漏以及防护围堤或者隔离操作等安全设施、设备，并按照国家标准、行业标准或者国家有关规定对安全设施、设备进行经常性维护、保养，保证安全设施、设备的正常使用。

生产、储存危险化学品的单位，应当在其作业场所和安全设施、设备上设置明显的安全警示标志。

第二十一条　生产、储存危险化学品的单位，应当在其作业场所设置通信、报警装置，并保证处于适用状态。

第二十二条　生产、储存危险化学品的企业,应当委托具备国家规定的资质条件的机构,对本企业的安全生产条件每 3 年进行一次安全评价,提出安全评价报告。安全评价报告的内容应当包括对安全生产条件存在的问题进行整改的方案。

生产、储存危险化学品的企业,应当将安全评价报告以及整改方案的落实情况报所在地县级人民政府安全生产监督管理部门备案。在港区内储存危险化学品的企业,应当将安全评价报告以及整改方案的落实情况报港口行政管理部门备案。

第二十三条　生产、储存剧毒化学品或者国务院公安部门规定的可用于制造爆炸物品的危险化学品(以下简称易制爆危险化学品)的单位,应当如实记录其生产、储存的剧毒化学品、易制爆危险化学品的数量、流向,并采取必要的安全防范措施,防止剧毒化学品、易制爆危险化学品丢失或者被盗;发现剧毒化学品、易制爆危险化学品丢失或者被盗的,应当立即向当地公安机关报告。

生产、储存剧毒化学品、易制爆危险化学品的单位,应当设置治安保卫机构,配备专职治安保卫人员。

第二十四条　危险化学品应当储存在专用仓库、专用场地或者专用储存室(以下统称专用仓库)内,并由专人负责管理;剧毒化学品以及储存数量构成重大危险源的其他危险化学品,应当在专用仓库内单独存放,并实行双人收发、双人保管制度。

危险化学品的储存方式、方法以及储存数量应当符合国家标准或者国家有关规定。

第二十五条　储存危险化学品的单位应当建立危险化学品出入库核查、登记制度。

对剧毒化学品以及储存数量构成重大危险源的其他危险化学品,储存单位应当将其储存数量、储存地点以及管理人员的情况,报所在地县级人民政府安全生产监督管理部门(在港区内储存的,报港口行政管理部门)和公安机关备案。

第二十六条　危险化学品专用仓库应当符合国家标准、行业标准的要求,并设置明显的标志。储存剧毒化学品、易制爆危险化学品的专用仓库,应当按照国家有关规定设置相应的技术防范设施。

储存危险化学品的单位应当对其危险化学品专用仓库的安全设施、设备定期进行检测、检验。

第二十七条　生产、储存危险化学品的单位转产、停产、停业或者解散的,应当采取有效措施,及时、妥善处置其危险化学品生产装置、储存设施以及库存的危险化学品,不得丢弃危险化学品;处置方案应当报所在地县级人民政府安全生产监督管理部门、工业和信息化主管部门、环境保护主管部门和公安机关备案。安全生产监督管理部门应当会同环境保护主管部门和公安机关对处置情况进行监督检查,发现未依照规定处置的,应当责令其立即处置。

第三章　使用安全

第二十八条　使用危险化学品的单位,其使用条件(包括工艺)应当符合法律、行政法规的规定和国家标准、行业标准的要求,并根据所使用的危险化学品的种类、危险特性以及使用量和使用方式,建立、健全使用危险化学品的安全管理规章制度和安全操作规程,保证危险化学品的安全使用。

第二十九条　使用危险化学品从事生产并且使用量达到规定数量的化工企业(属于危险化学品生产企业的除外,下同),应当依照本条例的规定取得危险化学品安全使用许可证。

前款规定的危险化学品使用量的数量标准,由国务院安全生产监督管理部门会同国务院公安部门、农业主管部门确定并公布。

第三十条　申请危险化学品安全使用许可证的化工企业,除应当符合本条例第二十八条的规定外,还应当具备下列条件:

(一)有与所使用的危险化学品相适应的专业技术人员;

(二)有安全管理机构和专职安全管理人员;

(三)有符合国家规定的危险化学品事故应急预案和必要的应急救援器材、设备;

(四)依法进行了安全评价。

第三十一条　申请危险化学品安全使用许可证的化工企业,应当向所在地设区的市级人民政府安全生产监督管理部门提出申请,并提交其符合本条例第三十条规定条件的证明材料。设区的市级人民政府安全生产监督管理部门应当依法进行审查,自收到证明材料之日起45日内作出批准或者不予批准的决定。予以批准的,颁发危险化学品安全使用许可证;不予批准的,书面通知申请人并说明理由。

安全生产监督管理部门应当将其颁发危险化学品安全使用许可证的情况及时向同级环境保护主管部门和公安机关通报。

第三十二条　本条例第十六条关于生产实施重点环境管理的危险化学品的企业的规定,适用于使用实施重点环境管理的危险化学品从事生产的企业;第二十条、第二十一条、第二十三条第一款、第二十七条关于生产、储存危险化学品的单位的规定,适用于使用危险化学品的单位;第二十二条关于生产、储存危险化学品的企业的规定,适用于使用危险化学品从事生产的企业。

第四章　经营安全

第三十三条　国家对危险化学品经营(包括仓储经营,下同)实行许可制度。未经许可,任何单位和个人不得经营危险化学品。

依法设立的危险化学品生产企业在其厂区范围内销售本企业生产的危险化学品,不需要取得危险化学品经营许可。

依照《中华人民共和国港口法》的规定取得港口经营许可证的港口经营人,在港区内从事危险化学品仓储经营,不需要取得危险化学品经营许可。

第三十四条　从事危险化学品经营的企业应当具备下列条件:

(一)有符合国家标准、行业标准的经营场所,储存危险化学品的,还应当有符合国家标准、行业标准的储存设施;

(二)从业人员经过专业技术培训并经考核合格;

(三)有健全的安全管理规章制度;

(四)有专职安全管理人员;

(五)有符合国家规定的危险化学品事故应急预案和必要的应急救援器材、设备;

(六)法律、法规规定的其他条件。

第三十五条　从事剧毒化学品、易制爆危险化学品经营的企业,应当向所在地设区的市级人民政府安全生产监督管理部门提出申请,从事其他危险化学品经营的企业,应当向所在地县级人民政府安全生产监督管理部门提出申请(有储存设施的,应当向所在地设区的市级人民政府安全生产监督管理部门提出申请)。申请人应当提交其符合本条例第三十四条规定条件的证明材料。设区的市级人民政府安全生产监督管理部门或者县级人民政府安全生产监督管理部门应当依法进行审查,并对申请人的经营场所、储存设施进行现场核查,自收到证明材料之日起 30 日内作出批准或者不予批准的决定。予以批准的,颁发危险化学品经营许可证;不予批准的,书面通知申请人并说明理由。

设区的市级人民政府安全生产监督管理部门和县级人民政府安全生产监督管理部门应当将其颁发危险化学品经营许可证的情况及时向同级环境保护主管部门和公安机关通报。

申请人持危险化学品经营许可证向工商行政管理部门办理登记手续后,方可从事危险化学品经营活动。法律、行政法规或者国务院规定经营危险化学品还需要经其他有关部门许可的,申请人向工商行政管理部门办理登记手续时还应当持相应的许可证件。

第三十六条　危险化学品经营企业储存危险化学品的,应当遵守本条例第二章关于储存危险化学品的规定。危险化学品商店内只能存放民用小包装的危险化学品。

第三十七条　危险化学品经营企业不得向未经许可从事危险化学品生产、经营活动的企业采购危险化学品,不得经营没有化学品安全技术说明书或者化学品安全标签的危险化学品。

第三十八条　依法取得危险化学品安全生产许可证、危险化学品安全使用许可证、危险化学品经营许可证的企业,凭相应的许可证件购买剧毒化学品、易制爆危险化学品。民用爆炸物品生产企业凭民用爆炸物品生产许可证购买易制爆危险化学品。

前款规定以外的单位购买剧毒化学品的,应当向所在地县级人民政府公安机关申请取得剧毒化学品购买许可证;购买易制爆危险化学品的,应当持本单位出具的合法用途说明。

个人不得购买剧毒化学品(属于剧毒化学品的农药除外)和易制爆危险化学品。

第三十九条　申请取得剧毒化学品购买许可证,申请人应当向所在地县级人民政府公安机关提交下列材料:

(一)营业执照或者法人证书(登记证书)的复印件;

(二)拟购买的剧毒化学品品种、数量的说明;

(三)购买剧毒化学品用途的说明;

(四)经办人的身份证明。

县级人民政府公安机关应当自收到前款规定的材料之日起 3 日内,作出批准或者不予批准的决定。予以批准的,颁发剧毒化学品购买许可证;不予批准的,书面通知申请人并说明理由。

剧毒化学品购买许可证管理办法由国务院公安部门制定。

第四十条　危险化学品生产企业、经营企业销售剧毒化学品、易制爆危险化学品,应当查验本条例第三十八条第一款、第二款规定的相关许可证件或者证明文件,不得向不具有相关许可证件或者证明文件的单位销售剧毒化学品、易制爆危险化学品。对持剧毒化学品购买许可证购买剧毒化学品的,应当按照许可证载明的品种、数量销售。

禁止向个人销售剧毒化学品(属于剧毒化学品的农药除外)和易制爆危险化学品。

第四十一条　危险化学品生产企业、经营企业销售剧毒化学品、易制爆危险化学品,应当如实记录购买单位的名称、地址、经办人的姓名、身份证号码以及所购买的剧毒化学品、易制爆危险化学品的品种、数量、用途。销售记录以及经办人的身份证明复印件、相关许可证件复印件或者证明文件的保存期限不得少于 1 年。

剧毒化学品、易制爆危险化学品的销售企业、购买单位应当在销售、购买后 5 日内,将所销售、购买的剧毒化学品、易制爆危险化学品的品种、数量以及流向信息报所在地县级人民政府公安机关备案,并输入计算机系统。

第四十二条　使用剧毒化学品、易制爆危险化学品的单位不得出借、转让其购买的剧毒化学品、易制爆危险化学品;因转产、停产、搬迁、关闭等确需转让的,应当向具有本条例第三十八条第一款、第二款规定的相关许可证件或者证明文件的单位转让,并在转让后将有关情况及时向所在地县级人民政府公安机关报告。

第五章　运输安全

第四十三条　从事危险化学品道路运输、水路运输的,应当分别依照有关道路运输、水路运输的法律、行政法规的规定,取得危险货物道路运输许可、危险货物水路运输许可,并向工商行政管理部门办理登记手续。

危险化学品道路运输企业、水路运输企业应当配备专职安全管理人员。

第四十四条　危险化学品道路运输企业、水路运输企业的驾驶人员、船员、装卸管理人员、押运人员、申报人员、集装箱装箱现场检查员应当经交通运输主管部门考核合格,取得从业资格。具体办法由国务院交通运输主管部门制定。

危险化学品的装卸作业应当遵守安全作业标准、规程和制度,并在装卸管理人员的现场指挥或者监控下进行。水路运输危险化学品的集装箱装箱作业应当在集装箱装箱现场检查员的指挥或者监控下进行,并符合积载、隔离的规范和要求;装箱作业完毕后,集装箱装箱现场检查员应当签署装箱证明书。

第四十五条　运输危险化学品,应当根据危险化学品的危险特性采取相应的安全防护措施,并配备必要的防护用品和应急救援器材。

用于运输危险化学品的槽罐以及其他容器应当封口严密,能够防止危险化学品在运输过程中因温度、湿度或者压力的变化发生渗漏、洒漏;槽罐以及其他容器的溢流和泄压装置应当设置准确、起闭灵活。

运输危险化学品的驾驶人员、船员、装卸管理人员、押运人员、申报人员、集装箱装箱现场检查员,应当了解所运输的危险化学品的危险特性及其包装物、容器的使用要求和出现危险情况时的应急处置方法。

第四十六条　通过道路运输危险化学品的,托运人应当委托依法取得危险货物道路运输许可的企业承运。

第四十七条　通过道路运输危险化学品的,应当按照运输车辆的核定载质量装载危险化学品,不得超载。

危险化学品运输车辆应当符合国家标准要求的安全技术条件,并按照国家有关规定定期进行安全技术检验。

危险化学品运输车辆应当悬挂或者喷涂符合国家标准要求的警示标志。

第四十八条　通过道路运输危险化学品的,应当配备押运人员,并保证所运输的危险化学品处于押运人员的监控之下。

运输危险化学品途中因住宿或者发生影响正常运输的情况,需要较长时间停车的,驾驶人员、押运人员应当采取相应的安全防范措施;运输剧毒化学品或者易制爆危险化学品的,还应当向当地公安机关报告。

第四十九条　未经公安机关批准,运输危险化学品的车辆不得进入危险化学品运输车辆限制通行的区域。危险化学品运输车辆限制通行的区域由县级人民政府公安机关划定,并设置明显的标志。

第五十条　通过道路运输剧毒化学品的,托运人应当向运输始发地或者目的地县级人民政府公安机关申请剧毒化学品道路运输通行证。

申请剧毒化学品道路运输通行证,托运人应当向县级人民政府公安机关提交下列材料:

(一)拟运输的剧毒化学品品种、数量的说明;

(二)运输始发地、目的地、运输时间和运输路线的说明;

(三)承运人取得危险货物道路运输许可、运输车辆取得营运证以及驾驶人员、押运人员取得上岗资格的证明文件;

(四)本条例第三十八条第一款、第二款规定的购买剧毒化学品的相关许可证件,或者海关出具的进出口证明文件。

县级人民政府公安机关应当自收到前款规定的材料之日起7日内,作出批准或者不予批准的决定。予以批准的,颁发剧毒化学品道路运输通行证;不予批准的,书面通知申请人并说明理由。

剧毒化学品道路运输通行证管理办法由国务院公安部门制定。

第五十一条　剧毒化学品、易制爆危险化学品在道路运输途中丢失、被盗、被抢或者出现流散、泄漏等情况的,驾驶人员、押运人员应当立即采取相应的警示措施和安全措施,并向当地公安机关报告。公安机关接到报告后,应当根据实际情况立即向安全生产监督管理部门、环境保护主管部门、卫生主管部门通报。有关部门应当采取必要的应急处置措施。

第五十二条　通过水路运输危险化学品的,应当遵守法律、行政法规以及国务院交通运输主管部门关于危险货物水路运输安全的规定。

第五十三条　海事管理机构应当根据危险化学品的种类和危险特性,确定船舶运输危险化学品的相关安全运输条件。

拟交付船舶运输的化学品的相关安全运输条件不明确的,货物所有人或者代理人应当委托相关技术机构进行评估,明确相关安全运输条件并经海事管理机构确认后,方可交付船舶运输。

第五十四条　禁止通过内河封闭水域运输剧毒化学品以及国家规定禁止通过内河运输的其他危险化学品。

前款规定以外的内河水域,禁止运输国家规定禁止通过内河运输的剧毒化学品以及其他危险化学品。

禁止通过内河运输的剧毒化学品以及其他危险化学品的范围,由国务院交通运输主管部门会同国务院环境保护主管部门、工业和信息化主管部门、安全生产监督管理部门,根据危险化学品的危险特性、危险化学品对人体和水环境的危害程度以及消除危害后果的难易程度等因素规定并公布。

第五十五条　国务院交通运输主管部门应当根据危险化学品的危险特性,对通过内河运输本条例第五十四条规定以外的危险化学品(以下简称通过内河运输危险化学品)实行分类管理,对各类危险化学品的运输方式、包装规范和安全防护措施等分别作出规定并监督实施。

第五十六条 通过内河运输危险化学品,应当由依法取得危险货物水路运输许可的水路运输企业承运,其他单位和个人不得承运。托运人应当委托依法取得危险货物水路运输许可的水路运输企业承运,不得委托其他单位和个人承运。

第五十七条 通过内河运输危险化学品,应当使用依法取得危险货物适装证书的运输船舶。水路运输企业应当针对所运输的危险化学品的危险特性,制定运输船舶危险化学品事故应急救援预案,并为运输船舶配备充足、有效的应急救援器材和设备。

通过内河运输危险化学品的船舶,其所有人或者经营人应当取得船舶污染损害责任保险证书或者财务担保证明。船舶污染损害责任保险证书或者财务担保证明的副本应当随船携带。

第五十八条 通过内河运输危险化学品,危险化学品包装物的材质、型式、强度以及包装方法应当符合水路运输危险化学品包装规范的要求。国务院交通运输主管部门对单船运输的危险化学品数量有限制性规定的,承运人应当按照规定安排运输数量。

第五十九条 用于危险化学品运输作业的内河码头、泊位应当符合国家有关安全规范,与饮用水取水口保持国家规定的距离。有关管理单位应当制定码头、泊位危险化学品事故应急预案,并为码头、泊位配备充足、有效的应急救援器材和设备。

用于危险化学品运输作业的内河码头、泊位,经交通运输主管部门按照国家有关规定验收合格后方可投入使用。

第六十条 船舶载运危险化学品进出内河港口,应当将危险化学品的名称、危险特性、包装以及进出港时间等事项,事先报告海事管理机构。海事管理机构接到报告后,应当在国务院交通运输主管部门规定的时间内作出是否同意的决定,通知报告人,同时通报港口行政管理部门。定船舶、定航线、定货种的船舶可以定期报告。

在内河港口内进行危险化学品的装卸、过驳作业,应当将危险化学品的名称、危险特性、包装和作业的时间、地点等事项报告港口行政管理部门。港口行政管理部门接到报告后,应当在国务院交通运输主管部门规定的时间内作出是否同意的决定,通知报告人,同时通报海事管理机构。

载运危险化学品的船舶在内河航行,通过过船建筑物的,应当提前向交通运输主管部门申报,并接受交通运输主管部门的管理。

第六十一条 载运危险化学品的船舶在内河航行、装卸或者停泊,应当悬挂专用的警示标志,按照规定显示专用信号。

载运危险化学品的船舶在内河航行,按照国务院交通运输主管部门的规定需要引航的,应当申请引航。

第六十二条 载运危险化学品的船舶在内河航行,应当遵守法律、行政法规和国家其他有关饮用水水源保护的规定。内河航道发展规划应当与依法经批准的饮用水水源保护区划定方案相协调。

第六十三条 托运危险化学品的,托运人应当向承运人说明所托运的危险化学品的种类、数量、危险特性以及发生危险情况的应急处置措施,并按照国家有关规定对所托运的危险化学品妥善包装,在外包装上设置相应的标志。

运输危险化学品需要添加抑制剂或者稳定剂的，托运人应当添加，并将有关情况告知承运人。

第六十四条　托运人不得在托运的普通货物中夹带危险化学品，不得将危险化学品匿报或者谎报为普通货物托运。

任何单位和个人不得交寄危险化学品或者在邮件、快件内夹带危险化学品，不得将危险化学品匿报或者谎报为普通物品交寄。邮政企业、快递企业不得收寄危险化学品。

对涉嫌违反本条第一款、第二款规定的，交通运输主管部门、邮政管理部门可以依法开拆查验。

第六十五条　通过铁路、航空运输危险化学品的安全管理，依照有关铁路、航空运输的法律、行政法规、规章的规定执行。

第六章　危险化学品登记与事故应急救援

第六十六条　国家实行危险化学品登记制度，为危险化学品安全管理以及危险化学品事故预防和应急救援提供技术、信息支持。

第六十七条　危险化学品生产企业、进口企业，应当向国务院安全生产监督管理部门负责危险化学品登记的机构（以下简称危险化学品登记机构）办理危险化学品登记。

危险化学品登记包括下列内容：

（一）分类和标签信息；

（二）物理、化学性质；

（三）主要用途；

（四）危险特性；

（五）储存、使用、运输的安全要求；

（六）出现危险情况的应急处置措施。

对同一企业生产、进口的同一品种的危险化学品，不进行重复登记。危险化学品生产企业、进口企业发现其生产、进口的危险化学品有新的危险特性的，应当及时向危险化学品登记机构办理登记内容变更手续。

危险化学品登记的具体办法由国务院安全生产监督管理部门制定。

第六十八条　危险化学品登记机构应当定期向工业和信息化、环境保护、公安、卫生、交通运输、铁路、质量监督检验检疫等部门提供危险化学品登记的有关信息和资料。

第六十九条　县级以上地方人民政府安全生产监督管理部门应当会同工业和信息化、环境保护、公安、卫生、交通运输、铁路、质量监督检验检疫等部门，根据本地区实际情况，制定危险化学品事故应急预案，报本级人民政府批准。

第七十条　危险化学品单位应当制定本单位危险化学品事故应急预案，配备应急救援人员和必要的应急救援器材、设备，并定期组织应急救援演练。

危险化学品单位应当将其危险化学品事故应急预案报所在地设区的市级人民政府安全生产监督管理部门备案。

第七十一条　发生危险化学品事故，事故单位主要负责人应当立即按照本单位危险化学品应急预案组织救援，并向当地安全生产监督管理部门和环境保护、公安、卫生主管部门报告；道路运输、水路运输过程中发生危险化学品事故的，驾驶人员、船员或者押运人员还应当向事故发生地交通运输主管部门报告。

第七十二条　发生危险化学品事故,有关地方人民政府应当立即组织安全生产监督管理、环境保护、公安、卫生、交通运输等有关部门,按照本地区危险化学品事故应急预案组织实施救援,不得拖延、推诿。

有关地方人民政府及其有关部门应当按照下列规定,采取必要的应急处置措施,减少事故损失,防止事故蔓延、扩大:

(一)立即组织营救和救治受害人员,疏散、撤离或者采取其他措施保护危害区域内的其他人员;

(二)迅速控制危害源,测定危险化学品的性质、事故的危害区域及危害程度;

(三)针对事故对人体、动植物、土壤、水源、大气造成的现实危害和可能产生的危害,迅速采取封闭、隔离、洗消等措施;

(四)对危险化学品事故造成的环境污染和生态破坏状况进行监测、评估,并采取相应的环境污染治理和生态修复措施。

第七十三条　有关危险化学品单位应当为危险化学品事故应急救援提供技术指导和必要的协助。

第七十四条　危险化学品事故造成环境污染的,由设区的市级以上人民政府环境保护主管部门统一发布有关信息。

第七章　法律责任

第七十五条　生产、经营、使用国家禁止生产、经营、使用的危险化学品的,由安全生产监督管理部门责令停止生产、经营、使用活动,处 20 万元以上 50 万元以下的罚款,有违法所得的,没收违法所得;构成犯罪的,依法追究刑事责任。

有前款规定行为的,安全生产监督管理部门还应当责令其对所生产、经营、使用的危险化学品进行无害化处理。

违反国家关于危险化学品使用的限制性规定使用危险化学品的,依照本条第一款的规定处理。

第七十六条　未经安全条件审查,新建、改建、扩建生产、储存危险化学品的建设项目的,由安全生产监督管理部门责令停止建设,限期改正;逾期不改正的,处 50 万元以上 100 万元以下的罚款;构成犯罪的,依法追究刑事责任。

未经安全条件审查,新建、改建、扩建储存、装卸危险化学品的港口建设项目的,由港口行政管理部门依照前款规定予以处罚。

第七十七条　未依法取得危险化学品安全生产许可证从事危险化学品生产,或者未依法取得工业产品生产许可证从事危险化学品及其包装物、容器生产的,分别依照《安全生产许可证条例》《中华人民共和国工业产品生产许可证管理条例》的规定处罚。

违反本条例规定,化工企业未取得危险化学品安全使用许可证,使用危险化学品从事生产的,由安全生产监督管理部门责令限期改正,处 10 万元以上 20 万元以下的罚款;逾期不改正的,责令停产整顿。

违反本条例规定,未取得危险化学品经营许可证从事危险化学品经营的,由安全生产监督管理部门责令停止经营活动,没收违法经营的危险化学品以及违法所得,并处 10 万元以上 20 万元以下的罚款;构成犯罪的,依法追究刑事责任。

第七十八条　有下列情形之一的,由安全生产监督管理部门责令改正,可以处 5 万元以下的罚款;拒不改正的,处 5 万元以上 10 万元以下的罚款;情节严重的,责令停产停业整顿:

(一)生产、储存危险化学品的单位未对其铺设的危险化学品管道设置明显的标志,或者未对危险化学品管道定期检查、检测的;

(二)进行可能危及危险化学品管道安全的施工作业,施工单位未按照规定书面通知管道所属单位,或者未与管道所属单位共同制定应急预案、采取相应的安全防护措施,或者管道所属单位未指派专门人员到现场进行管道安全保护指导的;

(三)危险化学品生产企业未提供化学品安全技术说明书,或者未在包装(包括外包装件)上粘贴、拴挂化学品安全标签的;

(四)危险化学品生产企业提供的化学品安全技术说明书与其生产的危险化学品不相符,或者在包装(包括外包装件)粘贴、拴挂的化学品安全标签与包装内危险化学品不相符,或者化学品安全技术说明书、化学品安全标签所载明的内容不符合国家标准要求的;

(五)危险化学品生产企业发现其生产的危险化学品有新的危险特性不立即公告,或者不及时修订其化学品安全技术说明书和化学品安全标签的;

(六)危险化学品经营企业经营没有化学品安全技术说明书和化学品安全标签的危险化学品的;

(七)危险化学品包装物、容器的材质以及包装的型式、规格、方法和单件质量(重量)与所包装的危险化学品的性质和用途不相适应的;

(八)生产、储存危险化学品的单位未在作业场所和安全设施、设备上设置明显的安全警示标志,或者未在作业场所设置通信、报警装置的;

(九)危险化学品专用仓库未设专人负责管理,或者对储存的剧毒化学品以及储存数量构成重大危险源的其他危险化学品未实行双人收发、双人保管制度的;

(十)储存危险化学品的单位未建立危险化学品出入库核查、登记制度的;

(十一)危险化学品专用仓库未设置明显标志的;

(十二)危险化学品生产企业、进口企业不办理危险化学品登记,或者发现其生产、进口的危险化学品有新的危险特性不办理危险化学品登记内容变更手续的。

从事危险化学品仓储经营的港口经营人有前款规定情形的,由港口行政管理部门依照前款规定予以处罚。储存剧毒化学品、易制爆危险化学品的专用仓库未按照国家有关规定设置相应的技术防范设施的,由公安机关依照前款规定予以处罚。

生产、储存剧毒化学品、易制爆危险化学品的单位未设置治安保卫机构、配备专职治安保卫人员的,依照《企业事业单位内部治安保卫条例》的规定处罚。

第七十九条　危险化学品包装物、容器生产企业销售未经检验或者经检验不合格的危险化学品包装物、容器的,由质量监督检验检疫部门责令改正,处 10 万元以上 20 万元以下的罚款,有违法所得的,没收违法所得;拒不改正的,责令停产停业整顿;构成犯罪的,依法追究刑事责任。

将未经检验合格的运输危险化学品的船舶及其配载的容器投入使用的,由海事管理机构依照前款规定予以处罚。

第八十条　生产、储存、使用危险化学品的单位有下列情形之一的,由安全生产监督管理部门责令改正,处 5 万元以上 10 万元以下的罚款;拒不改正的,责令停产停业整顿直至由原发证机关吊销其相关许可证件,并由工商行政管理部门责令其办理经营范围变更登记或者吊销其营业执照;有关责任人员构成犯罪的,依法追究刑事责任:

(一)对重复使用的危险化学品包装物、容器,在重复使用前不进行检查的;

(二)未根据其生产、储存的危险化学品的种类和危险特性,在作业场所设置相关安全设施、设备,或者未按照国家标准、行业标准或者国家有关规定对安全设施、设备进行经常性维护、保养的;

(三)未依照本条例规定对其安全生产条件定期进行安全评价的;

(四)未将危险化学品储存在专用仓库内,或者未将剧毒化学品以及储存数量构成重大危险源的其他危险化学品在专用仓库内单独存放的;

(五)危险化学品的储存方式、方法或者储存数量不符合国家标准或者国家有关规定的;

(六)危险化学品专用仓库不符合国家标准、行业标准的要求的;

(七)未对危险化学品专用仓库的安全设施、设备定期进行检测、检验的。

从事危险化学品仓储经营的港口经营人有前款规定情形的,由港口行政管理部门依照前款规定予以处罚。

第八十一条 有下列情形之一的,由公安机关责令改正,可以处 1 万元以下的罚款;拒不改正的,处 1 万元以上 5 万元以下的罚款:

(一)生产、储存、使用剧毒化学品、易制爆危险化学品的单位不如实记录生产、储存、使用的剧毒化学品、易制爆危险化学品的数量、流向的;

(二)生产、储存、使用剧毒化学品、易制爆危险化学品的单位发现剧毒化学品、易制爆危险化学品丢失或者被盗,不立即向公安机关报告的;

(三)储存剧毒化学品的单位未将剧毒化学品的储存数量、储存地点以及管理人员的情况报所在地县级人民政府公安机关备案的;

(四)危险化学品生产企业、经营企业不如实记录剧毒化学品、易制爆危险化学品购买单位的名称、地址、经办人的姓名、身份证号码以及所购买的剧毒化学品、易制爆危险化学品的品种、数量、用途,或者保存销售记录和相关材料的时间少于 1 年的;

(五)剧毒化学品、易制爆危险化学品的销售企业、购买单位未在规定的时限内将所销售、购买的剧毒化学品、易制爆危险化学品的品种、数量以及流向信息报所在地县级人民政府公安机关备案的;

(六)使用剧毒化学品、易制爆危险化学品的单位依照本条例规定转让其购买的剧毒化学品、易制爆危险化学品,未将有关情况向所在地县级人民政府公安机关报告的。

生产、储存危险化学品的企业或者使用危险化学品从事生产的企业未按照本条例规定将安全评价报告以及整改方案的落实情况报安全生产监督管理部门或者港口行政管理部门备案,或者储存危险化学品的单位未将其剧毒化学品以及储存数量构成重大危险源的其他危险化学品的储存数量、储存地点以及管理人员的情况报安全生产监督管理部门或者港口行政管理部门备案的,分别由安全生产监督管理部门或者港口行政管理部门依照前款规定予以处罚。

生产实施重点环境管理的危险化学品的企业或者使用实施重点环境管理的危险化学品

从事生产的企业未按照规定将相关信息向环境保护主管部门报告的,由环境保护主管部门依照本条第一款的规定予以处罚。

第八十二条　生产、储存、使用危险化学品的单位转产、停产、停业或者解散,未采取有效措施及时、妥善处置其危险化学品生产装置、储存设施以及库存的危险化学品,或者丢弃危险化学品的,由安全生产监督管理部门责令改正,处 5 万元以上 10 万元以下的罚款;构成犯罪的,依法追究刑事责任。

生产、储存、使用危险化学品的单位转产、停产、停业或者解散,未依照本条例规定将其危险化学品生产装置、储存设施以及库存危险化学品的处置方案报有关部门备案的,分别由有关部门责令改正,可以处 1 万元以下的罚款;拒不改正的,处 1 万元以上 5 万元以下的罚款。

第八十三条　危险化学品经营企业向未经许可违法从事危险化学品生产、经营活动的企业采购危险化学品的,由工商行政管理部门责令改正,处 10 万元以上 20 万元以下的罚款;拒不改正的,责令停业整顿直至由原发证机关吊销其危险化学品经营许可证,并由工商行政管理部门责令其办理经营范围变更登记或者吊销其营业执照。

第八十四条　危险化学品生产企业、经营企业有下列情形之一的,由安全生产监督管理部门责令改正,没收违法所得,并处 10 万元以上 20 万元以下的罚款;拒不改正的,责令停产停业整顿直至吊销其危险化学品安全生产许可证、危险化学品经营许可证,并由工商行政管理部门责令其办理经营范围变更登记或者吊销其营业执照:

(一)向不具有本条例第三十八条第一款、第二款规定的相关许可证件或者证明文件的单位销售剧毒化学品、易制爆危险化学品的;

(二)不按照剧毒化学品购买许可证载明的品种、数量销售剧毒化学品的;

(三)向个人销售剧毒化学品(属于剧毒化学品的农药除外)、易制爆危险化学品的。

不具有本条例第三十八条第一款、第二款规定的相关许可证件或者证明文件的单位购买剧毒化学品、易制爆危险化学品,或者个人购买剧毒化学品(属于剧毒化学品的农药除外)、易制爆危险化学品的,由公安机关没收所购买的剧毒化学品、易制爆危险化学品,可以并处 5 000 元以下的罚款。

使用剧毒化学品、易制爆危险化学品的单位出借或者向不具有本条例第三十八条第一款、第二款规定的相关许可证件的单位转让其购买的剧毒化学品、易制爆危险化学品,或者向个人转让其购买的剧毒化学品(属于剧毒化学品的农药除外)、易制爆危险化学品的,由公安机关责令改正,处 10 万元以上 20 万元以下的罚款;拒不改正的,责令停产停业整顿。

第八十五条　未依法取得危险货物道路运输许可、危险货物水路运输许可,从事危险化学品道路运输、水路运输的,分别依照有关道路运输、水路运输的法律、行政法规的规定处罚。

第八十六条　有下列情形之一的,由交通运输主管部门责令改正,处 5 万元以上 10 万元以下的罚款;拒不改正的,责令停产停业整顿;构成犯罪的,依法追究刑事责任:

(一)危险化学品道路运输企业、水路运输企业的驾驶人员、船员、装卸管理人员、押运人员、申报人员、集装箱装箱现场检查员未取得从业资格上岗作业的;

(二)运输危险化学品,未根据危险化学品的危险特性采取相应的安全防护措施,或者未配备必要的防护用品和应急救援器材的;

（三）使用未依法取得危险货物适装证书的船舶，通过内河运输危险化学品的；

（四）通过内河运输危险化学品的承运人违反国务院交通运输主管部门对单船运输的危险化学品数量的限制性规定运输危险化学品的；

（五）用于危险化学品运输作业的内河码头、泊位不符合国家有关安全规范，或者未与饮用水取水口保持国家规定的安全距离，或者未经交通运输主管部门验收合格投入使用的；

（六）托运人不向承运人说明所托运的危险化学品的种类、数量、危险特性以及发生危险情况的应急处置措施，或者未按照国家有关规定对所托运的危险化学品妥善包装并在外包装上设置相应标志的；

（七）运输危险化学品需要添加抑制剂或者稳定剂，托运人未添加或者未将有关情况告知承运人的。

第八十七条　有下列情形之一的，由交通运输主管部门责令改正，处10万元以上20万元以下的罚款，有违法所得的，没收违法所得；拒不改正的，责令停产停业整顿；构成犯罪的，依法追究刑事责任：

（一）委托未依法取得危险货物道路运输许可、危险货物水路运输许可的企业承运危险化学品的；

（二）通过内河封闭水域运输剧毒化学品以及国家规定禁止通过内河运输的其他危险化学品的；

（三）通过内河运输国家规定禁止通过内河运输的剧毒化学品以及其他危险化学品的；

（四）在托运的普通货物中夹带危险化学品，或者将危险化学品谎报或者匿报为普通货物托运的。

在邮件、快件内夹带危险化学品，或者将危险化学品谎报为普通物品交寄的，依法给予治安管理处罚；构成犯罪的，依法追究刑事责任。

邮政企业、快递企业收寄危险化学品的，依照《中华人民共和国邮政法》的规定处罚。

第八十八条　有下列情形之一的，由公安机关责令改正，处5万元以上10万元以下的罚款；构成违反治安管理行为的，依法给予治安管理处罚；构成犯罪的，依法追究刑事责任：

（一）超过运输车辆的核定载质量装载危险化学品的；

（二）使用安全技术条件不符合国家标准要求的车辆运输危险化学品的；

（三）运输危险化学品的车辆未经公安机关批准进入危险化学品运输车辆限制通行的区域的；

（四）未取得剧毒化学品道路运输通行证，通过道路运输剧毒化学品的。

第八十九条　有下列情形之一的，由公安机关责令改正，处1万元以上5万元以下的罚款；构成违反治安管理行为的，依法给予治安管理处罚：

（一）危险化学品运输车辆未悬挂或者喷涂警示标志，或者悬挂或者喷涂的警示标志不符合国家标准要求的；

（二）通过道路运输危险化学品，不配备押运人员的；

（三）运输剧毒化学品或者易制爆危险化学品途中需要较长时间停车，驾驶人员、押运人员不向当地公安机关报告的；

（四）剧毒化学品、易制爆危险化学品在道路运输途中丢失、被盗、被抢或者发生流散、泄露等情况，驾驶人员、押运人员不采取必要的警示措施和安全措施，或者不向当地公安机关报告的。

第九十条　对发生交通事故负有全部责任或者主要责任的危险化学品道路运输企业,由公安机关责令消除安全隐患,未消除安全隐患的危险化学品运输车辆,禁止上道路行驶。

第九十一条　有下列情形之一的,由交通运输主管部门责令改正,可以处1万元以下的罚款;拒不改正的,处1万元以上5万元以下的罚款:

(一)危险化学品道路运输企业、水路运输企业未配备专职安全管理人员的;

(二)用于危险化学品运输作业的内河码头、泊位的管理单位未制定码头、泊位危险化学品事故应急救援预案,或者未为码头、泊位配备充足、有效的应急救援器材和设备的。

第九十二条　有下列情形之一的,依照《中华人民共和国内河交通安全管理条例》的规定处罚:

(一)通过内河运输危险化学品的水路运输企业未制定运输船舶危险化学品事故应急救援预案,或者未为运输船舶配备充足、有效的应急救援器材和设备的;

(二)通过内河运输危险化学品的船舶的所有人或者经营人未取得船舶污染损害责任保险证书或者财务担保证明的;

(三)船舶载运危险化学品进出内河港口,未将有关事项事先报告海事管理机构并经其同意的;

(四)载运危险化学品的船舶在内河航行、装卸或者停泊,未悬挂专用的警示标志,或者未按照规定显示专用信号,或者未按照规定申请引航的。

未向港口行政管理部门报告并经其同意,在港口内进行危险化学品的装卸、过驳作业的,依照《中华人民共和国港口法》的规定处罚。

第九十三条　伪造、变造或者出租、出借、转让危险化学品安全生产许可证、工业产品生产许可证,或者使用伪造、变造的危险化学品安全生产许可证、工业产品生产许可证的,分别依照《安全生产许可证条例》《中华人民共和国工业产品生产许可证管理条例》的规定处罚。

伪造、变造或者出租、出借、转让本条例规定的其他许可证,或者使用伪造、变造的本条例规定的其他许可证的,分别由相关许可证的颁发管理机关处10万元以上20万元以下的罚款,有违法所得的,没收违法所得;构成违反治安管理行为的,依法给予治安管理处罚;构成犯罪的,依法追究刑事责任。

第九十四条　危险化学品单位发生危险化学品事故,其主要负责人不立即组织救援或者不立即向有关部门报告的,依照《生产安全事故报告和调查处理条例》的规定处罚。

危险化学品单位发生危险化学品事故,造成他人人身伤害或者财产损失的,依法承担赔偿责任。

第九十五条　发生危险化学品事故,有关地方人民政府及其有关部门不立即组织实施救援,或者不采取必要的应急处置措施减少事故损失,防止事故蔓延、扩大的,对直接负责的主管人员和其他直接责任人员依法给予处分;构成犯罪的,依法追究刑事责任。

第九十六条　负有危险化学品安全监督管理职责的部门的工作人员,在危险化学品安全监督管理工作中滥用职权、玩忽职守、徇私舞弊,构成犯罪的,依法追究刑事责任;尚不构成犯罪的,依法给予处分。

第八章　附则

第九十七条　监控化学品、属于危险化学品的药品和农药的安全管理,依照本条例的规定执行;法律、行政法规另有规定的,依照其规定。

民用爆炸物品、烟花爆竹、放射性物品、核能物质以及用于国防科研生产的危险化学品的安全管理,不适用本条例。

法律、行政法规对燃气的安全管理另有规定的,依照其规定。

危险化学品容器属于特种设备的,其安全管理依照有关特种设备安全的法律、行政法规的规定执行。

第九十八条　危险化学品的进出口管理,依照有关对外贸易的法律、行政法规、规章的规定执行;进口的危险化学品的储存、使用、经营、运输的安全管理,依照本条例的规定执行。

危险化学品环境管理登记和新化学物质环境管理登记,依照有关环境保护的法律、行政法规、规章的规定执行。危险化学品环境管理登记,按照国家有关规定收取费用。

第九十九条　公众发现、捡拾的无主危险化学品,由公安机关接收。公安机关接收或者有关部门依法没收的危险化学品,需要进行无害化处理的,交由环境保护主管部门组织其认定的专业单位进行处理,或者交由有关危险化学品生产企业进行处理。处理所需费用由国家财政负担。

第一百条　化学品的危险特性尚未确定的,由国务院安全生产监督管理部门、国务院环境保护主管部门、国务院卫生主管部门分别负责组织对该化学品的物理危险性、环境危害性、毒理特性进行鉴定。根据鉴定结果,需要调整危险化学品目录的,依照本条例第三条第二款的规定办理。

第一百零一条　本条例施行前已经使用危险化学品从事生产的化工企业,依照本条例规定需要取得危险化学品安全使用许可证的,应当在国务院安全生产监督管理部门规定的期限内,申请取得危险化学品安全使用许可证。

第一百零二条　本条例自 2011 年 12 月 1 日起施行。

附录三　中华人民共和国消防法

（中华人民共和国主席令第八十一号）

第一章　总则

第一条　为了预防火灾和减少火灾危害，加强应急救援工作，保护人身、财产安全，维护公共安全，制定本法。

第二条　消防工作贯彻预防为主、防消结合的方针，按照政府统一领导、部门依法监管、单位全面负责、公民积极参与的原则，实行消防安全责任制，建立健全社会化的消防工作网络。

第三条　国务院领导全国的消防工作。地方各级人民政府负责本行政区域内的消防工作。

各级人民政府应当将消防工作纳入国民经济和社会发展计划，保障消防工作与经济社会发展相适应。

第四条　国务院应急管理部门对全国的消防工作实施监督管理。县级以上地方人民政府应急管理部门对本行政区域内的消防工作实施监督管理，并由本级人民政府消防救援机构负责实施。军事设施的消防工作，由其主管单位监督管理，消防救援机构协助；矿井地下部分、核电厂、海上石油天然气设施的消防工作，由其主管单位监督管理。

县级以上人民政府其他有关部门在各自的职责范围内，依照本法和其他相关法律、法规的规定做好消防工作。

法律、行政法规对森林、草原的消防工作另有规定的，从其规定。

第五条　任何单位和个人都有维护消防安全、保护消防设施、预防火灾、报告火警的义务。任何单位和成年人都有参加有组织的灭火工作的义务。

第六条　各级人民政府应当组织开展经常性的消防宣传教育，提高公民的消防安全意识。

机关、团体、企业、事业等单位，应当加强对本单位人员的消防宣传教育。

应急管理部门及消防救援机构应当加强消防法律、法规的宣传，并督促、指导、协助有关单位做好消防宣传教育工作。

教育、人力资源行政主管部门和学校、有关职业培训机构应当将消防知识纳入教育、教学、培训的内容。

新闻、广播、电视等有关单位，应当有针对性地面向社会进行消防宣传教育。

工会、共产主义青年团、妇女联合会等团体应当结合各自工作对象的特点，组织开展消防宣传教育。

村民委员会、居民委员会应当协助人民政府以及公安机关、应急管理等部门，加强消防宣传教育。

第七条　国家鼓励、支持消防科学研究和技术创新，推广使用先进的消防和应急救援技术、设备；鼓励、支持社会力量开展消防公益活动。

对在消防工作中有突出贡献的单位和个人,应当按照国家有关规定给予表彰和奖励。

第二章　火灾预防

第八条　地方各级人民政府应当将包括消防安全布局、消防站、消防供水、消防通信、消防车通道、消防装备等内容的消防规划纳入城乡规划,并负责组织实施。

城乡消防安全布局不符合消防安全要求的,应当调整、完善;公共消防设施、消防装备不足或者不适应实际需要的,应当增建、改建、配置或者进行技术改造。

第九条　建设工程的消防设计、施工必须符合国家工程建设消防技术标准。建设、设计、施工、工程监理等单位依法对建设工程的消防设计、施工质量负责。

第十条　对按照国家工程建设消防技术标准需要进行消防设计的建设工程,实行建设工程消防设计审查验收制度。

第十一条　国务院住房和城乡建设主管部门规定的特殊建设工程,建设单位应当将消防设计文件报送住房和城乡建设主管部门审查,住房和城乡建设主管部门依法对审查的结果负责。

前款规定以外的其他建设工程,建设单位申请领取施工许可证或者申请批准开工报告时应当提供满足施工需要的消防设计图纸及技术资料。

第十二条　特殊建设工程未经消防设计审查或者审查不合格的,建设单位、施工单位不得施工;其他建设工程,建设单位未提供满足施工需要的消防设计图纸及技术资料的,有关部门不得发放施工许可证或者批准开工报告。

第十三条　国务院住房和城乡建设主管部门规定应当申请消防验收的建设工程竣工,建设单位应当向住房和城乡建设主管部门申请消防验收。

前款规定以外的其他建设工程,建设单位在验收后应当报住房和城乡建设主管部门备案,住房和城乡建设主管部门应当进行抽查。

依法应当进行消防验收的建设工程,未经消防验收或者消防验收不合格的,禁止投入使用;其他建设工程经依法抽查不合格的,应当停止使用。

第十四条　建设工程消防设计审查、消防验收、备案和抽查的具体办法,由国务院住房和城乡建设主管部门规定。

第十五条　公众聚集场所投入使用、营业前消防安全检查实行告知承诺管理。公众聚集场所在投入使用、营业前,建设单位或者使用单位应当向场所所在地的县级以上地方人民政府消防救援机构申请消防安全检查,作出场所符合消防技术标准和管理规定的承诺,提交规定的材料,并对其承诺和材料的真实性负责。

消防救援机构对申请人提交的材料进行审查;申请材料齐全、符合法定形式的,应当予以许可。消防救援机构应当根据消防技术标准和管理规定,及时对作出承诺的公众聚集场所进行核查。

申请人选择不采用告知承诺方式办理的,消防救援机构应当自受理申请之日起十个工作日内,根据消防技术标准和管理规定,对该场所进行检查。经检查符合消防安全要求的,应当予以许可。

公众聚集场所未经消防救援机构许可的,不得投入使用、营业。消防安全检查的具体办法,由国务院应急管理部门制定。

第十六条　机关、团体、企业、事业等单位应当履行下列消防安全职责：

（一）落实消防安全责任制，制定本单位的消防安全制度、消防安全操作规程，制定灭火和应急疏散预案；

（二）按照国家标准、行业标准配置消防设施、器材，设置消防安全标志，并定期组织检验、维修，确保完好有效；

（三）对建筑消防设施每年至少进行一次全面检测，确保完好有效，检测记录应当完整准确，存档备查；

（四）保障疏散通道、安全出口、消防车通道畅通，保证防火防烟分区、防火间距符合消防技术标准；

（五）组织防火检查，及时消除火灾隐患；

（六）组织进行有针对性的消防演练；

（七）法律、法规规定的其他消防安全职责。

单位的主要负责人是本单位的消防安全责任人。

第十七条　县级以上地方人民政府消防救援机构应当将发生火灾可能性较大以及发生火灾可能造成重大的人身伤亡或者财产损失的单位，确定为本行政区域内的消防安全重点单位，并由应急管理部门报本级人民政府备案。

消防安全重点单位除应当履行本法第十六条规定的职责外，还应当履行下列消防安全职责：

（一）确定消防安全管理人，组织实施本单位的消防安全管理工作；

（二）建立消防档案，确定消防安全重点部位，设置防火标志，实行严格管理；

（三）实行每日防火巡查，并建立巡查记录；

（四）对职工进行岗前消防安全培训，定期组织消防安全培训和消防演练。

第十八条　同一建筑物由两个以上单位管理或者使用的，应当明确各方的消防安全责任，并确定责任人对共用的疏散通道、安全出口、建筑消防设施和消防车通道进行统一管理。

住宅区的物业服务企业应当对管理区域内的共用消防设施进行维护管理，提供消防安全防范服务。

第十九条　生产、储存、经营易燃易爆危险品的场所不得与居住场所设置在同一建筑物内，并应当与居住场所保持安全距离。

生产、储存、经营其他物品的场所与居住场所设置在同一建筑物内的，应当符合国家工程建设消防技术标准。

第二十条　举办大型群众性活动，承办人应当依法向公安机关申请安全许可，制定灭火和应急疏散预案并组织演练，明确消防安全责任分工，确定消防安全管理人员，保持消防设施和消防器材配置齐全、完好有效，保证疏散通道、安全出口、疏散指示标志、应急照明和消防车通道符合消防技术标准和管理规定。

第二十一条　禁止在具有火灾、爆炸危险的场所吸烟、使用明火。因施工等特殊情况需要使用明火作业的，应当按照规定事先办理审批手续，采取相应的消防安全措施；作业人员应当遵守消防安全规定。

进行电焊、气焊等具有火灾危险作业的人员和自动消防系统的操作人员，必须持证上岗，并遵守消防安全操作规程。

第二十二条 生产、储存、装卸易燃易爆危险品的工厂、仓库和专用车站、码头的设置，应当符合消防技术标准。易燃易爆气体和液体的充装站、供应站、调压站，应当设置在符合消防安全要求的位置，并符合防火防爆要求。

已经设置的生产、储存、装卸易燃易爆危险品的工厂、仓库和专用车站、码头，易燃易爆气体和液体的充装站、供应站、调压站，不再符合前款规定的，地方人民政府应当组织、协调有关部门、单位限期解决，消除安全隐患。

第二十三条 生产、储存、运输、销售、使用、销毁易燃易爆危险品，必须执行消防技术标准和管理规定。

进入生产、储存易燃易爆危险品的场所，必须执行消防安全规定。禁止非法携带易燃易爆危险品进入公共场所或者乘坐公共交通工具。

储存可燃物资仓库的管理，必须执行消防技术标准和管理规定。

第二十四条 消防产品必须符合国家标准；没有国家标准的，必须符合行业标准。禁止生产、销售或者使用不合格的消防产品以及国家明令淘汰的消防产品。

依法实行强制性产品认证的消防产品，由具有法定资质的认证机构按照国家标准、行业标准的强制性要求认证合格后，方可生产、销售、使用。实行强制性产品认证的消防产品目录，由国务院产品质量监督部门会同国务院应急管理部门制定并公布。

新研制的尚未制定国家标准、行业标准的消防产品，应当按照国务院产品质量监督部门会同国务院应急管理部门规定的办法，经技术鉴定符合消防安全要求的，方可生产、销售、使用。

依照本条规定经强制性产品认证合格或者技术鉴定合格的消防产品，国务院应急管理部门应当予以公布。

第二十五条 产品质量监督部门、工商行政管理部门、消防救援机构应当按照各自职责加强对消防产品质量的监督检查。

第二十六条 建筑构件、建筑材料和室内装修、装饰材料的防火性能必须符合国家标准；没有国家标准的，必须符合行业标准。

人员密集场所室内装修、装饰，应当按照消防技术标准的要求，使用不燃、难燃材料。

第二十七条 电器产品、燃气用具的产品标准，应当符合消防安全的要求。

电器产品、燃气用具的安装、使用及其线路、管路的设计、敷设、维护保养、检测，必须符合消防技术标准和管理规定。

第二十八条 任何单位、个人不得损坏、挪用或者擅自拆除、停用消防设施、器材，不得埋压、圈占、遮挡消火栓或者占用防火间距，不得占用、堵塞、封闭疏散通道、安全出口、消防车通道。人员密集场所的门窗不得设置影响逃生和灭火救援的障碍物。

第二十九条 负责公共消防设施维护管理的单位，应当保持消防供水、消防通信、消防车通道等公共消防设施的完好有效。在修建道路以及停电、停水、截断通信线路时有可能影响消防队灭火救援的，有关单位必须事先通知当地消防救援机构。

第三十条 地方各级人民政府应当加强对农村消防工作的领导，采取措施加强公共消防设施建设，组织建立和督促落实消防安全责任制。

第三十一条 在农业收获季节、森林和草原防火期间、重大节假日期间以及火灾多发季节，地方各级人民政府应当组织开展有针对性的消防宣传教育，采取防火措施，进行消防安全检查。

第三十二条　乡镇人民政府、城市街道办事处应当指导、支持和帮助村民委员会、居民委员会开展群众性的消防工作。村民委员会、居民委员会应当确定消防安全管理人，组织制定防火安全公约，进行防火安全检查。

第三十三条　国家鼓励、引导公众聚集场所和生产、储存、运输、销售易燃易爆危险品的企业投保火灾公众责任保险；鼓励保险公司承保火灾公众责任保险。

第三十四条　消防设施维护保养检测、消防安全评估等消防技术服务机构应当符合从业条件，执业人员应当依法获得相应的资格；依照法律、行政法规、国家标准、行业标准和执业准则，接受委托提供消防技术服务，并对服务质量负责。

第三章　消防组织

第三十五条　各级人民政府应当加强消防组织建设，根据经济社会发展的需要，建立多种形式的消防组织，加强消防技术人才培养，增强火灾预防、扑救和应急救援的能力。

第三十六条　县级以上地方人民政府应当按照国家规定建立国家综合性消防救援队、专职消防队，并按照国家标准配备消防装备，承担火灾扑救工作。

乡镇人民政府应当根据当地经济发展和消防工作的需要，建立专职消防队、志愿消防队，承担火灾扑救工作。

第三十七条　国家综合性消防救援队、专职消防队按照国家规定承担重大灾害事故和其他以抢救人员生命为主的应急救援工作。

第三十八条　国家综合性消防救援队、专职消防队应当充分发挥火灾扑救和应急救援专业力量的骨干作用；按照国家规定，组织实施专业技能训练，配备并维护保养装备器材，提高火灾扑救和应急救援的能力。

第三十九条　下列单位应当建立单位专职消防队，承担本单位的火灾扑救工作：

（一）大型核设施单位、大型发电厂、民用机场、主要港口；

（二）生产、储存易燃易爆危险品的大型企业；

（三）储备可燃的重要物资的大型仓库、基地；

（四）第一项、第二项、第三项规定以外的火灾危险性较大、距离国家综合性消防救援队较远的其他大型企业；

（五）距离国家综合性消防救援队较远、被列为全国重点文物保护单位的古建筑群的管理单位。

第四十条　专职消防队的建立，应当符合国家有关规定，并报当地消防救援机构验收。

专职消防队的队员依法享受社会保险和福利待遇。

第四十一条　机关、团体、企业、事业等单位以及村民委员会、居民委员会根据需要，建立志愿消防队等多种形式的消防组织，开展群众性自防自救工作。

第四十二条　消防救援机构应当对专职消防队、志愿消防队等消防组织进行业务指导；根据扑救火灾的需要，可以调动指挥专职消防队参加火灾扑救工作。

第四章　灭火救援

第四十三条　县级以上地方人民政府应当组织有关部门针对本行政区域内的火灾特点

制定应急预案,建立应急反应和处置机制,为火灾扑救和应急救援工作提供人员、装备等保障。

第四十四条 任何人发现火灾都应当立即报警。任何单位、个人都应当无偿为报警提供便利,不得阻拦报警。严禁谎报火警。

人员密集场所发生火灾,该场所的现场工作人员应当立即组织、引导在场人员疏散。

任何单位发生火灾,必须立即组织力量扑救。邻近单位应当给予支援。

消防队接到火警,必须立即赶赴火灾现场,救助遇险人员,排除险情,扑灭火灾。

第四十五条 消防救援机构统一组织和指挥火灾现场扑救,应当优先保障遇险人员的生命安全。

火灾现场总指挥根据扑救火灾的需要,有权决定下列事项:

(一)使用各种水源;

(二)截断电力、可燃气体和可燃液体的输送,限制用火用电;

(三)划定警戒区,实行局部交通管制;

(四)利用邻近建筑物和有关设施;

(五)为了抢救人员和重要物资,防止火势蔓延,拆除或者破损毗邻火灾现场的建筑物、构筑物或者设施等;

(六)调动供水、供电、供气、通信、医疗救护、交通运输、环境保护等有关单位协助灭火救援。

根据扑救火灾的紧急需要,有关地方人民政府应当组织人员、调集所需物资支援灭火。

第四十六条 国家综合性消防救援队、专职消防队参加火灾以外的其他重大灾害事故的应急救援工作,由县级以上人民政府统一领导。

第四十七条 消防车、消防艇前往执行火灾扑救或者应急救援任务,在确保安全的前提下,不受行驶速度、行驶路线、行驶方向和指挥信号的限制,其他车辆、船舶以及行人应当让行,不得穿插超越;收费公路、桥梁免收车辆通行费。交通管理指挥人员应当保证消防车、消防艇迅速通行。

赶赴火灾现场或者应急救援现场的消防人员和调集的消防装备、物资,需要铁路、水路或者航空运输的,有关单位应当优先运输。

第四十八条 消防车、消防艇以及消防器材、装备和设施,不得用于与消防和应急救援工作无关的事项。

第四十九条 国家综合性消防救援队、专职消防队扑救火灾、应急救援,不得收取任何费用。

单位专职消防队、志愿消防队参加扑救外单位火灾所损耗的燃料、灭火剂和器材、装备等,由火灾发生地的人民政府给予补偿。

第五十条 对因参加扑救火灾或者应急救援受伤、致残或者死亡的人员,按照国家有关规定给予医疗、抚恤。

第五十一条 消防救援机构有权根据需要封闭火灾现场,负责调查火灾原因,统计火灾损失。

火灾扑灭后,发生火灾的单位和相关人员应当按照消防救援机构的要求保护现场,接受事故调查,如实提供与火灾有关的情况。

消防救援机构根据火灾现场勘验、调查情况和有关的检验、鉴定意见,及时制作火灾事故认定书,作为处理火灾事故的证据。

第五章　监督检查

第五十二条　地方各级人民政府应当落实消防工作责任制,对本级人民政府有关部门履行消防安全职责的情况进行监督检查。

县级以上地方人民政府有关部门应当根据本系统的特点,有针对性地开展消防安全检查,及时督促整改火灾隐患。

第五十三条　消防救援机构应当对机关、团体、企业、事业等单位遵守消防法律、法规的情况依法进行监督检查。公安派出所可以负责日常消防监督检查、开展消防宣传教育,具体办法由国务院公安部门规定。

消防救援机构、公安派出所的工作人员进行消防监督检查,应当出示证件。

第五十四条　消防救援机构在消防监督检查中发现火灾隐患的,应当通知有关单位或者个人立即采取措施消除隐患;不及时消除隐患可能严重威胁公共安全的,消防救援机构应当依照规定对危险部位或者场所采取临时查封措施。

第五十五条　消防救援机构在消防监督检查中发现城乡消防安全布局、公共消防设施不符合消防安全要求,或者发现本地区存在影响公共安全的重大火灾隐患的,应当由应急管理部门书面报告本级人民政府。

接到报告的人民政府应当及时核实情况,组织或者责成有关部门、单位采取措施,予以整改。

第五十六条　住房和城乡建设主管部门、消防救援机构及其工作人员应当按照法定的职权和程序进行消防设计审查、消防验收、备案抽查和消防安全检查,做到公正、严格、文明、高效。

住房和城乡建设主管部门、消防救援机构及其工作人员进行消防设计审查、消防验收、备案抽查和消防安全检查等,不得收取费用,不得利用职务谋取利益;不得利用职务为用户、建设单位指定或者变相指定消防产品的品牌、销售单位或者消防技术服务机构、消防设施施工单位。

第五十七条　住房和城乡建设主管部门、消防救援机构及其工作人员执行职务,应当自觉接受社会和公民的监督。

任何单位和个人都有权对住房和城乡建设主管部门、消防救援机构及其工作人员在执法中的违法行为进行检举、控告。收到检举、控告的机关,应当按照职责及时查处。

第六章　法律责任

第五十八条　违反本法规定,有下列行为之一的,由住房和城乡建设主管部门、消防救援机构按照各自职权责令停止施工、停止使用或者停产停业,并处三万元以上三十万元以下罚款:

(一)依法应当进行消防设计审查的建设工程,未经依法审查或者审查不合格,擅自施工的;

(二)依法应当进行消防验收的建设工程,未经消防验收或者消防验收不合格,擅自投入使用的；

（三）本法第十三条规定的其他建设工程验收后经依法抽查不合格，不停止使用的；

（四）公众聚集场所未经消防救援机构许可，擅自投入使用、营业的，或者经核查发现场所使用、营业情况与承诺内容不符的。

核查发现公众聚集场所使用、营业情况与承诺内容不符，经责令限期改正，逾期不整改或者整改后仍达不到要求的，依法撤销相应许可。

建设单位未依照本法规定在验收后报住房和城乡建设主管部门备案的，由住房和城乡建设主管部门责令改正，处五千元以下罚款。

第五十九条　违反本法规定，有下列行为之一的，由住房和城乡建设主管部门责令改正或者停止施工，并处一万元以上十万元以下罚款：

（一）建设单位要求建筑设计单位或者建筑施工企业降低消防技术标准设计、施工的；

（二）建筑设计单位不按照消防技术标准强制性要求进行消防设计的；

（三）建筑施工企业不按照消防设计文件和消防技术标准施工，降低消防施工质量的；

（四）工程监理单位与建设单位或者建筑施工企业串通，弄虚作假，降低消防施工质量的。

第六十条　单位违反本法规定，有下列行为之一的，责令改正，处五千元以上五万元以下罚款：

（一）消防设施、器材或者消防安全标志的配置、设置不符合国家标准、行业标准，或者未保持完好有效的；

（二）损坏、挪用或者擅自拆除、停用消防设施、器材的；

（三）占用、堵塞、封闭疏散通道、安全出口或者有其他妨碍安全疏散行为的；

（四）埋压、圈占、遮挡消火栓或者占用防火间距的；

（五）占用、堵塞、封闭消防车通道，妨碍消防车通行的；

（六）人员密集场所在门窗上设置影响逃生和灭火救援的障碍物的；

（七）对火灾隐患经消防救援机构通知后不及时采取措施消除的。

个人有前款第二项、第三项、第四项、第五项行为之一的，处警告或者五百元以下罚款。

有本条第一款第三项、第四项、第五项、第六项行为，经责令改正拒不改正的，强制执行，所需费用由违法行为人承担。

第六十一条　生产、储存、经营易燃易爆危险品的场所与居住场所设置在同一建筑物内，或者未与居住场所保持安全距离的，责令停产停业，并处五千元以上五万元以下罚款。

生产、储存、经营其他物品的场所与居住场所设置在同一建筑物内，不符合消防技术标准的，依照前款规定处罚。

第六十二条　有下列行为之一的，依照《中华人民共和国治安管理处罚法》的规定处罚：

（一）违反有关消防技术标准和管理规定生产、储存、运输、销售、使用、销毁易燃易爆危险品的；

（二）非法携带易燃易爆危险品进入公共场所或者乘坐公共交通工具的；

（三）谎报火警的；

（四）阻碍消防车、消防艇执行任务的；

（五）阻碍消防救援机构的工作人员依法执行职务的。

第六十三条　违反本法规定,有下列行为之一的,处警告或者五百元以下罚款;情节严重的,处五日以下拘留:

(一)违反消防安全规定进入生产、储存易燃易爆危险品场所的;

(二)违反规定使用明火作业或者在具有火灾、爆炸危险的场所吸烟、使用明火的。

第六十四条　违反本法规定,有下列行为之一,尚不构成犯罪的,处十日以上十五日以下拘留,可以并处五百元以下罚款;情节较轻的,处警告或者五百元以下罚款:

(一)指使或者强令他人违反消防安全规定,冒险作业的;

(二)过失引起火灾的;

(三)在火灾发生后阻拦报警,或者负有报告职责的人员不及时报警的;

(四)扰乱火灾现场秩序,或者拒不执行火灾现场指挥员指挥,影响灭火救援的;

(五)故意破坏或者伪造火灾现场的;

(六)擅自拆封或者使用被消防救援机构查封的场所、部位的。

第六十五条　违反本法规定,生产、销售不合格的消防产品或者国家明令淘汰的消防产品的,由产品质量监督部门或者工商行政管理部门依照《中华人民共和国产品质量法》的规定从重处罚。

人员密集场所使用不合格的消防产品或者国家明令淘汰的消防产品的,责令限期改正;逾期不改正的,处五千元以上五万元以下罚款,并对其直接负责的主管人员和其他直接责任人员处五百元以上二千元以下罚款;情节严重的,责令停产停业。

消防救援机构对于本条第二款规定的情形,除依法对使用者予以处罚外,应当将发现不合格的消防产品和国家明令淘汰的消防产品的情况通报产品质量监督部门、工商行政管理部门。产品质量监督部门、工商行政管理部门应当对生产者、销售者依法及时查处。

第六十六条　电器产品、燃气用具的安装、使用及其线路、管路的设计、敷设、维护保养、检测不符合消防技术标准和管理规定的,责令限期改正;逾期不改正的,责令停止使用,可以并处一千元以上五千元以下罚款。

第六十七条　机关、团体、企业、事业等单位违反本法第十六条、第十七条、第十八条、第二十一条第二款规定的,责令限期改正;逾期不改正的,对其直接负责的主管人员和其他直接责任人员依法给予处分或者给予警告处罚。

第六十八条　人员密集场所发生火灾,该场所的现场工作人员不履行组织、引导在场人员疏散的义务,情节严重,尚不构成犯罪的,处五日以上十日以下拘留。

第六十九条　消防设施维护保养检测、消防安全评估等消防技术服务机构,不具备从业条件从事消防技术服务活动或者出具虚假文件的,由消防救援机构责令改正,处五万元以上十万元以下罚款,并对直接负责的主管人员和其他直接责任人员处一万元以上五万元以下罚款;不按照国家标准、行业标准开展消防技术服务活动的,责令改正,处五万元以下罚款,并对直接负责的主管人员和其他直接责任人员处一万元以下罚款;有违法所得的,并处没收违法所得;给他人造成损失的,依法承担赔偿责任;情节严重的,依法责令停止执业或者吊销相应资格;造成重大损失的,由相关部门吊销营业执照,并对有关责任人员采取终身市场禁入措施。

前款规定的机构出具失实文件,给他人造成损失的,依法承担赔偿责任;造成重大损失的,由消防救援机构依法责令停止执业或者吊销相应资格,由相关部门吊销营业执照,并对有关责任人员采取终身市场禁入措施。

第七十条　本法规定的行政处罚,除应当由公安机关依照《中华人民共和国治安管理处罚法》的有关规定决定的外,由住房和城乡建设主管部门、消防救援机构按照各自职权决定。

被责令停止施工、停止使用、停产停业的,应当在整改后向作出决定的部门或者机构报告,经检查合格,方可恢复施工、使用、生产、经营。

当事人逾期不执行停产停业、停止使用、停止施工决定的,由作出决定的部门或者机构强制执行。

责令停产停业,对经济和社会生活影响较大的,由住房和城乡建设主管部门或者应急管理部门报请本级人民政府依法决定。

第七十一条　住房和城乡建设主管部门、消防救援机构的工作人员滥用职权、玩忽职守、徇私舞弊,有下列行为之一,尚不构成犯罪的,依法给予处分:

(一)对不符合消防安全要求的消防设计文件、建设工程、场所准予审查合格、消防验收合格、消防安全检查合格的;

(二)无故拖延消防设计审查、消防验收、消防安全检查,不在法定期限内履行职责的;

(三)发现火灾隐患不及时通知有关单位或者个人整改的;

(四)利用职务为用户、建设单位指定或者变相指定消防产品的品牌、销售单位或者消防技术服务机构、消防设施施工单位的;

(五)将消防车、消防艇以及消防器材、装备和设施用于与消防和应急救援无关的事项的;

(六)其他滥用职权、玩忽职守、徇私舞弊的行为。

产品质量监督、工商行政管理等其他有关行政主管部门的工作人员在消防工作中滥用职权、玩忽职守、徇私舞弊,尚不构成犯罪的,依法给予处分。

第七十二条　违反本法规定,构成犯罪的,依法追究刑事责任。

第七章　附则

第七十三条　本法下列用语的含义:

(一)消防设施,是指火灾自动报警系统、自动灭火系统、消火栓系统、防烟排烟系统以及应急广播和应急照明、安全疏散设施等。

(二)消防产品,是指专门用于火灾预防、灭火救援和火灾防护、避难、逃生的产品。

(三)公众聚集场所,是指宾馆、饭店、商场、集贸市场、客运车站候车室、客运码头候船厅、民用机场航站楼、体育场馆、会堂以及公共娱乐场所等。

(四)人员密集场所,是指公众聚集场所,医院的门诊楼、病房楼,学校的教学楼、图书馆、食堂和集体宿舍,养老院,福利院,托儿所,幼儿园,公共图书馆的阅览室,公共展览馆、博物馆的展示厅,劳动密集型企业的生产加工车间和员工集体宿舍,旅游、宗教活动场所等。

第七十四条　本法自 2009 年 5 月 1 日起施行。

附录四　生产安全事故报告和调查处理条例

（中华人民共和国国务院令第 493 号）

第一章　总则

第一条　为了规范生产安全事故的报告和调查处理,落实生产安全事故责任追究制度,防止和减少生产安全事故,根据《中华人民共和国安全生产法》和有关法律,制定本条例。

第二条　生产经营活动中发生的造成人身伤亡或者直接经济损失的生产安全事故的报告和调查处理,适用本条例;环境污染事故、核设施事故、国防科研生产事故的报告和调查处理不适用本条例。

第三条　根据生产安全事故(以下简称事故)造成的人员伤亡或者直接经济损失,事故一般分为以下等级:

(一)特别重大事故,是指造成 30 人以上死亡,或者 100 人以上重伤(包括急性工业中毒,下同),或者 1 亿元以上直接经济损失的事故;

(二)重大事故,是指造成 10 人以上 30 人以下死亡,或者 50 人以上 100 人以下重伤,或者 5 000 万元以上 1 亿元以下直接经济损失的事故;

(三)较大事故,是指造成 3 人以上 10 人以下死亡,或者 10 人以上 50 人以下重伤,或者 1 000 万元以上 5 000 万元以下直接经济损失的事故;

(四)一般事故,是指造成 3 人以下死亡,或者 10 人以下重伤,或者 1 000 万元以下直接经济损失的事故。

国务院安全生产监督管理部门可以会同国务院有关部门,制定事故等级划分的补充性规定。

本条第一款所称的“以上”包括本数,所称的“以下”不包括本数。

第四条　事故报告应当及时、准确、完整,任何单位和个人对事故不得迟报、漏报、谎报或者瞒报。

事故调查处理应当坚持实事求是、尊重科学的原则,及时、准确地查清事故经过、事故原因和事故损失,查明事故性质,认定事故责任,总结事故教训,提出整改措施,并对事故责任者依法追究责任。

第五条　县级以上人民政府应当依照本条例的规定,严格履行职责,及时、准确地完成事故调查处理工作。

事故发生地有关地方人民政府应当支持、配合上级人民政府或者有关部门的事故调查处理工作,并提供必要的便利条件。

参加事故调查处理的部门和单位应当互相配合,提高事故调查处理工作的效率。

第六条　工会依法参加事故调查处理,有权向有关部门提出处理意见。

第七条　任何单位和个人不得阻挠和干涉对事故的报告和依法调查处理。

第八条　对事故报告和调查处理中的违法行为,任何单位和个人有权向安全生产监督管理部门、监察机关或者其他有关部门举报,接到举报的部门应当依法及时处理。

第二章　事故报告

第九条　事故发生后,事故现场有关人员应当立即向本单位负责人报告;单位负责人接到报告后,应当于 1 小时内向事故发生地县级以上人民政府安全生产监督管理部门和负有安全生产监督管理职责的有关部门报告。

情况紧急时,事故现场有关人员可以直接向事故发生地县级以上人民政府安全生产监督管理部门和负有安全生产监督管理职责的有关部门报告。

第十条　安全生产监督管理部门和负有安全生产监督管理职责的有关部门接到事故报告后,应当依照下列规定上报事故情况,并通知公安机关、劳动保障行政部门、工会和人民检察院:

(一)特别重大事故、重大事故逐级上报至国务院安全生产监督管理部门和负有安全生产监督管理职责的有关部门;

(二)较大事故逐级上报至省、自治区、直辖市人民政府安全生产监督管理部门和负有安全生产监督管理职责的有关部门;

(三)一般事故上报至设区的市级人民政府安全生产监督管理部门和负有安全生产监督管理职责的有关部门。

安全生产监督管理部门和负有安全生产监督管理职责的有关部门依照前款规定上报事故情况,应当同时报告本级人民政府。国务院安全生产监督管理部门和负有安全生产监督管理职责的有关部门以及省级人民政府接到发生特别重大事故、重大事故的报告后,应当立即报告国务院。

必要时,安全生产监督管理部门和负有安全生产监督管理职责的有关部门可以越级上报事故情况。

第十一条　安全生产监督管理部门和负有安全生产监督管理职责的有关部门逐级上报事故情况,每级上报的时间不得超过 2 小时。

第十二条　报告事故应当包括下列内容:

(一)事故发生单位概况;

(二)事故发生的时间、地点以及事故现场情况;

(三)事故的简要经过;

(四)事故已经造成或者可能造成的伤亡人数(包括下落不明的人数)和初步估计的直接经济损失;

(五)已经采取的措施;

(六)其他应当报告的情况。

第十三条　事故报告后出现新情况的,应当及时补报。

自事故发生之日起 30 日内,事故造成的伤亡人数发生变化的,应当及时补报。道路交通事故、火灾事故自发生之日起 7 日内,事故造成的伤亡人数发生变化的,应当及时补报。

第十四条　事故发生单位负责人接到事故报告后,应当立即启动事故相应应急预案,或者采取有效措施,组织抢救,防止事故扩大,减少人员伤亡和财产损失。

第十五条　事故发生地有关地方人民政府、安全生产监督管理部门和负有安全生产监督管理职责的有关部门接到事故报告后,其负责人应当立即赶赴事故现场,组织事故救援。

第十六条　事故发生后,有关单位和人员应当妥善保护事故现场以及相关证据,任何单位和个人不得破坏事故现场、毁灭相关证据。

因抢救人员、防止事故扩大以及疏通交通等原因,需要移动事故现场物件的,应当做出标志,绘制现场简图并做出书面记录,妥善保存现场重要痕迹、物证。

第十七条　事故发生地公安机关根据事故的情况,对涉嫌犯罪的,应当依法立案侦查,采取强制措施和侦查措施。犯罪嫌疑人逃匿的,公安机关应当迅速追捕归案。

第十八条　安全生产监督管理部门和负有安全生产监督管理职责的有关部门应当建立值班制度,并向社会公布值班电话,受理事故报告和举报。

第三章　事故调查

第十九条　特别重大事故由国务院或者国务院授权有关部门组织事故调查组进行调查。

重大事故、较大事故、一般事故分别由事故发生地省级人民政府、设区的市级人民政府、县级人民政府负责调查。省级人民政府、设区的市级人民政府、县级人民政府可以直接组织事故调查组进行调查,也可以授权或者委托有关部门组织事故调查组进行调查。

未造成人员伤亡的一般事故,县级人民政府也可以委托事故发生单位组织事故调查组进行调查。

第二十条　上级人民政府认为必要时,可以调查由下级人民政府负责调查的事故。

自事故发生之日起30日内(道路交通事故、火灾事故自发生之日起7日内),因事故伤亡人数变化导致事故等级发生变化,依照本条例规定应当由上级人民政府负责调查的,上级人民政府可以另行组织事故调查组进行调查。

第二十一条　特别重大事故以下等级事故,事故发生地与事故发生单位不在同一个县级以上行政区域的,由事故发生地人民政府负责调查,事故发生单位所在地人民政府应当派人参加。

第二十二条　事故调查组的组成应当遵循精简、效能的原则。

根据事故的具体情况,事故调查组由有关人民政府、安全生产监督管理部门、负有安全生产监督管理职责的有关部门、监察机关、公安机关以及工会派人组成,并应当邀请人民检察院派人参加。

事故调查组可以聘请有关专家参与调查。

第二十三条　事故调查组成员应当具有事故调查所需要的知识和专长,并与所调查的事故没有直接利害关系。

第二十四条　事故调查组组长由负责事故调查的人民政府指定。事故调查组组长主持事故调查组的工作。

第二十五条　事故调查组履行下列职责:

(一)查明事故发生的经过、原因、人员伤亡情况及直接经济损失;

(二)认定事故的性质和事故责任;

(三)提出对事故责任者的处理建议;

(四)总结事故教训,提出防范和整改措施;

(五)提交事故调查报告。

第二十六条　事故调查组有权向有关单位和个人了解与事故有关的情况,并要求其提供相关文件、资料,有关单位和个人不得拒绝。

事故发生单位的负责人和有关人员在事故调查期间不得擅离职守,并应当随时接受事故调查组的询问,如实提供有关情况。

事故调查中发现涉嫌犯罪的,事故调查组应当及时将有关材料或者其复印件移交司法机关处理。

第二十七条　事故调查中需要进行技术鉴定的,事故调查组应当委托具有国家规定资质的单位进行技术鉴定。必要时,事故调查组可以直接组织专家进行技术鉴定。技术鉴定所需时间不计入事故调查期限。

第二十八条　事故调查组成员在事故调查工作中应当诚信公正、恪尽职守,遵守事故调查组的纪律,保守事故调查的秘密。

未经事故调查组组长允许,事故调查组成员不得擅自发布有关事故的信息。

第二十九条　事故调查组应当自事故发生之日起 60 日内提交事故调查报告;特殊情况下,经负责事故调查的人民政府批准,提交事故调查报告的期限可以适当延长,但延长的期限最长不超过 60 日。

第三十条　事故调查报告应当包括下列内容:

(一)事故发生单位概况;

(二)事故发生经过和事故救援情况;

(三)事故造成的人员伤亡和直接经济损失;

(四)事故发生的原因和事故性质;

(五)事故责任的认定以及对事故责任者的处理建议;

(六)事故防范和整改措施。

事故调查报告应当附具有关证据材料。事故调查组成员应当在事故调查报告上签名。

第三十一条　事故调查报告报送负责事故调查的人民政府后,事故调查工作即告结束。事故调查的有关资料应当归档保存。

第四章　事故处理

第三十二条　重大事故、较大事故、一般事故,负责事故调查的人民政府应当自收到事故调查报告之日起 15 日内做出批复;特别重大事故,30 日内做出批复,特殊情况下,批复时间可以适当延长,但延长的时间最长不超过 30 日。

有关机关应当按照人民政府的批复,依照法律、行政法规规定的权限和程序,对事故发生单位和有关人员进行行政处罚,对负有事故责任的国家工作人员进行处分。

事故发生单位应当按照负责事故调查的人民政府的批复,对本单位负有事故责任的人员进行处理。

负有事故责任的人员涉嫌犯罪的,依法追究刑事责任。

第三十三条　事故发生单位应当认真吸取事故教训,落实防范和整改措施,防止事故再次发生。防范和整改措施的落实情况应当接受工会和职工的监督。

安全生产监督管理部门和负有安全生产监督管理职责的有关部门应当对事故发生单位落实防范和整改措施的情况进行监督检查。

第三十四条　事故处理的情况由负责事故调查的人民政府或者其授权的有关部门、机构向社会公布,依法应当保密的除外。

第五章　法律责任

第三十五条　事故发生单位主要负责人有下列行为之一的,处上一年年收入40%至80%的罚款;属于国家工作人员的,并依法给予处分;构成犯罪的,依法追究刑事责任:

(一)不立即组织事故抢救的;

(二)迟报或者漏报事故的;

(三)在事故调查处理期间擅离职守的。

第三十六条　事故发生单位及其有关人员有下列行为之一的,对事故发生单位处100万元以上500万元以下的罚款;对主要负责人、直接负责的主管人员和其他直接责任人员处上一年年收入60%至100%的罚款;属于国家工作人员的,并依法给予处分;构成违反治安管理行为的,由公安机关依法给予治安管理处罚;构成犯罪的,依法追究刑事责任:

(一)谎报或者瞒报事故的;

(二)伪造或者故意破坏事故现场的;

(三)转移、隐匿资金、财产,或者销毁有关证据、资料的;

(四)拒绝接受调查或者拒绝提供有关情况和资料的;

(五)在事故调查中作伪证或者指使他人作伪证的;

(六)事故发生后逃匿的。

第三十七条　事故发生单位对事故发生负有责任的,依照下列规定处以罚款:

(一)发生一般事故的,处10万元以上20万元以下的罚款;

(二)发生较大事故的,处20万元以上50万元以下的罚款;

(三)发生重大事故的,处50万元以上200万元以下的罚款;

(四)发生特别重大事故的,处200万元以上500万元以下的罚款。

第三十八条　事故发生单位主要负责人未依法履行安全生产管理职责,导致事故发生的,依照下列规定处以罚款;属于国家工作人员的,并依法给予处分;构成犯罪的,依法追究刑事责任:

(一)发生一般事故的,处上一年年收入30%的罚款;

(二)发生较大事故的,处上一年年收入40%的罚款;

(三)发生重大事故的,处上一年年收入60%的罚款;

(四)发生特别重大事故的,处上一年年收入80%的罚款。

第三十九条　有关地方人民政府、安全生产监督管理部门和负有安全生产监督管理职责的有关部门有下列行为之一的,对直接负责的主管人员和其他直接责任人员依法给予处分;构成犯罪的,依法追究刑事责任:

(一)不立即组织事故抢救的;

(二)迟报、漏报、谎报或者瞒报事故的;

(三)阻碍、干涉事故调查工作的;

(四)在事故调查中作伪证或者指使他人作伪证的。

第四十条　事故发生单位对事故发生负有责任的,由有关部门依法暂扣或者吊销其有关证照;对事故发生单位负有事故责任的有关人员,依法暂停或者撤销其与安全生产有关的执业资格、岗位证书;事故发生单位主要负责人受到刑事处罚或者撤职处分的,自刑罚执行完毕或者受处分之日起,5年内不得担任任何生产经营单位的主要负责人。

为发生事故的单位提供虚假证明的中介机构,由有关部门依法暂扣或者吊销其有关证照及其相关人员的执业资格;构成犯罪的,依法追究刑事责任。

第四十一条　参与事故调查的人员在事故调查中有下列行为之一的,依法给予处分;构成犯罪的,依法追究刑事责任:

(一)对事故调查工作不负责任,致使事故调查工作有重大疏漏的;

(二)包庇、袒护负有事故责任的人员或者借机打击报复的。

第四十二条　违反本条例规定,有关地方人民政府或者有关部门故意拖延或者拒绝落实经批复的对事故责任人的处理意见的,由监察机关对有关责任人员依法给予处分。

第四十三条　本条例规定的罚款的行政处罚,由安全生产监督管理部门决定。

法律、行政法规对行政处罚的种类、幅度和决定机关另有规定的,依照其规定。

第六章　附则

第四十四条　没有造成人员伤亡,但是社会影响恶劣的事故,国务院或者有关地方人民政府认为需要调查处理的,依照本条例的有关规定执行。

国家机关、事业单位、人民团体发生的事故的报告和调查处理,参照本条例的规定执行。

第四十五条　特别重大事故以下等级事故的报告和调查处理,有关法律、行政法规或者国务院另有规定的,依照其规定。

第四十六条　本条例自2007年6月1日起施行。国务院1989年3月29日公布的《特别重大事故调查程序暂行规定》和1991年2月22日公布的《企业职工伤亡事故报告和处理规定》同时废止。

附录五　安全生产事故隐患排查治理暂行规定

（国家安全生产监督管理总局令第 16 号）

第一章　总则

第一条　为了建立安全生产事故隐患排查治理长效机制,强化安全生产主体责任,加强事故隐患监督管理,防止和减少事故,保障人民群众生命财产安全,根据安全生产法等法律、行政法规,制定本规定。

第二条　生产经营单位安全生产事故隐患排查治理和安全生产监督管理部门、煤矿安全监察机构(以下统称安全监管监察部门)实施监管监察,适用本规定。

有关法律、行政法规对安全生产事故隐患排查治理另有规定的,依照其规定。

第三条　本规定所称安全生产事故隐患(以下简称事故隐患),是指生产经营单位违反安全生产法律、法规、规章、标准、规程和安全生产管理制度的规定,或者因其他因素在生产经营活动中存在可能导致事故发生的物的危险状态、人的不安全行为和管理上的缺陷。

事故隐患分为一般事故隐患和重大事故隐患。一般事故隐患,是指危害和整改难度较小,发现后能够立即整改排除的隐患。重大事故隐患,是指危害和整改难度较大,应当全部或者局部停产停业,并经过一定时间整改治理方能排除的隐患,或者因外部因素影响致使生产经营单位自身难以排除的隐患。

第四条　生产经营单位应当建立健全事故隐患排查治理制度。

生产经营单位主要负责人对本单位事故隐患排查治理工作全面负责。

第五条　各级安全监管监察部门按照职责对所辖区域内生产经营单位排查治理事故隐患工作依法实施综合监督管理;各级人民政府有关部门在各自职责范围内对生产经营单位排查治理事故隐患工作依法实施监督管理。

第六条　任何单位和个人发现事故隐患,均有权向安全监管监察部门和有关部门报告。

安全监管监察部门接到事故隐患报告后,应当按照职责分工立即组织核实并予以查处;发现所报告事故隐患应当由其他有关部门处理的,应当立即移送有关部门并记录备查。

第二章　生产经营单位的职责

第七条　生产经营单位应当依照法律、法规、规章、标准和规程的要求从事生产经营活动。严禁非法从事生产经营活动。

第八条　生产经营单位是事故隐患排查、治理和防控的责任主体。

生产经营单位应当建立健全事故隐患排查治理和建档监控等制度,逐级建立并落实从主要负责人到每个从业人员的隐患排查治理和监控责任制。

第九条　生产经营单位应当保证事故隐患排查治理所需的资金,建立资金使用专项制度。

第十条　生产经营单位应当定期组织安全生产管理人员、工程技术人员和其他相关人员排查本单位的事故隐患。对排查出的事故隐患,应当按照事故隐患的等级进行登记,建立事故隐患信息档案,并按照职责分工实施监控治理。

第十一条 生产经营单位应当建立事故隐患报告和举报奖励制度,鼓励、发动职工发现和排除事故隐患,鼓励社会公众举报。对发现、排除和举报事故隐患的有功人员,应当给予物质奖励和表彰。

第十二条 生产经营单位将生产经营项目、场所、设备发包、出租的,应当与承包、承租单位签订安全生产管理协议,并在协议中明确各方对事故隐患排查、治理和防控的管理职责。生产经营单位对承包、承租单位的事故隐患排查治理负有统一协调和监督管理的职责。

第十三条 安全监管监察部门和有关部门的监督检查人员依法履行事故隐患监督检查职责时,生产经营单位应当积极配合,不得拒绝和阻挠。

第十四条 生产经营单位应当每季、每年对本单位事故隐患排查治理情况进行统计分析,并分别于下一季度 15 日前和下一年 1 月 31 日前向安全监管监察部门和有关部门报送书面统计分析表。统计分析表应当由生产经营单位主要负责人签字。

对于重大事故隐患,生产经营单位除依照前款规定报送外,应当及时向安全监管监察部门和有关部门报告。重大事故隐患报告内容应当包括:

(一)隐患的现状及其产生原因;

(二)隐患的危害程度和整改难易程度分析;

(三)隐患的治理方案。

第十五条 对于一般事故隐患,由生产经营单位(车间、分厂、区队等)负责人或者有关人员立即组织整改。

对于重大事故隐患,由生产经营单位主要负责人组织制定并实施事故隐患治理方案。重大事故隐患治理方案应当包括以下内容:

(一)治理的目标和任务;

(二)采取的方法和措施;

(三)经费和物资的落实;

(四)负责治理的机构和人员;

(五)治理的时限和要求;

(六)安全措施和应急预案。

第十六条 生产经营单位在事故隐患治理过程中,应当采取相应的安全防范措施,防止事故发生。事故隐患排除前或者排除过程中无法保证安全的,应当从危险区域内撤出作业人员,并疏散可能危及的其他人员,设置警戒标志,暂时停产停业或者停止使用;对暂时难以停产或者停止使用的相关生产储存装置、设施、设备,应当加强维护和保养,防止事故发生。

第十七条 生产经营单位应当加强对自然灾害的预防。对于因自然灾害可能导致事故灾难的隐患,应当按照有关法律、法规、标准和本规定的要求排查治理,采取可靠的预防措施,制定应急预案。在接到有关自然灾害预报时,应当及时向下属单位发出预警通知;发生自然灾害可能危及生产经营单位和人员安全的情况时,应当采取撤离人员、停止作业、加强监测等安全措施,并及时向当地人民政府及其有关部门报告。

第十八条 地方人民政府或者安全监管监察部门及有关部门挂牌督办并责令全部或者局部停产停业治理的重大事故隐患,治理工作结束后,有条件的生产经营单位应当组织本单位的技术人员和专家对重大事故隐患的治理情况进行评估;其他生产经营单位应当委托具备相应资质的安全评价机构对重大事故隐患的治理情况进行评估。

经治理后符合安全生产条件的,生产经营单位应当向安全监管监察部门和有关部门提出恢复生产的书面申请,经安全监管监察部门和有关部门审查同意后,方可恢复生产经营。申请报告应当包括治理方案的内容、项目和安全评价机构出具的评价报告等。

第三章　监督管理

第十九条　安全监管监察部门应当指导、监督生产经营单位按照有关法律、法规、规章、标准和规程的要求,建立健全事故隐患排查治理等各项制度。

第二十条　安全监管监察部门应当建立事故隐患排查治理监督检查制度,定期组织对生产经营单位事故隐患排查治理情况开展监督检查;应当加强对重点单位的事故隐患排查治理情况的监督检查。对检查过程中发现的重大事故隐患,应当下达整改指令书,并建立信息管理台账。必要时,报告同级人民政府并对重大事故隐患实行挂牌督办。

安全监管监察部门应当配合有关部门做好对生产经营单位事故隐患排查治理情况开展的监督检查,依法查处事故隐患排查治理的非法和违法行为及其责任者。

安全监管监察部门发现属于其他有关部门职责范围内的重大事故隐患的,应该及时将有关资料移送有管辖权的有关部门,并记录备查。

第二十一条　已经取得安全生产许可证的生产经营单位,在其被挂牌督办的重大事故隐患治理结束前,安全监管监察部门应当加强监督检查。必要时,可以提请原许可证颁发机关依法暂扣其安全生产许可证。

第二十二条　安全监管监察部门应当会同有关部门把重大事故隐患整改纳入重点行业领域的安全专项整治中加以治理,落实相应责任。

第二十三条　对挂牌督办并采取全部或者局部停产停业治理的重大事故隐患,安全监管监察部门收到生产经营单位恢复生产的申请报告后,应当在 10 日内进行现场审查。审查合格的,对事故隐患进行核销,同意恢复生产经营;审查不合格的,依法责令改正或者下达停产整改指令。对整改无望或者生产经营单位拒不执行整改指令的,依法实施行政处罚;不具备安全生产条件的,依法提请县级以上人民政府按照国务院规定的权限予以关闭。

第二十四条　安全监管监察部门应当每季将本行政区域重大事故隐患的排查治理情况和统计分析表逐级报至省级安全监管监察部门备案。

省级安全监管监察部门应当每半年将本行政区域重大事故隐患的排查治理情况和统计分析表报国家安全生产监督管理总局备案。

第四章　罚则

第二十五条　生产经营单位及其主要负责人未履行事故隐患排查治理职责,导致发生生产安全事故的,依法给予行政处罚。

第二十六条　生产经营单位违反本规定,有下列行为之一的,由安全监管监察部门给予警告,并处三万元以下的罚款:

(一)未建立安全生产事故隐患排查治理等各项制度的;

(二)未按规定上报事故隐患排查治理统计分析表的;

(三)未制定事故隐患治理方案的;

（四）重大事故隐患不报或者未及时报告的；

（五）未对事故隐患进行排查治理擅自生产经营的；

（六）整改不合格或者未经安全监管监察部门审查同意擅自恢复生产经营的。

第二十七条　承担检测检验、安全评价的中介机构，出具虚假评价证明，尚不够刑事处罚的，没收违法所得，违法所得在五千元以上的，并处违法所得二倍以上五倍以下的罚款，没有违法所得或者违法所得不足五千元的，单处或者并处五千元以上二万元以下的罚款，同时可对其直接负责的主管人员和其他直接责任人员处五千元以上五万元以下的罚款；给他人造成损害的，与生产经营单位承担连带赔偿责任。

对有前款违法行为的机构，撤销其相应的资质。

第二十八条　生产经营单位事故隐患排查治理过程中违反有关安全生产法律、法规、规章、标准和规程规定的，依法给予行政处罚。

第二十九条　安全监管监察部门的工作人员未依法履行职责的，按照有关规定处理。

第五章　附则

第三十条　省级安全监管监察部门可以根据本规定，制定事故隐患排查治理和监督管理实施细则。

第三十一条　事业单位、人民团体以及其他经济组织的事故隐患排查治理，参照本规定执行。

第三十二条　本规定自 2008 年 2 月 1 日起施行。

附录六　安全生产许可证条例

（中华人民共和国国务院令第 653 号）

第一条　为了严格规范安全生产条件,进一步加强安全生产监督管理,防止和减少生产安全事故,根据《中华人民共和国安全生产法》的有关规定,制定本条例。

第二条　国家对矿山企业、建筑施工企业和危险化学品、烟花爆竹、民用爆炸物品生产企业(以下统称企业)实行安全生产许可制度。

企业未取得安全生产许可证的,不得从事生产活动。

第三条　国务院安全生产监督管理部门负责中央管理的非煤矿矿山企业和危险化学品、烟花爆竹生产企业安全生产许可证的颁发和管理。

省、自治区、直辖市人民政府安全生产监督管理部门负责前款规定以外的非煤矿矿山企业和危险化学品、烟花爆竹生产企业安全生产许可证的颁发和管理,并接受国务院安全生产监督管理部门的指导和监督。

国家煤矿安全监察机构负责中央管理的煤矿企业安全生产许可证的颁发和管理。

在省、自治区、直辖市设立的煤矿安全监察机构负责前款规定以外的其他煤矿企业安全生产许可证的颁发和管理,并接受国家煤矿安全监察机构的指导和监督。

第四条　省、自治区、直辖市人民政府建设主管部门负责建筑施工企业安全生产许可证的颁发和管理,并接受国务院建设主管部门的指导和监督。

第五条　省、自治区、直辖市人民政府民用爆炸物品行业主管部门负责民用爆炸物品生产企业安全生产许可证的颁发和管理,并接受国务院民用爆炸物品行业主管部门的指导和监督。

第六条　企业取得安全生产许可证,应当具备下列安全生产条件:

(一)建立、健全安全生产责任制,制定完备的安全生产规章制度和操作规程;

(二)安全投入符合安全生产要求;

(三)设置安全生产管理机构,配备专职安全生产管理人员;

(四)主要负责人和安全生产管理人员经考核合格;

(五)特种作业人员经有关业务主管部门考核合格,取得特种作业操作资格证书;

(六)从业人员经安全生产教育和培训合格;

(七)依法参加工伤保险,为从业人员缴纳保险费;

(八)厂房、作业场所和安全设施、设备、工艺符合有关安全生产法律、法规、标准和规程的要求;

(九)有职业危害防治措施,并为从业人员配备符合国家标准或者行业标准的劳动防护用品;

(十)依法进行安全评价;

(十一)有重大危险源检测、评估、监控措施和应急预案;

(十二)有生产安全事故应急救援预案、应急救援组织或者应急救援人员,配备必要的应急救援器材、设备;

（十三）法律、法规规定的其他条件。

第七条　企业进行生产前，应当依照本条例的规定向安全生产许可证颁发管理机关申请领取安全生产许可证，并提供本条例第六条规定的相关文件、资料。安全生产许可证颁发管理机关应当自收到申请之日起45日内审查完毕，经审查符合本条例规定的安全生产条件的，颁发安全生产许可证；不符合本条例规定的安全生产条件的，不予颁发安全生产许可证，书面通知企业并说明理由。

煤矿企业应当以矿（井）为单位，依照本条例的规定取得安全生产许可证。

第八条　安全生产许可证由国务院安全生产监督管理部门规定统一的式样。

第九条　安全生产许可证的有效期为3年。安全生产许可证有效期满需要延期的，企业应当于期满前3个月向原安全生产许可证颁发管理机关办理延期手续。

企业在安全生产许可证有效期内，严格遵守有关安全生产的法律法规，未发生死亡事故的，安全生产许可证有效期届满时，经原安全生产许可证颁发管理机关同意，不再审查，安全生产许可证有效期延期3年。

第十条　安全生产许可证颁发管理机关应当建立、健全安全生产许可证档案管理制度，并定期向社会公布企业取得安全生产许可证的情况。

第十一条　煤矿企业安全生产许可证颁发管理机关、建筑施工企业安全生产许可证颁发管理机关、民用爆炸物品生产企业安全生产许可证颁发管理机关，应当每年向同级安全生产监督管理部门通报其安全生产许可证颁发和管理情况。

第十二条　国务院安全生产监督管理部门和省、自治区、直辖市人民政府安全生产监督管理部门对建筑施工企业、民用爆炸物品生产企业、煤矿企业取得安全生产许可证的情况进行监督。

第十三条　企业不得转让、冒用安全生产许可证或者使用伪造的安全生产许可证。

第十四条　企业取得安全生产许可证后，不得降低安全生产条件，并应当加强日常安全生产管理，接受安全生产许可证颁发管理机关的监督检查。

安全生产许可证颁发管理机关应当加强对取得安全生产许可证的企业的监督检查，发现其不再具备本条例规定的安全生产条件的，应当暂扣或者吊销安全生产许可证。

第十五条　安全生产许可证颁发管理机关工作人员在安全生产许可证颁发、管理和监督检查工作中，不得索取或者接受企业的财物，不得谋取其他利益。

第十六条　监察机关依照《中华人民共和国行政监察法》的规定，对安全生产许可证颁发管理机关及其工作人员履行本条例规定的职责实施监察。

第十七条　任何单位或者个人对违反本条例规定的行为，有权向安全生产许可证颁发管理机关或者监察机关等有关部门举报。

第十八条　安全生产许可证颁发管理机关工作人员有下列行为之一的，给予降级或者撤职的行政处分；构成犯罪的，依法追究刑事责任：

（一）向不符合本条例规定的安全生产条件的企业颁发安全生产许可证的；

（二）发现企业未依法取得安全生产许可证擅自从事生产活动，不依法处理的；

（三）发现取得安全生产许可证的企业不再具备本条例规定的安全生产条件，不依法处理的；

（四）接到对违反本条例规定行为的举报后，不及时处理的；

（五）在安全生产许可证颁发、管理和监督检查工作中，索取或者接受企业的财物，或者谋取其他利益的。

第十九条　违反本条例规定，未取得安全生产许可证擅自进行生产的，责令停止生产，没收违法所得，并处 10 万元以上 50 万元以下的罚款；造成重大事故或者其他严重后果，构成犯罪的，依法追究刑事责任。

第二十条　违反本条例规定，安全生产许可证有效期满未办理延期手续，继续进行生产的，责令停止生产，限期补办延期手续，没收违法所得，并处 5 万元以上 10 万元以下的罚款；逾期仍不办理延期手续，继续进行生产的，依照本条例第十九条的规定处罚。

第二十一条　违反本条例规定，转让安全生产许可证的，没收违法所得，处 10 万元以上 50 万元以下的罚款，并吊销其安全生产许可证；构成犯罪的，依法追究刑事责任；接受转让的，依照本条例第十九条的规定处罚。

冒用安全生产许可证或者使用伪造的安全生产许可证的，依照本条例第十九条的规定处罚。

第二十二条　本条例施行前已经进行生产的企业，应当自本条例施行之日起 1 年内，依照本条例的规定向安全生产许可证颁发管理机关申请办理安全生产许可证；逾期不办理安全生产许可证，或者经审查不符合本条例规定的安全生产条件，未取得安全生产许可证，继续进行生产的，依照本条例第十九条的规定处罚。

第二十三条　本条例规定的行政处罚，由安全生产许可证颁发管理机关决定。

第二十四条　本条例自公布之日起施行。

附录七 工作场所安全使用化学品规定

（劳部发〔1996〕423 号）

第一章 总则

第一条 为保障工作场所安全使用化学品,保护劳动者的安全与健康,根据《劳动法》和有关法规,制定本规定。

第二条 本规定适用于生产、经营、运输、贮存和使用化学品的单位和人员。

第三条 本规定所称工作场所使用化学品,是指工作人员因工作而接触化学品的作业活动;

本规定所称化学品,是指各类化学单质、化合物或混合物;

本规定所称危险化学品,是指按国家标准 GB 13690 分类的常用危险化学品。

第四条 生产、经营、运输、贮存和使用危险化学品的单位应向周围单位和居民宣传有关危险化学品的防护知识及发生化学品事故的急救方法。

第五条 县级以上各级人民政府劳动行政部门对本行政区域内的工作场所安全使用化学品的情况进行监督检查。

第二章 生产单位的职责

第六条 生产单位应执行《化工企业安全管理制度》及国家有关法规和标准,并到化工行政部门进行危险化学品登记注册。

第七条 生产单位应对所生产的化学品进行危险性鉴别,并对其进行标识。

第八条 生产单位应对所生产的危险化学品挂贴"危险化学品安全标签"(以下简称安全标签),填写"危险化学品安全技术说明书"(以下简称安全技术说明书)。

第九条 生产单位应在危险化学品作业点,利用"安全周知卡"或"安全标志"等方式,标明其危险性。

第十条 生产单位生产危险化学品,在填写安全技术说明书时,若涉及商业秘密,经化学品登记部门批准后,可不填写有关内容,但必须列出该种危险化学品的主要危害特性。

第十一条 安全技术说明书每五年更换一次。在此期间若发现新的危害特性,在有关信息发布后的半年内,生产单位必须相应修改安全技术说明书,并提供给经营、运输、贮存和使用单位。

第三章 使用单位的职责

第十二条 使用单位使用的化学品应有标识,危险化学品应有安全标签,并向操作人员提供安全技术说明书。

第十三条 使用单位购进危险化学品时,必须核对包装(或容器)上的安全标签。安全标签若脱落或损坏,经检查确认后应补贴。

第十四条 使用单位购进的化学品需要转移或分装到其他容器时,应标明其内容。对

于危险化学品,在转移或分装后的容器上应贴安全标签;

盛装危险化学品的容器在未净化处理前,不得更换原安全标签。

第十五条　使用单位对工作场所使用的危险化学品产生的危害应定期进行检测和评估,对检测和评估结果应建立档案。作业人员接触的危险化学品浓度不得高于国家规定的标准;暂没有规定的,使用单位应在保证安全作业的情况下使用。

第十六条　使用单位应通过下列方法,消除、减少和控制工作场所危险化学品产生的危害:

(一)选用无毒或低毒的化学替代品;

(二)选用可将危害消除或减少到最低程度的技术;

(三)采用能消除或降低危害的工程控制措施(如隔离、密闭等);

(四)采用能减少或消除危害的作业制度和作业时间;

(五)采取其他的劳动安全卫生措施。

第十七条　使用单位在危险化学品工作场所应设有急救设施,并提供应急处理的方法。

第十八条　使用单位应按国家有关规定清除化学废料和清洗盛装危险化学品的废旧容器。

第十九条　使用单位应对盛装、输送、贮存危险化学品的设备,采用颜色、标牌、标签等形式,标明其危险性。

第二十条　使用单位应将危险化学品的有关安全卫生资料向职工公开,教育职工识别安全标签、了解安全技术说明书、掌握必要的应急处理方法和自救措施,并经常对职工进行工作场所安全使用化学品的教育和培训。

第四章　经营、运输和贮存单位的责任

第二十一条　经营单位经营的化学品应有标识。经营的危险化学品必须具有安全标签和安全技术说明书。

进口危险化学品时,应有符合本规定要求的中文安全技术说明书,并在包装上加贴中文安全标签。

出口危险化学品时,应向外方提供安全技术说明书。对于我国禁用,而外方需要的危险化学品,应将禁用的事项及原因向外方说明。

第二十二条　运输单位必须执行《危险货物运输包装通用技术条例》和《危险货物包装标志》等国家标准和有关规定,有权要求托运方提供危险化学品安全技术说明书。

第二十三条　危险化学品的贮存必须符合《常用化学危险品贮存通则》国家标准和有关规定。

第五章　职工的义务和权利

第二十四条　职工应遵守劳动安全卫生规章制度和安全操作规程,并应及时报告认为可能造成危害和自己无法处理的情况。

第二十五条　职工应采取合理方法,消除或减少工作场所不安全因素。

第二十六条　职工对违章指挥或强令冒险作业,有权拒绝执行;对危害人身安全和健康的行为,有权检举和控告。

第二十七条　职工有权获得：

（一）工作场所使用化学品的特性、有害成分、安全标签以及安全技术说明书等资料；

（二）在其工作过程中危险化学品可能导致危害安全与健康的资料；

（三）安全技术的培训，包括预防、控制及防止危险方法的培训和紧急情况处理或应急措施的培训；

（四）符合国家规定的劳动防护用品；

（五）法律、法规赋予的其他权利。

第六章　罚则

第二十八条　生产危险化学品的单位没有到指定单位进行登记注册的，由县级以上人民政府劳动行政部门责令有关单位限期改正；逾期不改的，可处以一万元以下罚款。

第二十九条　生产单位生产的危险化学品未填写"安全技术说明书"和没有"安全标签"的，由县级以上人民政府劳动行政部门责令有关单位限期改正；逾期不改的，可处以一万元以下罚款。

第三十条　经营单位经营没有安全技术说明书和安全标签危险化学品的，由县级以上人民政府劳动行政部门责令有关单位限期改正；逾期不改的，可处以一万元以下罚款。

第三十一条　对隐瞒危险化学品特性，而未执行本规定的，由县级以上人民政府劳动行政部门就地扣押封存产品，并处以一万元以下罚款；构成犯罪的，由司法机关依法追究有关人员的刑事责任。

第三十二条　危险化学品工作场所没有急救设施和应急处理方法的，由县级以上人民政府劳动行政部门责令有关单位限期改正，并可处以一千元以下罚款；逾期不改的，可处以一万元以下罚款。

第三十三条　危险化学品的贮存不符合《常用化学危险品贮存通则》国家标准的，由县级以上人民政府劳动行政部门责令有关单位限期改正，并可处以一千元以下罚款。

第七章　附则

第三十四条　本规定自 1997 年 1 月 1 日施行。